普通高等教育新工科电子信息类课改系列教材

电路分析基础

主　编　周　巍　段哲民
参　编　李　辉　严家明　李宏　尹熙鹏

内 容 简 介

本书主要介绍了电路分析理论的基本概念、基本定律、基本定理与基本方法及其在工程实践中的应用,包括电路基本概念、电路基本定律和等效变换、电路基本分析方法、电路基本定理、正弦稳态电路的分析、三相电路、耦合电感和理想变压器、谐振电路、非正弦周期电流电路、二端口网络、含运算放大器的电路分析、一阶电路时域分析和二阶电路时域分析。本书精选传统内容,适度反映新内容,加强基本概念和基本分析方法的介绍,兼顾习题的难度、复杂度和求解的技巧性,是一本既具有一定深度和广度,又具有一定创新性的电路分析基本教材。同时,本书将视频等数字资源以二维码形式嵌入纸质教材中,融合了教材、课堂和教学资源,实现了线上线下相结合。

本书可作为普通高等学校电子信息类专业、自动化专业、计算机专业、电气工程专业的本科生"电路分析基础"课程的教材,也可供其他专业选用或供相关工程技术人员参考。

图书在版编目(CIP)数据

电路分析基础/周巍,段哲民主编. —西安:西安电子科技大学出版社,
2019.12(2023.11 重印)
ISBN 978 - 7 - 5606 - 5368 - 6

Ⅰ. ①电… Ⅱ. ①周… ②段… Ⅲ. ①电路分析 Ⅳ. ①TM133

中国版本图书馆 CIP 数据核字(2019)第 263976 号

责任编辑 张 玮 明政珠
出版发行 西安电子科技大学出版社(西安市太白南路 2 号)
电   话 (029)88202421 88201467   邮   编 710071
网   址 www.xduph.com   电子邮箱 xdupfxb001@163.com
经   销 新华书店
印刷单位 咸阳华盛印务有限责任公司
版   次 2019 年 12 月第 1 版 2023 年 11 月第 4 次印刷
开   本 787 毫米×1092 毫米 1/16 印张 18.75
字   数 444 千字
印   数 7001~9000 册
定   价 45.00 元
ISBN 978 - 7 - 5606 - 5368 - 6/TM

XDUP 5670001 - 4

前　　言

　　"电路分析基础"课程是电子信息类专业本科生重要的专业基础课，其课程内容既需要深而多的数学知识(微分方程、复变函数和矩阵理论等)，又与工程实际有着密切联系。针对这些特点，本书将经典内容与新技术有机结合，使传统方法与现代方法并重，加强对电路现代分析方法、含受控源电路分析、网络端口分析等内容的介绍，并注意新技术的发展和新方法的引入，以达到培养学生通过不同途径分析问题、解决问题的能力的目的。在教学内容设计上，本书结合实际提出概念，介绍内涵，引出外延，再从基本方法入手推导基本理论，构建了终身学习所需的基础知识体系，较好地处理了前后课程的关系。同时，本书还介绍了有关电路与系统方面的最新成果与动态。在组织教学内容时，本书相关章节以物理中基本的电磁理论为依据，讲述电路基本概念，联系工程实际问题，同时注重与后续课程，如"模拟电路""数字电路"等课程的衔接，为学习其他课程打下基础。

　　在"互联网＋教育"背景下，本书的编写团队利用互联网新技术创新教材形态，即通过移动互联网技术，在纸质教材中嵌入二维码，扫描这些二维码就可以看到视频、作业、试卷等数字资源。这种方式将教材、课堂、教学资源三者融合，实现了线上线下结合的教材出版新模式。希望通过本书的出版，充分发挥新形态教材在课堂教学改革和创新方面的作用，不断提高课程教学质量，同时增强学生的学习积极性，深化教学效果，提高学生学习质量。

　　本书由西北工业大学电子信息学院的教师编写，其中，段哲民和尹熙鹏编写前言、第1章，周巍编写第2章、第3章、第4章、第11章，严家明编写第6章、第7章、第10章，李辉编写第5章、第8章、第9章，李宏编写第12章、第13章。全书由周巍、段哲民审校、统稿。参加教学资源建设工作的还有蒋雯、李鑫等，在此对他们表示衷心的感谢。

　　由于编者水平有限，书中不妥之处在所难免，敬请广大读者批评指正。

编　者

2019 年 9 月于西北工业大学

目　　录

第 1 章　电路基本概念

本章主要介绍电路的基本概念，包括电路与电路模型、电路常用基本物理量、电路基本元件等。

1.1　电路与电路模型

1. 电路

为了实现电能或电信号的产生、传输、加工及利用，人们将所需的电器元件或设备按一定方式连接起来而构成的集合统称为电路，或称为电网络，简称网络。

现实存在的电路形式繁多，功能各异，但主要可分为以下几种类型：

(1) 集中参数电路和分布参数电路。集中参数电路是指电路的几何尺寸远远小于电路最高工作频率所对应的工作波长；否则视其为分布参数电路。

(2) 线性电路和非线性电路。线性电路是指电路的激励(输入)与响应(输出)之间满足线性关系，即满足叠加性和齐次性；否则视其为非线性电路。

电路的分类

(3) 时变电路和定常电路。时变电路是指电路的结构参数随时间变化的电路；而定常电路中的元件参数不随时间变化，故也称为时不变电路。

(4) 电力电路和电子电路。电力电路主要是指用以传输、分配强电电能(大电流或高电压或大功率)的电路；电子电路主要是指用以产生、传递、处理或变换电信号的电路。所谓电信号，一般指反映某些信息特征的电流或电压，也可以是电荷、磁通、功率等电量。

此外，电路还可分为直流电路和交流电路、有源电路和无源电路、稳态电路与暂态电路等。本书重点研究集中参数的定常电路。

2. 电路模型

实际的电器元件和设备的种类很多，如各种电源、电阻器、电感器、电容器、变压器、晶体管、固体组件等，它们中发生的物理过程是很复杂的。因此，为了便于对实际电路进行分析和数学描述，进一步研究电路的特性和功能，就必须进行科学的抽象，用一些模型来代替实际电器元件和设备的外部功能。这种模型称为电路模型。构成电路模型的元件称为模型元件，也称理想电路元件。理想电路元件只是实际电器元件和设备在一定条件下的理想化，它能反映实际元件和设备在一定条件下的主要电磁性能，并用规定的模型元件符号来表示。

理想电路元件分为两类：一类是有实际的元件与它对应，如电阻器、电感器、电容器、电压源等；另一类是没有直接与其对应的实际电路元件，但它们却能反映出实际电器元件和设备的主要特性和功能，如受控源等。

在研究电路时，常用数学表达式来描述电路元件以及元件之间的电流和电压关系，由此可构成电路对应的方程组，即电路的数学模型。一旦得到数学模型，就可把电路的研究转化为数学问题，应用数学方法进行分析，以解决工程电路问题。这就是电路分析的基本思想。

以理想电路元件及其组合作为电路理论的研究对象，即形成了电路模型理论，今后我们研究的电路均指模型电路。

图 1-1(a)所示为一个实际的简单电路。其中电池作为激励电源，它将化学能转换为电能，产生电信号，可用一个电压源 u_s 和电阻 R_s 的串联组合表示其模型元件；灯泡从电源吸收功率或接收电信号，称为负载，可用电阻 R 表示；连接导线传输电能或电信号，可用电阻 R_1 表示其总电阻。因此，若用理想元件来描述该电路，则其电路模型如图 1-1(b)所示。这种将电路模型画在平面上所形成的图形称为电路图。电路图只反映各理想电路元件在电路中的作用及其相互连接方式，并不反映实际设备的内部结构、几何形状及其相互位置等。

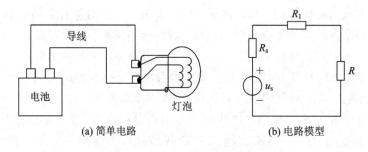

(a) 简单电路　　　　　　　　　　(b) 电路模型

图 1-1　简单电路及其电路模型

1.2　电路常用基本物理量

1. 电流

在电场作用下，电荷的定向移动形成电流。电流是一个代数量，它定义为在单位时间内通过导体横截面的电荷量，即

$$I = \frac{Q}{t} \qquad (1-1)$$

电路分析常用基本变量

式中，Q——电荷(C)；

　　t——时间(s)；

　　I——电流(A)。

如果通过导体横截面的电荷量随时间变化，则有

$$i(t) = \frac{\mathrm{d}q(t)}{\mathrm{d}t} \qquad (1-2)$$

式中，$q(t)$——电荷量为时间的函数；

　　$i(t)$——电流为时间的函数。

习惯上规定正电荷移动的方向为电流的正方向或实际方向。但在电路分析中，某段电路的电流实际方向往往不能确定，特别是电流随时间变化时，电流的实际方向便无法确定。

因此常采用参考正方向，简称参考方向，在电路图中用箭头表示。参考方向为任意假定的方向。若计算结果中电流为正值，则说明参考方向与实际方向一致；反之，若电流为负值，则说明二者方向相反。

2．电压

电压是指电场力把单位正电荷从电路的一点移到另一点所做的功，即

$$U = \frac{W}{Q} \tag{1-3}$$

式中，Q—— 电荷量（C）；

W——电场力移动电荷 Q 所做的功（J）；

U——电压（V）。

如果电压随时间变化，则有

$$u = \frac{\mathrm{d}w}{\mathrm{d}q} \tag{1-4}$$

电压的实际方向或正方向规定为由高电位指向低电位，即电压降的方向，一般用实际极性表示，高电位标以"＋"号，低电位标以"－"号。在电路分析中，同样存在难以（或无法）确定某段电路电压的实际方向的情况，因此也采用参考方向或参考极性，即任意假定的极性。在指定参考极性后，计算结果显示电压的正负值就有明确的物理意义了，即结果为正值，说明参考极性与实际极性一致；结果为负值，说明二者方向相反。

在电路分析中，经常用到电位这个物理量。电位是相对于电路中所选的零电位参考点而言的。所谓某点的电位，是指该点到零电位参考点的电压。任意两点的电位差即为此两点的电压。电位的单位也为伏特（V）。电位与电压的区别在于电位是相对量，它与参考点的选择有关，而电压是绝对量，与参考点选择无关。

3．关联参考方向

电流与电压的参考方向是任意假定的，二者彼此独立、相互无关。但为了分析电路的方便，一般把某段电路的电压参考方向和电流参考方向取成一致，即电流参考方向是从电压参考正极流入、负极流出，并称之为关联参考方向。采用关联参考方向时，可以在电路图上只标一个电量的参考方向。图 1-2(a)所示的某段电路，其电流与电压的参考方向采用的是关联参考方向；而图 1-2(b)则为非关联参考方向。

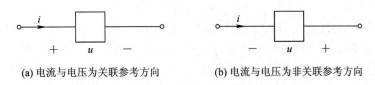

　　(a) 电流与电压为关联参考方向　　　　　　(b) 电流与电压为非关联参考方向

图 1-2　电流与电压的关联参考方向

4．功率

功率是电场力单位时间内所做的功，即

$$p(t) = \frac{\mathrm{d}w}{\mathrm{d}t} \tag{1-5}$$

式中，w——功或能量(J)；

　　　t——时间(s)；

　　　$p(t)$——瞬时功率(W)。

若某段电路的电压为 u，流过的电流为 i，则功率为

$$p = ui \tag{1-6}$$

如果电压 u 和电流 i 采用关联参考方向，则由式(1-6)可计算该电路的吸收功率；如果 u 和 i 采用非关联参考方向，则由式(1-6)可计算该电路的发出功率。

1.3　电路基本元件

电路元件按能量特性分为无源元件和有源元件。若元件端电压 u 和通过的电流 i 采用关联参考方向，并在任意时刻 t，其能量满足

$$w = \int_{-\infty}^{t} ui\,d\tau \geqslant 0 \tag{1-7}$$

则该元件对外不提供能量，称之为无源元件；否则称其为有源元件。

电路元件按其端钮还可分为二端元件和多端元件。二端元件具有两个端钮，如电阻、电容、电感和电源等。多端元件具有三个或三个以上端钮，如三极管、变压器和运算放大器等。

本节主要介绍电路常用的基本模型元件。

1. 无源元件

1) 电阻元件

电阻元件是一种无源二端元件。

若二端元件的电压、电流关系是由 u-i 平面上通过坐标原点的曲线来描述的，则这种二端元件称为理想电阻元件，简称电阻元件。这条曲线称为电阻元件的伏安特性曲线。电阻元件的伏安关系或元件约束关系也常用函数关系式表示，即

电阻元件

$$i = f(u)$$

或

$$u = g(i)$$

电阻元件可分为线性电阻和非线性电阻。线性电阻的伏安特性是 u-i 平面上通过坐标原点的直线，而非线性电阻的伏安特性为 u-i 平面上通过坐标原点的曲线。

电阻元件又可分为时变电阻和定常电阻。若电阻的伏安特性曲线不随时间变化，则称其为定常电阻或时不变电阻；否则称其为时变电阻。线性时不变电阻的伏安特性为 u-i 平面上一条过坐标原点的直线，而线性时变电阻伏安特性则为 u-i 平面上过坐标原点的一族直线。

线性时不变电阻元件的符号如图 1-3(a)所示，其伏安特性如图 1-3(b)所示。其中电阻 R 为伏安直线的斜率，单位是欧姆(Ω)。线性时不变电阻有如下特点：

(1) 伏安特性为 u-i 平面上过坐标原点的直线。

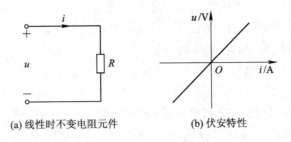

(a) 线性时不变电阻元件　　　　　　　(b) 伏安特性

图 1-3　线性时不变电阻

（2）端电压 u 与通过的电流 i 成正比，即满足欧姆定律：

$$u = Ri \tag{1-8}$$

式中，u 与 i 采用关联参考方向。

（3）双向性。因伏安特性曲线以原点对称，说明对于不同方向的电流和电压，其伏安特性完全相同，故两个端钮没有区别，可任意连接。

（4）无源性。对于线性时不变电阻，其吸收功率 $p = ui = Ri^2 = u^2/R \geqslant 0$，可见其满足无源性。

（5）无记忆性。由式(1-8)可看出，电压只取决于同时刻的电流值，与该时刻以前的电流值无关，故称电阻为无记忆元件。

线性时不变电阻还可用电导 G 来表示，即

$$G = \frac{1}{R} = \frac{i}{u} \tag{1-9}$$

式中，i、u 分别表示电阻的电流、电压，若单位分别为安［培］(A)、伏［特］(V)，则电导 G 的单位为西［门子］(S)。

2）电感元件

电感元件是无源二端元件，它能储存磁场能量。当图 1-4 所示线圈中的电流 i 变化时，则由此在线圈中产生的磁通 Φ 变化，相应的磁链 ψ 也变化，随之产生的感应电压 u 也变化。

电感元件

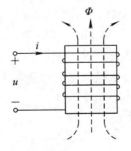

图 1-4　电感电流与磁通

设线圈匝数为 N，则有

$$\Phi = KNi \tag{1-10}$$

式中，K 是与线圈几何尺寸、形状、线圈芯子材料等有关的因子。对应的磁链为

$$\psi = N\Phi = KN^2 i \tag{1-11}$$

磁通 Φ 和磁链 ψ 的单位为韦[伯](Wb)，方向由右手螺旋定则确定。因此磁链与电流的关系可由 $\psi\text{-}i$ 平面上过坐标原点的曲线来确定。

如果二端元件电流和磁链之间的关系可由 $\psi\text{-}i$ 平面上过坐标原点的曲线来描述，则这种二端元件称为理想电感元件，简称电感元件。这条曲线称为电感元件的韦安特性曲线。

电感元件也分为线性电感和非线性电感、时变电感和时不变电感。本书主要讨论线性时不变电感。线性时不变电感元件一般是指芯子为空气或非磁性材料的线圈。它的主要特点如下：

（1）韦安特性为 $\psi\text{-}i$ 平面上一条过坐标原点的直线，其斜率为 L，如图 1-5(a) 所示。

（2）磁链与电流成正比，即

$$\psi = Li \tag{1-12}$$

式中，ψ——磁链(Wb)；

$\quad\ i$——电流(A)；

$\quad\ L$——电感量，也为韦安直线的斜率，单位是亨利(H)。

电感元件的电路符号如图 1-5(b) 所示。

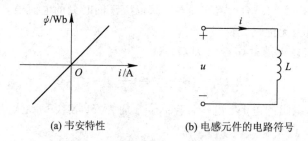

(a) 韦安特性　　　　　　　(b) 电感元件的电路符号

图 1-5　线性时不变电感

（3）双向性。由韦安特性可知，电感元件也是一种与端钮接法无关的元件。

（4）动态性。当电感中电流随时间变化时，由电磁感应定律可知，其感应电压

$$u = \frac{\mathrm{d}\psi}{\mathrm{d}t} = L\frac{\mathrm{d}i}{\mathrm{d}t} \tag{1-13}$$

也随时间变化。因此电感元件的伏安特性为微分关系，这说明电感元件具有动态性，也反映其记忆性。需注意，式 (1-13) 中 u 和 i 采用关联参考方向。从式 (1-13) 也可以看出，当电流恒定时，电感上的电压为零。因此，在直流电路中，电感相当于短路。

（5）无源性。电感元件具有储存磁场能量的性质，其储存的能量为

$$w_L = \frac{1}{2}Li^2 \tag{1-14}$$

此能量在任意时刻均大于或等于零，说明电感元件的无源性和储能性。

3）电容元件

电容元件是无源二端元件，它具有储存电场能量的特性。电容器一般由用电介质隔开的两个金属板构成。当电容器两个金属板上加电压时，每个金属板上将储存电荷 q，并有

电容元件

$$q = Ku \tag{1-15}$$

式中，q——电荷（C）；

　　u——所加电压（V）；

　　K——一个与电介质、电容器几何形状、极板面积、距离等因素有关的因子。

因此电容器可用 q-u 平面过原点的曲线来描述，此曲线称为库伏特性曲线。

若二端元件的电荷与电压关系可用 q-u 平面上过坐标原点的直线描述，则这种二端元件为线性电容元件；否则称其为非线性电容元件。

电容元件也可分为时变和时不变电容。本书主要研究线性时不变电容，其主要特点如下：

（1）库伏特性为 q-u 平面上一条过原点的直线，直线斜率为 C，如图 1-6(a)所示。

（2）储存的电荷 q 与施加的电压 u 成线性正比关系，即

$$q = Cu \tag{1-16}$$

式中，C 是一个常量，也是库伏特性的斜率，称为电容量，单位为法拉（F）。其电路符号如图 1-6(b)所示。

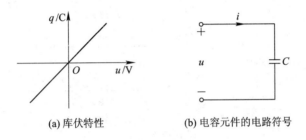

(a) 库伏特性　　　　　　　　(b) 电容元件的电路符号

图 1-6　线性时不变电容

（3）双向性。线性时不变电容元件的库伏特性曲线对原点的对称性说明其特性与端钮接法无关。

（4）动态性。当电荷随时间变化时，在电容中便产生变化的电流，即有

$$i = \frac{\mathrm{d}q}{\mathrm{d}t} = C \frac{\mathrm{d}u}{\mathrm{d}t} \tag{1-17}$$

可见，电容元件的伏安特性也为微分关系。它反映了电容元件的动态性，即电压随时间变化就有电流通过，同时也反映了其具有记忆的特性。从式（1-17）也可以看出，当电压恒定时，流过电容的电流为零。因此，在直流电路中，电容相当于开路。

（5）无源性。电容元件具有储存电场能量的性质，其储存的能量为

$$w_C = \frac{1}{2} C u^2 \tag{1-18}$$

可以看出，此能量在任意时刻均大于或等于零。因此电容元件不仅能储存能量，而且其本身仍是一个无源元件。

2. 理想电源元件

理想电源包括理想电压源和理想电流源，它们都是具有两个引出端的理想二端有源元件，是实际电源在一定条件下的理想化模型。

1) 理想电压源

　　一个二端元件，若其端电压在任何情况下都能保持为某给定的时间函数 $u_s(t)$，而与通过它的电流无关，则此二端元件称为理想电压源。其电路符号如图 1-7(a) 所示。图中 u 代表理想电压源的端电压，它恒等于 $u_s(t)$；i 代表流过电压源的电流，它取决于连接电压源 $u_s(t)$ 的电路。

理想电压源和
理想电流源

　　若 $u_s(t)=U_s$ 为一常量，则称为直流电压源或恒定电压源，其伏安特性可由 u-i 平面上的直线表示，如图 1-7(b) 所示。若 $u_s(t)$ 是时间 t 的函数，则称为时变电压源，其伏安特性是 u-i 平面上平行于 i 轴的一族直线。

　　可见，理想电压源的端电压 u 恒等于 $u_s(t)$，而与其中电流 i 的大小和方向均无关。电流 i 的大小和实际方向在 $u_s(t)$ 给定时，则完全由电源以外的电路(称为外电路)的工作情况决定，即具有恒压不恒流的特性。用数学方程可表示为

$$\left.\begin{array}{l} u = u_s(t) \\ i = 不定值(由外电路确定) \end{array}\right\} \qquad (1-19)$$

理想电压源也称为恒压源。

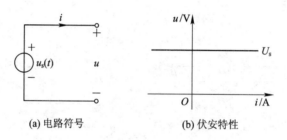

(a) 电路符号　　　　　　　　(b) 伏安特性

图 1-7　理想电压源及其伏安特性

2) 理想电流源

　　一个二端电路元件，若其中通过的电流在任何情况下都能保持为某给定的时间函数 $i_s(t)$，而与它的端电压无关，则此二端元件称为理想电流源，其电路符号如图 1-8(a) 所示。图中 $i_s(t)$ 表示电流源所产生的电流数值，箭头表示 i_s 的参考方向；u 代表电流源的端电压；i 表示电流源的端电流，所有方向均为参考方向。

　　若理想电流源的端电流 $i=i_s(t)=I_s$ 为一常量，则称为直流电流源或恒定电流源，其伏安特性可由 u-i 平面上平行于 u 轴的一条直线描述，如图 1-8(b) 所示。若 $i_s(t)$ 随时间 t 而变化，则称为时变电流源，其伏安特性是 u-i 平面上平行于 u 轴的一族直线。

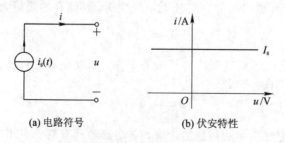

(a) 电路符号　　　　　　　　(b) 伏安特性

图 1-8　理想电流源及其伏安特性

可见，理想电流源的端电流 i 只取决于 $i_s(t)$，即恒等于 $i_s(t)$，与其端电压 u 的大小和方向均无关。而其端电压 u 的大小和实际正负极性则完全由电源以外的电路（称为外电路）的工作情况决定，即具有恒流不恒压的特性，用数学方程表示为

$$\left.\begin{array}{l} i = i_s(t) \\ u = \text{不定值（由外电路确定）} \end{array}\right\} \qquad (1-20)$$

所以也称为恒流源。

电压源和电流源统称为电源，它们都可以独立向外电路提供能量，在电路理论中也称为激励或独立电源。电源在电路中产生的电压和电流称为响应。

例 1-1　如图 1-9(a)所示电路中，试计算：(a) i、u_C、i_L；(b)存储在电容和电感中的能量。

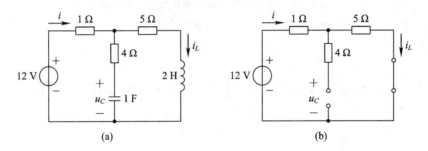

图 1-9　例 1-1 图

解　(a) 在直流电源下，将电容做开路处理，电感做短路处理，如图 1-9(b)所示，因此

$$i = i_L = \frac{12}{1+5} = 2\,\text{A}$$

电压 u_C 与加在 5 Ω 电阻上的电压相等，因此

$$u_C = 5i = 10\,\text{V}$$

(b) 电容存储能量为

$$W_C = \frac{1}{2}Cu_C^2 = \frac{1}{2} \times 1 \times 10^2 = 50\,\text{J}$$

所以电感所储存的能量为

$$W_L = \frac{1}{2}Li_L^2 = \frac{1}{2} \times 2 \times 2^2 = 4\,\text{J}$$

3. 实际电源模型

1) 实际电压源及其电路模型

实际电压源的伏安特性并不是如图 1-7 所示的与电流 i 轴平行的直线，而是电源的端电压随电流增大而降低，如图 1-10(a)所示。为了模拟这一实际现象，可以用一个理想电压源 u_s 与一个电阻 R_s 的串联组合作为实际电压源的电路模型，如图 1-10(b)所示。其中 u_s 为电压源的电压，R_s 为实际电压源的内阻，u 和 i 分别表示实际电压源端电压和端电流。由此可得

$$u = u_s - iR_s \qquad (1-21)$$

实际电压源模型和实际电流源模型

式(1-21)表明，实际电压源输出电压 u 与其内阻 R_s 和外电路负载电流有关。内阻 R_s 越小，实际电压源越接近于理想电压源。

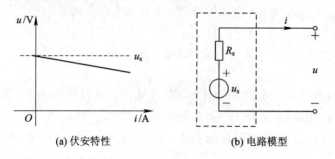

(a) 伏安特性　　　　　　(b) 电路模型

图 1-10　实际电压源伏安特性及其电路模型

当输出电流 $i=0$ 时，称为输出端口开路，此时的输出电压称为开路电压，用 u_{oc} 表示。由式(1-21)可见：

$$u_{oc} = u_s$$

当输出端电压 $u=0$ 时，称为输出端口短路，此时端口电流称为短路电流，用 i_{sc} 表示。由式(1-21)可见：

$$i_{sc} = \frac{u_s}{R_s} = \frac{u_{oc}}{R_s}$$

2) 实际电流源及其电路模型

实际电流源的伏安特性也并不是图 1-8 所示的平行于 u 轴的直线，而是电源的端电流随其端电压的变化而改变。当端电压增大时输出电流减小，如图 1-11(a)所示。因此可以用一个理想电流源 i_s 与一个电阻 R_s 的并联组合作为实际电流源的电路模型，如图 1-11(b)所示。其中，i_s 为电流源的电流，R_s 为其内阻，u 和 i 分别为其端电压和端电流。实际电流源模型的伏安特性为

$$i = i_s - \frac{u}{R_s} \tag{1-22}$$

其开路电压 $u_{oc} = R_s i_s$，短路电流 $i_{sc} = i_s$。

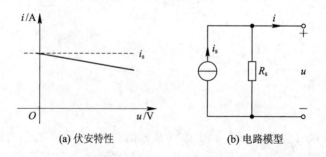

(a) 伏安特性　　　　　　(b) 电路模型

图 1-11　实际电流源伏安特性及其电路模型

电流源一般是电子器件和光电器件在一定条件下的理想模型。在工程电路分析中，电流源具有重要意义，并给电路计算带来方便。

4. 受控源

电路中除了作用有独立电源外，还存在不独立的电源，即受控电源或受控源。受控源是电路器件在一定条件下的理想化模型，与它对应的实际器件不一定唯一。受控源表现的特性既像独立电源那样能输出电流、电压和电功率，又受控于电路某部分的电压或电流，所以是不独立的。也就是说，受控源的电压或电流是电路中某条支路的电压或电流的函数。

受控源

根据受控源所输出的是电压还是电流，以及它们受电路中某部分电压还是电流的控制来区分，可以分为四种，如图 1-12 所示。其中图(a)为电压控制电压源(VCVS)，控制量为电压 u_1；图(b)为电流控制电压源(CCVS)，控制量为电流 i_1；图(c)为电压控制电流源(VCCS)，控制量为电压 u_1；图(d)为电流控制电流源(CCCS)，控制量为电流 i_1。图中，菱形符号表示受控源，以与独立源的符号相区别。

线性受控源的输出特性用数学方程表示为

VCVS：$u_2 = \mu u_1$　　　　　　　　　　VCCS：$i_2 = g u_1$

CCVS：$u_2 = r i_1$　　　　　　　　　　CCCS：$i_2 = \beta i_1$

式中，μ、r、g 和 β 为有关的控制系数。这些系数在具体器件中具有一定物理意义，例如对于晶体三极管，β 就是其电流放大系数；在场效应管中 g 表示其跨导。当这些控制系数为常数时，则为线性受控源。以后提到的受控源均指线性受控源。

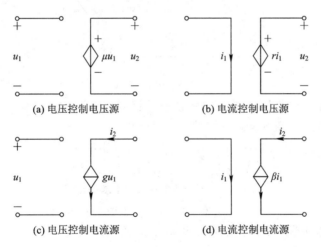

(a) 电压控制电压源　　　　　　　　　　(b) 电流控制电压源

(c) 电压控制电流源　　　　　　　　　　(d) 电流控制电流源

图 1-12　理想线性受控源

从图 1-12 可以看出，受控源是一个多端模型元件，它具有两对端钮，其中一对端钮为输入控制量，它构成一个单口，称为输入口；另一对端钮为输出的电压或电流，构成的单口称为输出口。可见，受控源电路模型是一个简单的双口网络或二端口网络。

受控源在电路中具有二重性：电源性和电阻性。受控源像电源一样，可提供能量，其处理方法也与独立电源相同。这表现出它的电源性。但应注意，受控源与独立电源在本质上有很大的差异。独立电源在电路中直接起激励作用，对电路提供了信号或能量。而受控源则不能直接起激励作用，它表示控制与被控制的关系。若控制量存在，则受控源存在；若控制量为零，则受控源也为零。

只含受控源和电阻的单口电路可用一个等效电阻代替，而且此等效电阻可能为正值，也可能为负值，这就是受控源的电阻性。

下面举例说明电子器件用受控源来模拟的电路模型。工作于放大状态的晶体三极管，可以用一个电流控制电流源(CCCS)来模拟，如图 1-13 所示。其中电流源的输出为集电极电流 i_c，它是受基极电流 i_b 控制的，其数值等于管子的电流放大系数 β 乘以基极电流 i_b。图中 r_{be} 为晶体三极管的输入电阻，其物理意义将在以后章节中介绍。

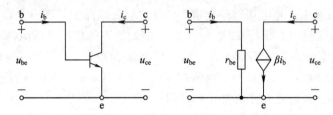

图 1-13   晶体三极管及其电路模型

例 1-2   计算图 1-14 中各元件所发出或吸收的功率。

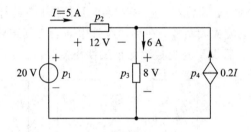

图 1-14   例 1-2 图

解   在计算时，要利用符号规定确定功率的符号：对于 p_1 而言，5 A 电流从元件的正端流出(或者说 5 A 电流流入元件的负端)，因此

$$p_1 = 20 \times 5 = 100 \text{ W} \quad (\text{发出的功率})$$

对于 p_2 和 p_3 而言，电流都是流入各个元件的正端，于是

$$p_2 = 12 \times 5 = 60 \text{ W} \quad (\text{吸收的功率})$$

$$p_3 = 8 \times 6 = 48 \text{ W} \quad (\text{吸收的功率})$$

对于 p_4 而言，由于该受控源的两端和无源元件 p_3 的两端相连，所以其电压与 p_3 的电压相同，为 8 V(正极在上面)。(注意，电压测量是相对于电路中元件的两端来说的。)因为电流是从正端流出来的，所以

$$p_4 = 8 \times 0.2I = 8 \times 0.2 \times 5 = 8 \text{ W} \quad (\text{发出的功率})$$

可以观察到，电路中 20 V 的独立电压源和 0.2I 的受控电流源均是为电路网络中的其他元件提供功率的，而两个无源元件则是吸收功率的，并且

$$p_1 + p_2 + p_3 + p_4 = -100 + 60 + 48 - 8 = 0$$

即发出的总功率等于吸收的总功率(能量守恒)。

习 题 1

1. 若电荷 $Q(t)=2t^2+3t+5$，求 $t=1\,\text{s}$ 和 $t=3\,\text{s}$ 时的电流 $i(1)$ 和 $i(3)$。

2. 从某元件两端电压的正极流入的电荷为 $q=5\sin4\pi t\ \text{mC}$，且该元件两端的电压为 $u=3\cos4\pi t\ \text{V}$，计算：(a) 在 $t=0.3\,\text{s}$ 时传递给该元件的功率；(b) 在 $0\sim0.6\,\text{s}$ 期间传递给该元件的能量。

3. 电路中 A、B、C 三点的电位分别为 $3\,\text{V}$、$2\,\text{V}$、$-2\,\text{V}$，求电压 U_{AB} 和 U_{CA}；若以点 C 作为参考点，求点 A、B 的电位和电压 U_{AB}、U_{CA}。

4. 求图 $1-15$ 所示电路中的电流源 i_s 发出的功率。

5. 求图 $1-16$ 所示电路中各电源产生的功率。

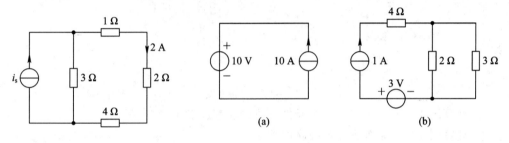

图 $1-15$ 习题 4 图   图 $1-16$ 习题 5 图

6. 图 $1-17$(a)所示电路中流过电感 $L=2\,\text{mH}$ 的电流波形如图(b)所示，试作出电感电压、功率和储存能量的波形。

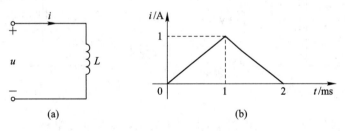

图 $1-17$ 习题 6 图

7. 图 $1-18$ 所示为电容两端电压和电流波形，求电容 C，作出功率波形图，并计算 $t=2\,\text{ms}$ 时电容所吸收的功率和储存的能量。

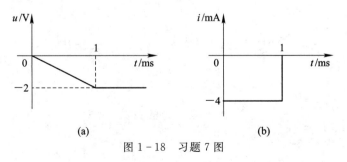

图 $1-18$ 习题 7 图

8. 流入某元件两端电压的正极的电流为 $i(t) = 6e^{-2t}$ mA，该元件两端的电压为 $u(t) = 10 di/dt$ V。

计算：

(a) 在 $t=0$ 到 $t=2$ s 之间传递给该元件的电荷量；

(b) 该元件吸收的功率；

(c) 该元件在 3 s 内吸收的能量。

9. 写出图 1-19 所示电路的伏安特性方程，并画出 u-i 平面上的伏安特性曲线。

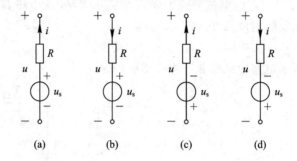

图 1-19 习题 9 图

10. 计算图 1-20 的电路中每个元件吸收的功率或发出的功率。

11. 计算图 1-21 中各个元件吸收的功率。

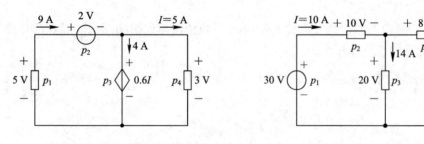

图 1-20 习题 10 图   图 1-21 习题 11 图

12. 在图 1-22 所示的直流电路中，计算电容上的电压 u_C、电感上的电流 i_L，以及它们分别所储存的能量。

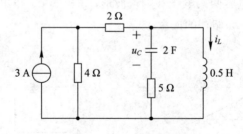

图 1-22 习题 12 图

第 2 章　电路基本定律和等效变换

　　本章将在第 1 章介绍的电流、电压和功率等基本概念的基础上，介绍电路的基本定律，即欧姆定律和基尔霍夫定律以及基于上述基本定律的电路分析方法。除此以外，本章还将讨论等效变换的概念，包括电阻、电容、电感的串联和并联，以及实际电源之间的等效变换。

2.1　欧　姆　定　律

　　电阻表征了材料具有阻止电荷流动的物理性质，反映了对电流阻碍作用的大小。对于由某种材料制成的柱形均匀导体，电阻值取决于截面面积 A 及其长度 l，如图 2−1(a)所示。电阻值的数学表示式（实验室测量）为

$$R = \rho \frac{l}{A} \tag{2−1}$$

式中，ρ 称为电阻率，单位为欧姆·米（$\Omega \cdot m$）。良导体的电阻率小，如铜、铝；绝缘体的电阻率高，如云母、纸张。

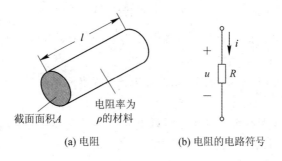

(a) 电阻　　　　　　　　(b) 电阻的电路符号

图 2−1　电阻及其电路符号

　　德国物理学家乔治·西蒙·欧姆（George Simon Ohm，1787—1854）因发现流过电阻的电流与电阻两端的电压之间的关系而闻名于世，该关系正是众所周知的欧姆定律。

　　欧姆定律：电阻两端的电压 u 与流过该电阻的电流 i 成正比。

　　欧姆将这个比例常数定义为电阻 R（电阻是材料的一个属性，当元件的内部或外部条件改变，例如温度发生变化时，电阻值也会改变）。欧姆定律的数学表达式为

$$u = Ri \tag{2−2}$$

式中，R 的单位是欧姆，记作 Ω。因此，元件的电阻 R 表示其阻碍电流流过的能力。

　　由式（2−2）可得

$$R = \frac{u}{i} \tag{2−3}$$

则

$$1\ \Omega = 1\ \text{V/A} \qquad\qquad (2-4)$$

应用式(2-3)的欧姆定律时，必须注意电流的方向和电压的极性。电流 i 的方向与电压 u 的极性必须符合关联参考方向，如图2-1(b)所示。当 $u=Ri$ 时，电流从高电位流向低电位；反之，当 $u=-Ri$ 时，电流从低电位流向高电位。

由于电阻值 R 可以从零变到无限大，所以需要考虑两种极端情况下的电阻值 R。

$R=0$ 的电路称为短路电路，如图2-2(a)所示。在短路的情况下，有

$$u = Ri = 0 \qquad\qquad (2-5)$$

表明电压为零，电流可以取任意值。在实际电路中，由良导体构成的导线通常为短路电路。因此，短路电路是电阻为零时的电路。

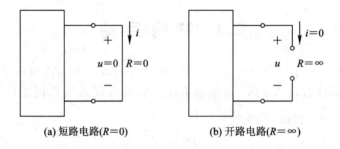

(a) 短路电路($R=0$)　　　　　　(b) 开路电路($R=\infty$)

图2-2　短路电路与开路电路

电阻值 $R=\infty$ 的电路称为开路电路，如图2-2(b)所示。在开路的情况下，有

$$i = \lim_{R \to \infty} \frac{u}{R} = 0 \qquad\qquad (2-6)$$

表明虽然两端的电压可以是任意值，但其电流为零。因此，开路电路是电阻值趋于无穷大时的电路。

例2-1　如图2-3所示的电路，试计算电流 i 和电阻消耗的功率 p。

解　因为电阻两端接在电压源上，所以电阻两端的电压等于电压源的电压(30 V)。因此，根据欧姆定律，电流 i 为

$$i = \frac{u}{R} = \frac{30}{5 \times 10^3} = 6\ \text{mA}$$

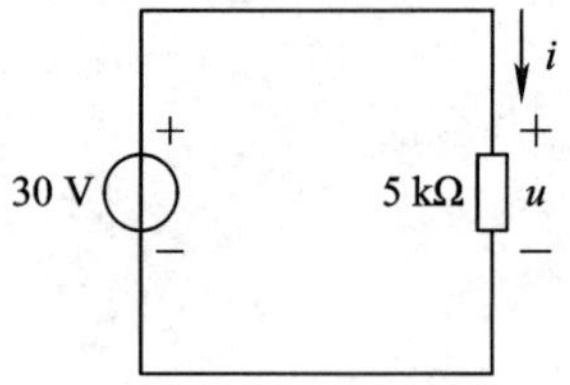

利用功率计算公式(1-6)，可以计算电阻消耗的功率：

图2-3　例2-1图

$$P = ui = 30(6 \times 10^{-3}) = 180\ \text{mW}$$

2.2　基尔霍夫定律

基尔霍夫定律是由德国物理学家基尔霍夫(Gustav Robert Kirchhoff，1824—1887)于1847年提出的，是集中参数电路的基本定律，它阐述了任意集中参数电路中各处电压和电流的内在联系，是分析和计算电路的理论基础。基尔霍夫定律包含两个定律：其一是研究电路中各支路电流间联系的规律，称为基尔霍夫电流定律，简称为 KCL (Kirchhoff's Current Law)；其二是研究电路中各支路电压间联系的规律，称为基尔霍夫电压定律，简

称为 KVL(Kirchhoff's Voltage Law)。

在讨论基尔霍夫定律之前先介绍几个描述电路结构的术语。

节点：三个或三个以上电路元件的连接点，称为节点。

支路：连接两个节点之间的通路，称为支路。

回路：由支路构成的闭合路径，称为回路。

实际在电路分析中，为了方便起见，常把通过同一电流的电流路径定义为支路，把三条或三条以上支路的连接点定义为节点。因此，对于图 2-4 所示的电路，共有两个节点 a 和 b、三条支路和三个回路。每条支路都有电流，称为支路电流。每条支路也都有电压，称为支路电压。

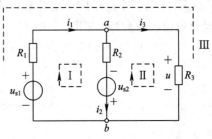

图 2-4　具有两个节点的电路

1. 基尔霍夫电流定律(KCL)

基尔霍夫电流定律(KCL)是指任一集中参数电路中，在任意时刻，流出或流入任一节点的电流代数和等于零。其数学表达式为

$$\sum i_k = 0 \tag{2-7}$$

基尔霍夫
电流定律

此结论称为基尔霍夫电流定律(KCL)。例如，对于图 2-4 所示的电路，各支路电流如图中所示，则对于节点 a 有

$$-i_1 + i_2 + i_3 = 0 \tag{2-8}$$

即：若流出节点 a 的电流规定取正号，则流入该节点的电流取负号；反规定亦可。由 KCL 写出的数学方程式称为 KCL 方程。

节点 a 的 KCL 方程可改写为

$$i_1 = i_2 + i_3 \tag{2-9}$$

式(2-9)的物理意义是：流入节点 a 的电流总和等于流出该节点的电流总和。因此 KCL 的另一种叙述形式为：任一集中参数电路中，在任意时刻，流入任一节点的电流总和等于流出该节点的电流总和。即

$$\sum i_入 = \sum i_出 \tag{2-10}$$

基尔霍夫电流定律是电荷守恒定律和电荷连续性原理在任一节点上的具体反映。因为任何时刻在任一节点都不能有电荷积累。电荷既不能产生也不能消灭，流入节点的电荷量必定等于流出节点的电荷量，因而在节点上电流的代数和必等于零。

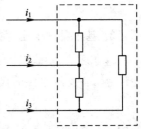

KCL 不仅可应用于任何节点，也适用于内部含有几个节点的闭合面。因为闭合面与节点一样，不能有电荷积累，因而从外部流入这个闭合面的电流也必定等于流出这个闭合面的电流。闭合面亦称广义节点。如图 2-5 所示的电路中，闭合面内含三个节点。对闭合面应用 KCL，有

图 2-5　KCL 应用推广

$$i_1 + i_2 + i_3 = 0 \tag{2-11}$$

最后要强调指出的是,KCL 与电路元件性质无关,无论电路中的元件是线性的还是非线性的,是独立还是受控,是时变还是定常,KCL 均可适用。

KCL 的一个简单应用是并联电流源的等效合并,合并后的等效电流即各独立电流源所提供电流的代数和。如图 2-6(a)所示的电流源可以合并为图 2-6(b)所示的电流源。在节点 a 处应用 KCL 可以得到合并后的等效电流:

$$I_T + I_2 = I_1 + I_3 \tag{2-12}$$

或

$$I_T = I_1 - I_2 + I_3 \tag{2-13}$$

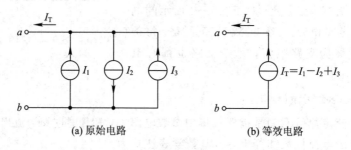

(a) 原始电路　　　　　　　　　(b) 等效电路

图 2-6　并联电流源的合并

电路中不允许将多个不相等的电流源串联,否则就会违背基尔霍夫电流定律。

例 2-2　求图 2-7 所示电路中的电流 i_o 与电压 u_o。

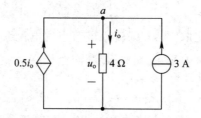

图 2-7　例 2-2 图

解　在节点 a 处应用 KCL 定律,得到

$$3 + 0.5i_o = i_o \Rightarrow i_o = 6\,\mathrm{A}$$

对于 4 Ω 电阻,根据欧姆定律可得

$$u_o = 4i_o = 24\,\mathrm{V}$$

2. 基尔霍夫电压定律(KVL)

基尔霍夫电压定律(KVL)是指任一集中参数电路中,在任意时刻,沿任一回路,各支路电压的代数和等于零。其数学表达式为

$$\sum u_k = 0 \tag{2-14}$$

基尔霍夫
电压定律

式中,支路电压的正负号视元件电压参考方向和回路绕行方向而定,两者方向一致时取"+",方向相反时取"-"。此结论称为基尔霍夫电压定律(KVL)。例如,对于图 2-4 所示的电路,设回路绕行方向为顺时针方向,则对于回路 I 可写 KVL 方程为

$$R_1 i_1 + R_2 i_2 - u_{s2} - u_{s1} = 0 \tag{2-15}$$

或
$$R_1 i_1 + R_2 i_2 = u_{s1} + u_{s2} \tag{2-16}$$

式(2-16)的物理意义是：沿回路 Ⅰ 绕行方向，电阻上电压降的代数和等于电压源电压升的代数和。因此，KVL 还有另一种叙述形式：任一集中参数电路中，在任意时刻，沿任一回路绕行方向，回路中元件上电压降的代数和等于电源电压升的代数和。其数学表达式为

$$\sum u_{升} = \sum u_{降} \tag{2-17}$$

式中，电压降方向、电压升方向与绕行方向一致时取"＋"，反之取"－"。

KVL 从电位角度看是电位单值性的体现。电路中各点电位只有一个数值，单位正电荷在电场力作用下，从任一点出发，沿任意路径绕一周仍回到原点，其电位数值没有变化，即绕行一周得到的电位升，必然等于在此绕行一周中失去的电位降。因此 KVL 实质上是能量守恒定律的具体反映。

最后要指出，KVL 只是阐明了电路中各元件之间的电压关系，这些电压关系只和电路结构有关，而与元件的性质无关。因而，不论电路中元件是线性还是非线性，是时变还是定常，是有源还是无源，也不论电流是否变化，KVL 都适用。

KVL 的一个简单应用是串联电压源的合并，合并后的等效电压即各独立电压源所提供电压的代数和。例如，对于图 2-8(a)所示的电压源，利用 KVL 可以得到如图 2-8(b)所示的等效电压源：

$$-U_{ab} + U_1 + U_2 - U_3 = 0 \tag{2-18}$$

即

$$U_{ab} = U_1 + U_2 - U_3 \tag{2-19}$$

为了避免违背 KVL 定律，电路中不允许将多个不相等的电压源并联。

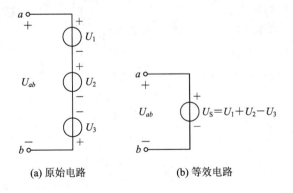

(a) 原始电路   (b) 等效电路

图 2-8 串联电压源的合并

例 2-3 如图 2-9(a)所示的电路，求电压 u_1 和 u_2。

解 为了求出 u_1 和 u_2，需应用欧姆定律和基尔霍夫电压定律。假定回路中电流 i 的方向如图 2-9(b)所示。

由欧姆定律可得

$$u_1 = 2i, \; u_2 = -3i \tag{2-20}$$

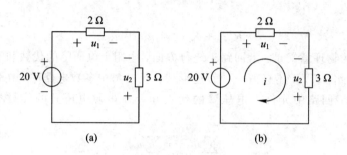

图 2-9　例 2-3 图

在回路中应用 KVL 定律可得

$$-20 + u_1 - u_2 = 0 \tag{2-21}$$

再将式(2-20)代入式(2-21)得到

$$-20 + 2i + 3i = 0 \implies i = 4\,\text{A}$$

最后,将电流 i 代入式(2-20)得到

$$u_1 = 8\,\text{V}, \quad u_2 = -12\,\text{V}$$

3. 两类约束的概念

用电路元件构成一个电路时,要受到两类约束。一类是各节点电流和各回路电压的约束关系,即必须满足 KCL 和 KVL。因 KCL 和 KVL 只取决于电路的连接方式,故把这种约束关系称为结构约束或拓扑约束,由此得到的方程分别称为 KCL 约束方程和 KVL 约束方程。另一类是每个元件电流与电压的约束,即元件的伏安特性约束。元件不相同则有不同的伏安特性(VAR),这种约束又称为元件约束。

拓扑约束和元件约束是分析电路的基本依据,它们贯穿于电路分析的始终。

例 2-4　如图 2-10 所示的电路,求 i、u 以及各独立电源和受控源产生的功率。

解　图示电路含一个回路,选回路绕行方向为逆时针方向,则可列出 KVL 方程为

$$(2+1)i = 10 - 6u - 2 \tag{2-22}$$

又有

$$u = i + 2 \tag{2-23}$$

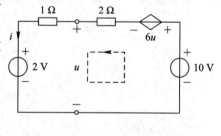

图 2-10　例 2-4 图

联解得

$$i = -\frac{4}{9}\,\text{A}, \quad u = \frac{14}{9}\,\text{V}$$

2 V 电压源产生的功率:

$$P_{2\text{V}} = -2i = \frac{8}{9}\,\text{W}$$

10 V 电压源产生的功率:

$$P_{10\text{V}} = 10i = -\frac{40}{9}\,\text{W}$$

受控源产生的功率：

$$P_{6u} = -6ui = \frac{336}{81}\text{W} = \frac{112}{27}\text{W}$$

2.3　电阻、电感、电容的连接及其等效变换

1. 电阻的连接及其等效变换

1) 电阻的串联

图 2-11 中两个电阻 R_1 和 R_2 是串联的，流过这两个电阻的电流是同一电流。对每个电阻应用欧姆定律，有

$$u_1 = iR_1, \quad u_2 = iR_2 \qquad (2-24)$$

如果对该回路(沿顺时针方向)应用 KVL，则得到

$$-u + u_1 + u_2 = 0 \qquad (2-25)$$

合并式(2-24)与式(2-25)可得

$$u = u_1 + u_2 = i(R_1 + R_2) \qquad (2-26)$$

即

$$i = \frac{u}{R_1 + R_2} \qquad (2-27)$$

注意，式(2-26)又可以写为

$$u = iR_{\text{eq}} \qquad (2-28)$$

表明这两个电阻可以用等效电阻 R_{eq} 来取代，并且有

$$R_{\text{eq}} = R_1 + R_2 \qquad (2-29)$$

电阻的串联及
其等效变换

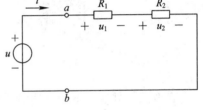

图 2-11　包含两个串联电阻
的单回路电路

于是，图 2-11 所示的电路可以用图 2-12 所示的等效电路来取代。图 2-11 与图 2-12 所示的两个电路之所以等效，是因为这两个电路在 a、b 两端所呈现的电压-电流关系是完全相同的。诸如图 2-12 这样的等效电路对于简化电路的分析是非常有用的。

任意多个电阻串联后的等效电阻值等于各个电阻值之和。

对于 N 个串联的电阻，其等效电阻为

$$R_{\text{eq}} = R_1 + R_2 + \cdots + R_N = \sum_{n=1}^{N} R_n \qquad (2-30)$$

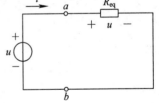

图 2-12　图 2-11 所示电路
的等效电路

提示：串联电阻的特性与阻值与一个阻值等于各电阻阻值之和电阻的特性相同。

为了确定图 2-11 所示电路中各个电阻上的电压，可以将式(2-27)代入式(2-24)，得到

$$u_1 = \frac{R_1}{R_1 + R_2} u, \quad u_2 = \frac{R_2}{R_1 + R_2} u \qquad (2-31)$$

可以看出，电源电压在各电阻之间的电压分配与各电阻的阻值成正比，电阻值越大，电阻上的电压就越大，这称为分压原理，而图 2-11 所示的电路称为分压电路。一般情况下，如果电源电压为 u 的分压电路中有 N 个电阻(R_1, R_2, $\cdots$, R_N)，则第 n 个电阻(R_n)上的电压为

$$u_n = \frac{R_n}{R_1 + R_2 + \cdots + R_N}u \qquad (2-32)$$

2）电阻的并联

在如图 2-13 所示的电路中，两个电阻并联连接，因此它们两端具有相同的电压。由欧姆定律可得

$$u = i_1 R_1 = i_2 R_2$$

即

$$i_1 = \frac{u}{R_1}, \quad i_2 = \frac{u}{R_2} \qquad (2-33)$$

电阻的并联及
其等效变换

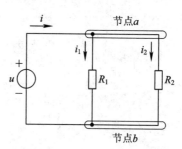

图 2-13　两个电阻的并联

在节点 a 处应用 KCL，得到总电流 i 为

$$i = i_1 + i_2 \qquad (2-34)$$

将式(2-33)代入式(2-34)可得

$$i = \frac{u}{R_1} + \frac{u}{R_2} = u\left(\frac{1}{R_1} + \frac{1}{R_2}\right) = \frac{u}{R_{eq}} \qquad (2-35)$$

其中，R_{eq} 为两个并联电阻的等效电阻：

$$\frac{1}{R_{eq}} = \frac{1}{R_1} + \frac{1}{R_2} \qquad (2-36)$$

或

$$\frac{1}{R_{eq}} = \frac{R_1 + R_2}{R_1 R_2}$$

即

$$R_{eq} = \frac{R_1 R_2}{R_1 + R_2} \qquad (2-37)$$

可见，两个并联电阻的等效电阻值等于各电阻值的乘积除以各电阻值之和。

必须强调的是，以上结论仅适用于两个电阻的并联。如果 $R_1 = R_2$，则由式(2-37)可得 $R_{eq} = R_1/2$。

可以将式(2-36)扩展到 N 个电阻并联的一般情况，此时的等效电阻值为

$$\frac{1}{R_{eq}} = \frac{1}{R_1} + \frac{1}{R_2} + \cdots + \frac{1}{R_N} \qquad (2-38)$$

由此可见，等效电阻 R_{eq} 总是小于其中最小的电阻。当 $R_1 = R_2 = \cdots = R_N = R$ 时，有

$$R_{eq} = \frac{R}{N} \qquad (2-39)$$

例如，4 个 $100\,\Omega$ 的电阻并联连接时的等效电阻值为 $25\,\Omega$。

　　在处理电阻并联的问题时，采用电导通常要比采用电阻更为方便。由式(2-38)可知，N 个电阻并联后的等效电导为

$$G_{eq} = G_1 + G_2 + G_3 + \cdots + G_N \qquad (2-40)$$

其中，$G_{eq} = \dfrac{1}{R_{eq}}$，$G_1 = \dfrac{1}{R_1}$，$G_2 = \dfrac{1}{R_2}$，$G_3 = \dfrac{1}{R_3}$，$\cdots$，$G_N = \dfrac{1}{R_N}$。式(2-40)表明：并联电导的等效电导等于各个电导之和。

　　图 2-13 所示的电路可以用图 2-14 所示的电路替代。容易看出式(2-40)与式(2-30)的相似性，即并联电阻等效电导的计算方法与串联电阻等效电阻的计算方法相似。同样，串联电阻等效电导的计算方法与并联电阻等效电阻的计算方法相似。因此，N 个电阻串联(如图 2-11 所示)的等效电导 G_{eq} 为

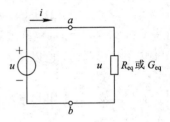

图 2-14　图 2-13 的等效电路

$$\frac{1}{G_{eq}} = \frac{1}{G_1} + \frac{1}{G_2} + \frac{1}{G_3} + \cdots + \frac{1}{G_N} \qquad (2-41)$$

　　假定流入图 2-13 中节点 a 的总电流为 i，那么如何求得电流 i_1 与 i_2？我们知道并联等效电阻具有相同的电压 u，即

$$u = iR_{eq} = \frac{iR_1R_2}{R_1 + R_2} \qquad (2-42)$$

合并式(2-33)与式(2-42)，得到

$$i_1 = \frac{R_2 i}{R_1 + R_2}, \quad i_2 = \frac{R_1 i}{R_1 + R_2} \qquad (2-43)$$

　　式(2-43)说明总电流被两个电阻支路分享，且支路电流与电阻值成反比，这个规律称为分流原理。图 2-13 所示的电路称为分流电路。可以看出，较小电阻的支路流过较大电流。

　　一种极端的情况是假定图 2-13 所示电路中的一个电阻为零，例如 $R_2 = 0$，即 R_2 短路，如图 2-15(a)所示。由式(2-43)可知，$R_2 = 0$ 意味着 $i_1 = 0$，$i_2 = i$，这就是说，总电流 i 不流经 R_1，而只流过 $R_2 = 0$ 的短路支路，即阻值最小的支路。

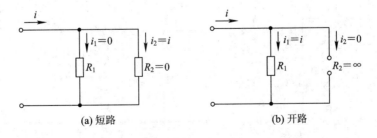

图 2-15　短路与开路

　　因此，当一个电路被短路时，如图 2-15(a)所示，应该记住如下两点：

(1) 等效电阻 $R_{eq} = 0$(参见 $R_2 = 0$ 时的式(2-37))。

（2）全部电流都从短路支路中流过。

另一种极端情况是 $R_2 = \infty$，即 R_2 为开路，如图 2-15(b) 所示，此时电流从电阻最小的路径 R_1 流过。对式(2-37)取极限 $R_2 \rightarrow \infty$，得到 $R_{eq} = R_1$。

例 2-5　求图 2-16 所示电路的 R_{eq}。

解　为求出 R_{eq}，需要合并串联和并联的电阻。图 2-16 中 6 Ω 电阻与 3 Ω 电阻并联（符号"//"表示并联），其等效电阻为

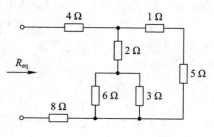

$$6\,\Omega\ /\!/\ 3\,\Omega = \frac{6 \times 3}{6 + 3} = 2\,\Omega \qquad (2-44)$$

1 Ω 电阻与 5 Ω 电阻是串联的，所以其等效电阻为

$$1\,\Omega + 5\,\Omega = 6\,\Omega$$

图 2-16　例 2-5 图

于是，图 2-16 所示的电路被简化为图 2-17(a) 所示的电路。由图 2-17(a) 可以看出两个 2 Ω 的电阻是串联的，所以其等效电阻为

$$2\,\Omega + 2\,\Omega = 4\,\Omega$$

此时，该 4 Ω 电阻又与 6 Ω 电阻并联，其等效电阻为

$$4\,\Omega\ /\!/\ 6\,\Omega = \frac{4 \times 6}{4 + 6} = 2.4\,\Omega \qquad (2-45)$$

这样，图 2-17(a) 所示的电路又可以简化为图 2-17(b) 所示的电路。在图 2-17(b) 中三个电阻是串联的，因此，电路的等效电阻为

$$R_{eq} = 4\,\Omega + 2.4\,\Omega + 8\,\Omega = 14.4\,\Omega$$

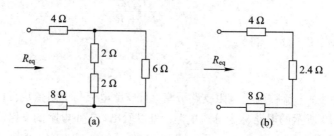

图 2-17　例 2-5 变换图

练习 2-1　求图 2-18 所示电路的等效电阻 R_{ab} 和 R_{cd}。

练习 2-1

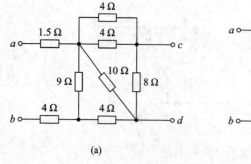
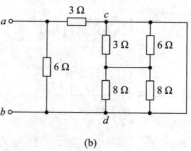

图 2-18　练习 2-1 图

3) 电阻的星形连接和三角形连接

在电路分析中，电阻还会出现既非串联又非并联的连接形式，如图 2-19 所示桥式电路中的电阻 $R_1 \sim R_6$。对于这种电路，可以利用三端等效电路来化简。三端等效电路包括如图 2-20 所示的星形（Y 形或 T 形）连接电路，以及如图 2-21 所示的三角形（△形或 Π 形）连接电路。这些电路可独立存在，也可作为大型电路的一部分，主要用于三相电路、滤波器以及匹配电路等电路网络中。

电阻的星形
连接和三角
形连接

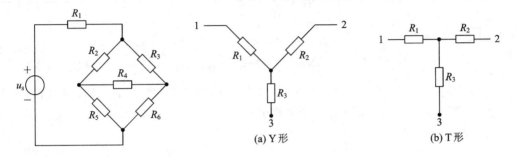

图 2-19　电桥电路　　　　　　　图 2-20　星形连接的两种形式

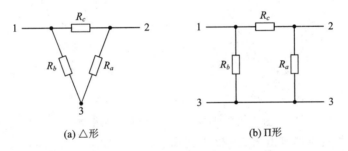

图 2-21　三角形连接的两种形式

（1）△-Y 变换。

△-Y 变换是指将△形电路转换为 Y 形电路。为了求出 Y 形电路中的等效电阻，要对两个电路进行比较，并确保△形电路中的每一对节点之间的电阻值等于 Y 电路中对应的每对节点之间的电阻值。以图 2-20 和图 2-21 中的节点 1 和节点 3 为例，有

$$R_{13}(\text{Y}) = R_1 + R_3$$

$$R_{13}(\triangle) = R_b \mathbin{/\mkern-5mu/} (R_a + R_c) \tag{2-46}$$

令 $R_{13}(\text{Y}) = R_{13}\triangle$，有

$$R_{13} = R_1 + R_3 = \frac{R_b(R_a + R_c)}{R_a + R_b + R_c} \tag{2-47a}$$

同理：

$$R_{12} = R_1 + R_2 = \frac{R_c(R_a + R_b)}{R_a + R_b + R_c} \tag{2-47b}$$

$$R_{23} = R_2 + R_3 = \frac{R_a(R_b + R_c)}{R_a + R_b + R_c} \tag{2-47c}$$

式(2-47a)减去式(2-47c)可得

$$R_1 - R_2 = \frac{R_c(R_b - R_a)}{R_a + R_b + R_c} \qquad (2-48)$$

式(2-47b)与式(2-48)相加可得

$$R_1 = \frac{R_b R_c}{R_a + R_b + R_c} \qquad (2-49)$$

式(2-47b)减去式(2-48)可得

$$R_2 = \frac{R_c R_a}{R_a + R_b + R_c} \qquad (2-50)$$

式(2-47a)减去式(2-49)可得

$$R_3 = \frac{R_a R_b}{R_a + R_b + R_c} \qquad (2-51)$$

将△形电路变换为Y电路时，可增加一个节点 n，如图2-22所示，并按照如下规则进行转换：Y形电路中各电阻值等于△形电路中相邻两条支路电阻的乘积除以△形电路中三个电阻之和。

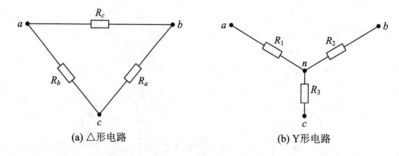

(a) △形电路   (b) Y形电路

图2-22 与形△电路变换与Y形电路

根据上述变换规则即可由图2-22得到式(2-49)～式(2-51)。

(2) Y-△变换。

Y-△变换是指将Y形电路变换为△形电路。为了求出将Y形电路变换为等效△形电路的变换公式，首先由式(2-49)～式(2-51)可以，得到

$$R_1 R_2 + R_2 R_3 + R_3 R_1 = \frac{R_a R_b R_c (R_a + R_b + R_c)}{(R_a + R_b + R_c)^2} = \frac{R_a R_b R_c}{R_a + R_b + R_c} \qquad (2-52)$$

用式(2-49)～式(2-51)分别去除式(2-52)得到

$$R_a = \frac{R_1 R_2 + R_2 R_3 + R_3 R_1}{R_1} \qquad (2-53)$$

$$R_b = \frac{R_1 R_2 + R_2 R_3 + R_3 R_1}{R_2} \qquad (2-54)$$

$$R_c = \frac{R_1 R_2 + R_2 R_3 + R_3 R_1}{R_3} \qquad (2-55)$$

由式(2-53)～式(2-55)以及图2-22可以得出如下Y-△变换规则：△形电路中各电阻值等于Y形电路中所有电阻两两相乘之和除以相对应的Y形电路支路电阻。

如果满足以下条件，则称Y形电路与△形电路是平衡的：

$$R_1 = R_2 = R_3 = R_Y, \ R_a = R_b = R_c = R_\triangle \qquad (2-56)$$

在上述条件下，变换公式变为

$$R_Y = \frac{R_\triangle}{3} \quad 或 \quad R_\triangle = 3R_Y \qquad (2-57)$$

注意，在进行变换时，并没有对电路元件做任何增减，只是利用等效的三端电路替代原有的三端电路，从而得到一个由电阻串联或并联构成的电路，以便于计算 R_{eq}。

例 2-6　将图 2-23(a)所示的△形电路变换为等效的 Y 形电路。

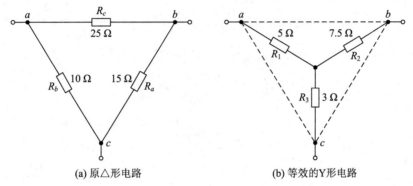

(a) 原△形电路　　　　　　　　　(b) 等效的 Y 形电路

图 2-23　例 2-6 图

解　由式(2-49)～式(2-51)可得

$$R_1 = \frac{R_b R_c}{R_a + R_b + R_c} = \frac{10 \times 25}{15 + 10 + 25} = \frac{250}{50} = 5\ \Omega$$

$$R_2 = \frac{R_c R_a}{R_a + R_b + R_c} = \frac{25 \times 15}{15 + 10 + 25} = \frac{375}{50} = 7.5\ \Omega$$

$$R_3 = \frac{R_a R_b}{R_a + R_b + R_c} = \frac{15 \times 10}{15 + 10 + 25} = \frac{150}{50} = 3\ \Omega$$

等效的 Y 形电路如图 2-23(b)所示。

例 2-7　求图 2-24 所示电路的等效电阻 R_{ab}，并由此计算电流 i。

解　将由 5 Ω、10 Ω 和 20 Ω 电阻构成的 Y 形电路进行变换，并且选择：

$$R_1 = 10\ \Omega, \quad R_2 = 20\ \Omega, \quad R_3 = 5\ \Omega$$

于是，由式(2-53)～式(2-55)可得

$$R_a = \frac{R_1 R_2 + R_2 R_3 + R_3 R_1}{R_1}$$

$$= \frac{10 \times 20 + 20 \times 5 + 5 \times 10}{10}$$

$$= \frac{350}{10} = 35\ \Omega$$

$$R_b = \frac{R_1 R_2 + R_2 R_3 + R_3 R_1}{R_2} = \frac{350}{20} = 17.5\ \Omega$$

$$R_c = \frac{R_1 R_2 + R_2 R_3 + R_3 R_1}{R_3} = \frac{350}{5} = 70\ \Omega$$

将 Y 形电路转换为△形电路后的等效电路(暂时去掉电压源)如图 2-25(a)所示。合并图中的三对并联电阻，得到

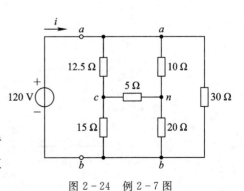

图 2-24　例 2-7 图

$$70 \mathbin{/\mkern-3mu/} 30 = \frac{70 \times 30}{70 + 30} = 21\,\Omega$$

$$12.5 \mathbin{/\mkern-3mu/} 17.5 = \frac{12.5 \times 17.5}{12.5 + 17.5} = 7.292\,\Omega$$

$$15 \mathbin{/\mkern-3mu/} 35 = \frac{15 \times 35}{15 + 35} = 10.5\,\Omega$$

于是得到如图 2 – 25(b)所示的等效电路。因此：

$$R_{ab} = (7.292 + 10.5) \mathbin{/\mkern-3mu/} 21 = \frac{17.792 \times 21}{17.792 + 21} = 9.632\,\Omega$$

则

$$i = \frac{u_s}{R_{ab}} = \frac{120}{9.632} = 12.458\,\mathrm{A}$$

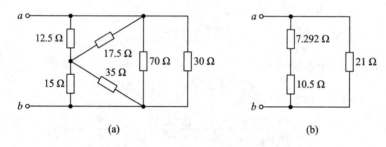

图 2 – 25　图 2 – 24 所示电路去掉电压源后的等效电路

　　注：本电路中，读者也可以选择其他 Y 形电路和 △ 形电路进行等效变换，然后分析求解。

2. 电感的连接及其等效变换

1）电感的串联

　　由 N 个电感串联组成的电路如图 2 – 26(a)所示，它的等效电路如图 2 – 26(b)所示。流过这些串联电感的电流均是 i，对该回路应用 KVL，可得

$$u = u_1 + u_2 + u_3 + \cdots + u_N \tag{2-58}$$

将 $u_k = L_k \dfrac{\mathrm{d}i}{\mathrm{d}t}$ 代入得

$$u = L_1 \frac{\mathrm{d}i}{\mathrm{d}t} + L_2 \frac{\mathrm{d}i}{\mathrm{d}t} + L_3 \frac{\mathrm{d}i}{\mathrm{d}t} + \cdots + L_N \frac{\mathrm{d}i}{\mathrm{d}t}$$

$$= (L_1 + L_2 + L_3 + \cdots + L_N) \frac{\mathrm{d}i}{\mathrm{d}t} = \Big(\sum_{k=1}^{N} L_k \Big) \frac{\mathrm{d}i}{\mathrm{d}t} = L_{\mathrm{eq}} \frac{\mathrm{d}i}{\mathrm{d}t} \tag{2-59}$$

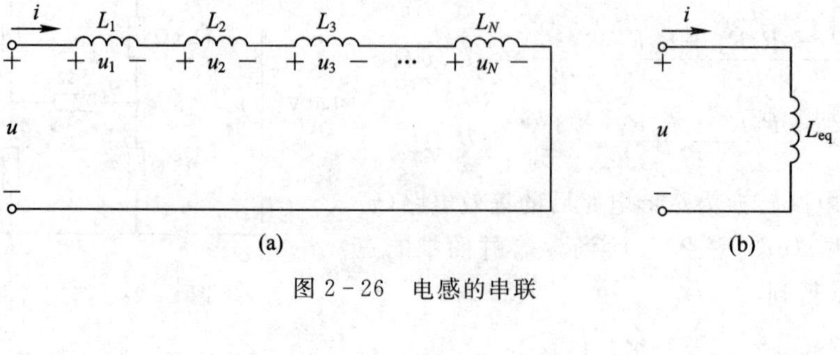

图 2 – 26　电感的串联

其中：

$$L_{eq} = L_1 + L_2 + L_3 + \cdots + L_N \qquad (2-60)$$

因此可知：

（1）串联电感的等效电感是各电感大小之和。

（2）电感串联组合的等效电感与电阻串联组合的等效电阻的数学计算形式相似。

2）电感的并联

由 N 个电感并联所组成的电路如图 2-27(a)所示，其等效电路如图 2-27(b)所示。这些并联电感两端所加电压是一样的，使用 KCL 可得

$$i = i_1 + i_2 + i_3 + \cdots + i_N \qquad (2-61)$$

由于 $i_k = \dfrac{1}{L_k}\displaystyle\int_{t_0}^{t} u(\tau)\mathrm{d}\tau + i_k(t_0)$，因此，有

$$i = \frac{1}{L_1}\int_{t_0}^{t} u(\tau)\mathrm{d}\tau + i_1(t_0) + \frac{1}{L_2}\int_{t_0}^{t} u(\tau)\mathrm{d}\tau + i_2(t_0)$$

$$+ \cdots + \frac{1}{L_N}\int_{t_0}^{t} u(\tau)\mathrm{d}\tau + i_N(t_0)$$

$$= \left(\frac{1}{L_1} + \frac{1}{L_2} + \cdots + \frac{1}{L_N}\right)\int_{t_0}^{t} u(\tau)\mathrm{d}\tau + i_1(t_0) + i_2(t_0) + \cdots + i_N(t_0)$$

$$= \frac{1}{L_{eq}}\int_{t_0}^{t} u(\tau)\mathrm{d}\tau + i(t_0) \qquad (2-62)$$

其中：

$$\frac{1}{L_{eq}} = \frac{1}{L_1} + \frac{1}{L_2} + \frac{1}{L_3} + \cdots + \frac{1}{L_N} \qquad (2-63)$$

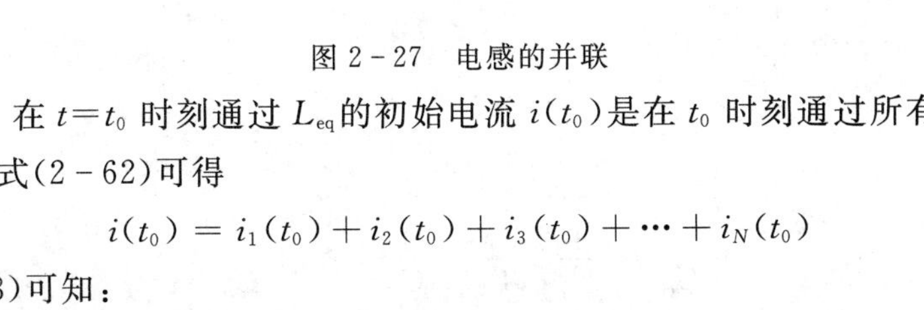

图 2-27　电感的并联

根据 KCL，在 $t = t_0$ 时刻通过 L_{eq} 的初始电流 $i(t_0)$ 是在 t_0 时刻通过所有电感的电流之和。因此，参照式(2-62)可得

$$i(t_0) = i_1(t_0) + i_2(t_0) + i_3(t_0) + \cdots + i_N(t_0)$$

由式(2-63)可知：

（1）并联电感等效电感的倒数是每个电感倒数之和。

（2）电感的并联与电阻的并联也具有相似的合并方式。

对于两个并联的电感（$N=2$），式(2-63)又可写作

$$\frac{1}{L_{eq}} = \frac{1}{L_1} + \frac{1}{L_2} \quad \text{或} \quad L_{eq} = \frac{L_1 L_2}{L_1 + L_2} \qquad (2-64)$$

例 2 - 8　计算图 2 - 28 所示电路的等效电感。

解　20 H、12 H 以及 10 H 的电感串联，因此合并后为

$$20 + 12 + 10 = 42 \text{ H}$$

这个 42 H 的电感又与 7 H 的电感并联，因此合并后为

$$\frac{7 \times 42}{7 + 42} = 6 \text{ H}$$

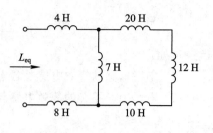

图 2 - 28　例 2 - 8 图

这个 6 H 的电感与 4 H 以及 8 H 的电感串联，因此合并后为

$$L_{\text{eq}} = 4 + 6 + 8 = 18 \text{ H}$$

3. 电容的连接及其等效变换

1) 电容的串联

电容串联的电路如图 2 - 29(a)所示，其等效电路如图 2 - 29(b)所示。通过每个串联电容的电流是相同的，对图 2 - 29(a)中的回路应用 KVL 可得

$$u = u_1 + u_2 + u_3 + \cdots + u_N \tag{2-65}$$

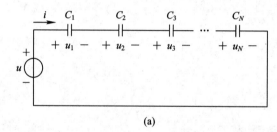 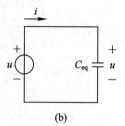

(a)　　　　　　　　　　　　　　　(b)

图 2 - 29　电容的串联

由于 $u_k = \dfrac{1}{C_k} \displaystyle\int_{t_0}^{t} i(\tau) \mathrm{d}\tau + u_k(t_0)$，故

$$
\begin{aligned}
u &= \frac{1}{C_1} \int_{t_0}^{t} i(\tau) \mathrm{d}\tau + u_1(t_0) + \frac{1}{C_2} \int_{t_0}^{t} i(\tau) \mathrm{d}\tau + u_2(t_0) + \cdots + \frac{1}{C_N} \int_{t_0}^{t} i(\tau) \mathrm{d}\tau + u_N(t_0) \\
&= \left(\frac{1}{C_1} + \frac{1}{C_2} + \cdots + \frac{1}{C_N} \right) \int_{t_0}^{t} i(\tau) \mathrm{d}\tau + u_1(t_0) + u_2(t_0) + \cdots + u_N(t_0) \\
&= \frac{1}{C_{\text{eq}}} \int_{t_0}^{t} i(\tau) \mathrm{d}\tau + u(t_0)
\end{aligned}
$$

$$\tag{2-66}$$

其中：

$$\frac{1}{C_{\text{eq}}} = \frac{1}{C_1} + \frac{1}{C_2} + \frac{1}{C_3} + \cdots + \frac{1}{C_N} \tag{2-67}$$

根据 KVL，等效电容 C_{eq} 上的初始电压是每个电容在 t_0 时电压的总和。或者根据式(2-66)可得

$$u(t_0) = u_1(t_0) + u_2(t_0) + u_3(t_0) + \cdots + u_N(t_0)$$

由式(2-67)可知：N 个串联电容的等效电容的倒数等于每个电容倒数之和。

可见，串联电容与并联电阻有类似的合并方式。当 $N = 2$ 时(即有两个电容串联)，式

(2-67)可以写成
$$\frac{1}{C_{eq}} = \frac{1}{C_1} + \frac{1}{C_2}$$

即
$$C_{eq} = \frac{C_1 C_2}{C_1 + C_2} \tag{2-68}$$

2）电容的并联

电容并联的电路如图 2-30(a)所示，其等效电路如图 2-30(b)所示。这些并联电容两端的电压 u 都是相同的。在图 2-30(a)上应用 KCL 可得
$$i = i_1 + i_2 + i_3 + \cdots + i_N \tag{2-69}$$

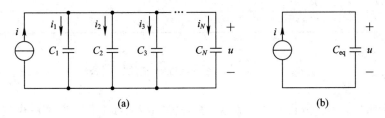

图 2-30　电容的并联

由于 $i_k = C_k \dfrac{\mathrm{d}u}{\mathrm{d}t}$，所以有

$$i = C_1 \frac{\mathrm{d}u}{\mathrm{d}t} + C_2 \frac{\mathrm{d}u}{\mathrm{d}t} + C_3 \frac{\mathrm{d}u}{\mathrm{d}t} + \cdots + C_N \frac{\mathrm{d}u}{\mathrm{d}t}$$

$$= \left(\sum_{k=1}^{N} C_k \right) \frac{\mathrm{d}u}{\mathrm{d}t} = C_{eq} \frac{\mathrm{d}u}{\mathrm{d}t} \tag{2-70}$$

其中：
$$C_{eq} = C_1 + C_2 + C_3 + \cdots + C_N \tag{2-71}$$

因此可知：N 个并联电容的等效电容是所有电容的总和。

可见，并联电容和串联电阻有类似的合并方式。

例 2-9　计算在图 2-31 所示电路中 a 和 b 间的等效电容。

解　$20\,\mu\mathrm{F}$ 和 $5\,\mu\mathrm{F}$ 电容是串联的，合并后的电容为

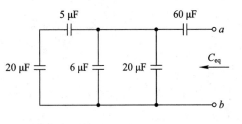

图 2-31　例 2-9 图

$$\frac{20 \times 5}{20 + 5} = 4\,\mu\mathrm{F}$$

$4\,\mu\mathrm{F}$ 电容与 $6\,\mu\mathrm{F}$ 以及 $20\,\mu\mathrm{F}$ 电容并联，合并后的电容为

$$4 + 6 + 20 = 30\,\mu\mathrm{F}$$

$30\,\mu\mathrm{F}$ 的电容又与 $60\,\mu\mathrm{F}$ 的电容串联，因此整个电路的等效电容为

$$C_{eq} = \frac{30 \times 60}{30 + 60} = 20\,\mu\mathrm{F}$$

表 2-1 给出了三个基本无源电路元件的重要特性，电压与电流采用关联参考方向约定。

表 2 - 1　三个基本无源电路元件的重要特性

关　系	电阻(R)	电容(C)	电感(L)
电压-电流	$u = iR$	$u = \dfrac{1}{C} \displaystyle\int_{t_0}^{t} i(\tau)\mathrm{d}\tau + u(t_0)$	$u = L\dfrac{\mathrm{d}i}{\mathrm{d}t}$
电流-电压	$i = \dfrac{u}{R}$	$i = C\dfrac{\mathrm{d}u}{\mathrm{d}t}$	$i = \dfrac{1}{L}\displaystyle\int_{t_0}^{t} u(\tau)\mathrm{d}\tau + i(t_0)$
功率或能量	$P = i^2 R = \dfrac{u^2}{R}$	$W = \dfrac{1}{2}Cu^2$	$W = \dfrac{1}{2}Li^2$
串联	$R_{eq} = R_1 + R_2$	$C_{eq} = \dfrac{C_1 C_2}{C_1 + C_2}$	$L_{eq} = L_1 + L_2$
并联	$R_{eq} = \dfrac{R_1 R_2}{R_1 + R_2}$	$C_{eq} = C_1 + C_2$	$L_{eq} = \dfrac{L_1 L_2}{L_1 + L_2}$
直流激励	相同	开路	短路

2.4　实际电源的等效变换

实际电源的
等效变换

　　在电路分析中，为了分析研究的方便，往往需要将实际电压源与实际电流源进行等效变换。所谓等效变换，就是保持电路一部分电流、电压不变，对某些部分进行适当的结构变化，用新电路结构代替原电路中被变换的部分电路。譬如第 2.3 节介绍的多个电阻串联结构的电路，若求其通过的电流或总电压，则可用一个总电阻代替。这一过程实际上包含着等效变换。下面按等效变换的概念来讨论两种实际电源模型之间参数的关系。实际电源之间的等效变换如图 2-32 所示。

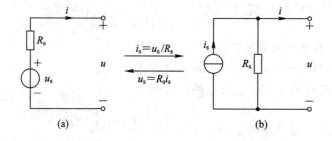

图 2-32　实际电源之间的等效变换

　　实际电源的电路模型在第 1 章已经介绍过。实际电压源模型如图 2-32(a)所示，其伏安关系为

$$u = u_s - iR_s \tag{2-72}$$

实际电流源模型如图 2-32(b)所示，其伏安关系为

$$i = i_s - \frac{u}{R_s} \tag{2-73}$$

　　一个实际电压源可以等效变换为实际电流源。由实际电压源的电路模型(图 2-32(a))或式(2-72)可知：

$$i = \frac{u_s}{R_s} - \frac{u}{R_s} = i_{sc} - \frac{u}{R_s} \tag{2-74}$$

其中，$i_{sc} = u_s/R_s$，为电压源模型的端口短路电流。比较式(2-74)与式(2-73)可知，若保持两式电压 u 和电流 i，即电源模型端口电压、电流相同，使式(2-73)中 $i_s = i_{sc}$，则二式完全相同。

即：一个实际的电压源模型可以等效变换为一个实际的电流源模型。等效电流源模型的电流 $i_s = u_s/R_s$，为电压源模型的端口短路电流 i_{sc}，其电流方向与电压源 u_s 电压升的方向一致。等效电流源模型的内阻与实际电压源内阻在数值上相同。

同理，一个实际电流源模型也可等效变换为一个实际电压源模型。由式(2-73)有

$$u = R_s i_s - R_s i = u_{oc} - R_s i \tag{2-75}$$

其中，$u_{oc} = R_s i_s$ 为实际电流源端口的开路电压。在保持端口电压 u 和电流不变的条件下，对比式(2-75)与式(2-72)，在 $u_s = u_{oc}$ 时，完全相同。

即：一个实际的电流源模型可以等效变换为一个实际的电压源模型。等效电压源模型的电压 $u_s = R_s i_s$，为实际电流源模型的端口开路电压 u_{oc}，其电压升的方向与电流源 i_s 方向一致。等效电压源模型的内阻与实际电流源的内阻在数值上相等。

必须强调指出，电源模型之间的等效变换只是对外电路等效(体现在端口伏安特性上)，而对电源内部是不等效的。例如在端口开路情况下，电压源模型中的内阻 R_s 不吸收功率，而对应的等效电流源模型中，内阻 R_s 吸收功率。由于理想电压源的内阻为零，而理想电流源的内阻为无穷大，因此二者不存在等效变换。电源的内阻大小，实际上反映了其带负载能力的大小。例如电压源内阻越小，则当负载增大时，电源的端电压下降就越小，带负载的能力也越大。

电源变换同样适用于受控源，但前提是受控变量所在支路不能进行等效变换。如图 2-33 所示，受控电压源与电阻的串联可以变换为受控电流源与电阻的并联，反之亦然。

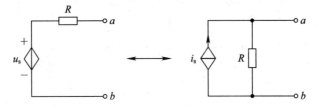

图 2-33　受控源的变换

例 2-10　如图 2-34(a)所示的电路，求 i_1、i_2、i_3。

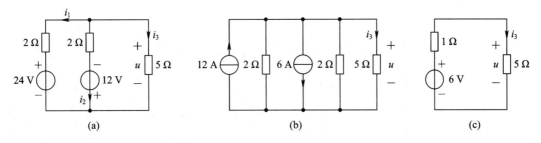

图 2-34　例 2-10 图

解　利用电源模型的等效变换，可依次将图 2-34(a)等效变换为图 2-34(b)、图 2-34(c)所示电路。于是，根据图 2-34(c)可求得

$$i_3 = \frac{6}{1+5} = 1 \text{ A}$$

$$u = 5i_3 = 5 \text{ V}$$

再根据图 2-34(a)得

$$i_1 = -\frac{24-u}{2} = -\frac{24-5}{2} = -9.5 \text{ A}$$

$$i_2 = \frac{12+u}{2} = \frac{12+5}{2} = 8.5 \text{ A}$$

练习 2-2　将图 2-35 所示电路化简为最简等效电路。

练习 2-2

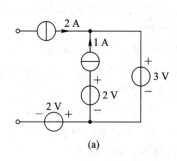

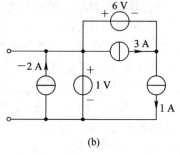

(a)　　　　　　　　　　　　　　　　(b)

图 2-35　练习 2-2 图

练习 2-3　求图 2-36 所示电路的等效电压源电路。

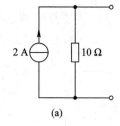

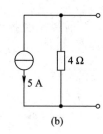

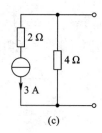

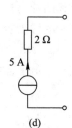

(a)　　　　　　(b)　　　　　　(c)　　　　　　(d)

练习 2-3　　　　　　　　　图 2-36　练习 2-3 图

习　题　2

1. 如图 2-37 所示的电路，求 i_o 和 u_{ab}。

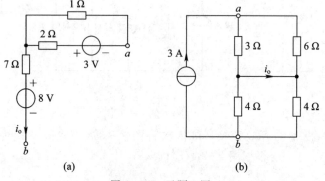

(a)　　　　　　　　　　　　　(b)

图 2-37　习题 1 图

2. 如图 2-38 所示的电路，求 i_1 和 i_2。

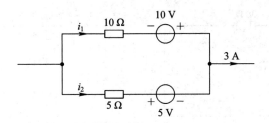

图 2-38　习题 2 图

3. 求图 2-39 所示电路中各电阻吸收的功率。

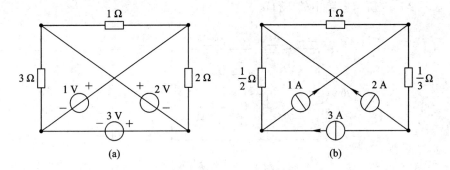

图 2-39　习题 3 图

4. 如图 2-40 所示的电路，求电流 i 和电阻 R。

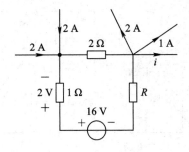

图 2-40　习题 4 图

5. 如图 2-41 所示的电路，求 u 和 i。

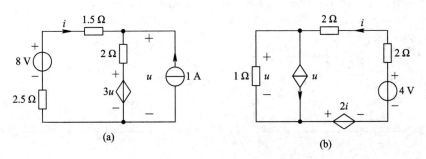

图 2-41　习题 5 图

6. 如图 2-42 所示的电路，求受控源发出的功率。

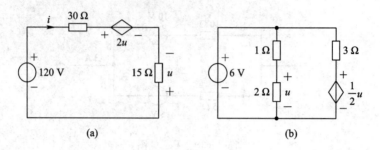

图 2-42 习题 6 图

7. 求图 2-43 所示电路中的 i 和 u_o。

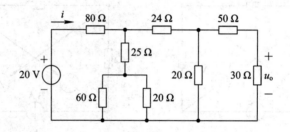

图 2-43 习题 7 图

8. 求图 2-44 所示电路中的 i_o 与 R_{ab}。

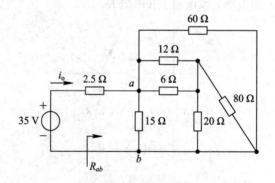

图 2-44 习题 8 图

9. 计算图 2-45 所示各电路 a、b 两端的等效电阻 R_{ab}。

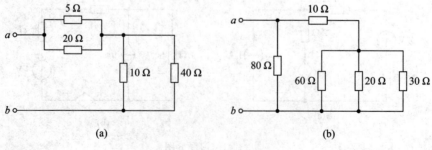

图 2-45 习题 9 图

10. 求图 2-46 所示各电路中 a、b 两端的等效电阻。

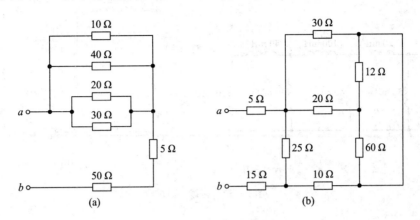

图 2-46　习题 10 图

11. 对图 2-47 所示电路,求 a、b 两端的等效电阻。

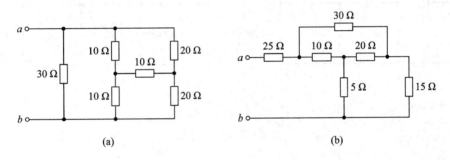

图 2-47　习题 11 图

12. 计算图 2-48 所示电路中的 I_0。

13. 计算图 2-49 所示电路中的 U。

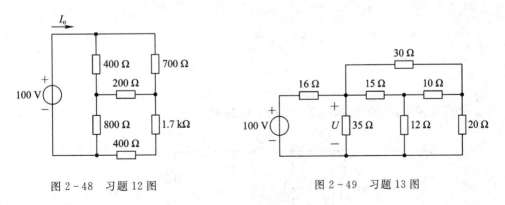

图 2-48　习题 12 图　　　　　　　图 2-49　习题 13 图

14. 计算图 2-50 所示电感电路的等效电感。

15. 计算图 2-51 所示电容电路的等效电容。

16. 写出图 2-52 所示电路两种形式的伏安特性,即 $u=f(i)$,$i=g(u)$,并将各电路等效变换为相应的电压源模型。

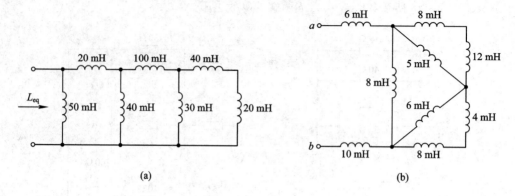

(a)　　　(b)

图 2-50　习题 14 图

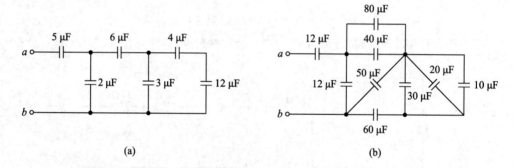

(a)　　　(b)

图 2-51　习题 15 图

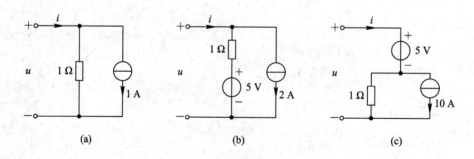

(a)　　　(b)　　　(c)

图 2-52　习题 16 图

17. 利用电源变换的方法求图 2-53 所示电路中的 u_o。

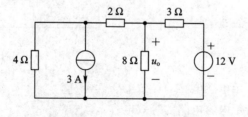

图 2-53　习题 17 图

第 3 章　电路基本分析方法

　　电路分析的基础任务是在给定电路结构和电路元件参数的条件下，依据电路的两类约束，求出电路中某些支路或所有支路的电压或电流，或借助于分析结果来研究物理现象的本质。因此，根据求解的不同目的和电路的不同形式，将有不同的分析方法。本章以直流电阻电路为对象，讨论线性电路分析的一些基本方法。这些方法是其他各类电路分析的基础，所以具有普遍的意义。

3.1　支　路　法

　　支路法是以支路电压和支路电流为电路待求变量，依据两类约束列写电路方程，从而进行求解的一种方法。

1. $2b$ 法

　　若电路有 n 个节点 b 条支路，则以支路电流和支路电压作为待求量，依据 KCL、KVL 和支路伏安特性需要列写 $2b$ 个独立电路方程才可求得。故此方法称为 $2b$ 法。现以图 3-1 所示电路为例，说明用 $2b$ 法求解电路的基本步骤。

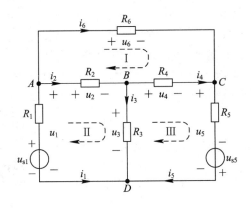

图 3-1　支路法例图

支路法

　　第一步：设每条支路电流和支路电压，并标出参考方向。如图 3-1 所示，该电路共有 4 个节点、6 条支路。

　　第二步：根据 KCL 建立独立的节点电流方程。若电路有 n 个节点，则可建立 $n-1$ 个独立节点方程。因此，对给定的图 3-1 所示电路，可列写 3 个独立节点方程：

$$\left. \begin{array}{l} 在节点 A：i_1 + i_2 + i_6 = 0 \\ 在节点 B：-i_2 + i_3 + i_4 = 0 \\ 在节点 C：-i_4 + i_5 - i_6 = 0 \end{array} \right\} \tag{3-1}$$

若式(3-1)的三个方程相加，就能得到节点 D 的电流方程式，所以这一个节点的电流方程是不独立的。

第三步：根据 KVL 建立独立的回路电压方程。对于 n 个节点 b 条支路的电路，可建立 $b-n+1$ 个独立回路方程。独立回路的选取一般有两种方法：一种是每选取一个回路，至少包含一条新的支路，则此回路必是独立回路；另一种是对平面电路可选网孔作为独立回路。所谓平面电路，是指可画在平面上而不会有任何两条支路在一个非节点处相交的电路；而网孔是指在平面电路中由一些支路组成，其内部不存在任何支路和节点的闭合路径。例如图3-1所示的电路就是一个平面电路，它有三个网孔：Ⅰ、Ⅱ、Ⅲ；而由外围支路 u_1、u_6、u_5 组成的回路称为外网孔，它一般不计入网孔总数。因此对于图 3-1 所示的电路，根据 KVL，沿各网孔方向，可列写 3 个独立回路方程，即

$$\left. \begin{array}{l} \text{网孔 Ⅰ}: u_6 - u_4 - u_2 = 0 \\ \text{网孔 Ⅱ}: u_2 + u_3 - u_1 = 0 \\ \text{网孔 Ⅲ}: u_4 + u_5 - u_3 = 0 \end{array} \right\} \tag{3-2}$$

第四步：根据支路伏安特性列写支路方程。若有 b 条支路，则列写 b 个支路方程。对图 3-1 所示电路，有

$$\left. \begin{array}{l} u_1 = R_1 i_1 + u_{s1} \\ u_2 = R_2 i_2 \\ u_3 = R_3 i_3 \\ u_4 = R_4 i_4 \\ u_5 = R_5 i_5 - u_{s5} \\ u_6 = R_6 i_6 \end{array} \right\} \tag{3-3}$$

第五步：联立式(3-1)～式(3-3)共 12 个($2b$ 个)方程求解，求得各支路电流和电压。

需要指出，$2b$ 个方程是独立的，$2b$ 个变量是完备的，但 $2b$ 个变量并不是独立的，因为 b 个支路电流之间要受 KCL 约束，b 个支路电压之间要受 KVL 约束，支路电流与支路电压之间要受支路伏安方程约束。

2. 支路电流法和支路电压法

支路电流法是以支路电流作为电路待求变量，依据两类约束列写电路方程，从而进行求解的一种方法。

例如对图 3-1 所示电路，若将式(3-3)代入式(3-2)，则有

$$\left. \begin{array}{l} R_6 i_6 - R_4 i_4 - R_2 i_2 = 0 \\ R_2 i_2 + R_3 i_3 - R_1 i_1 = u_{s1} \\ R_4 i_4 + R_5 i_5 - R_3 i_3 = u_{s5} \end{array} \right\} \tag{3-4}$$

支路电流法和
支路电压法

此式即为用支路电流表示的网孔 KVL 方程。联立求解式(3-1)和式(3-4)，即可得各个支路电流，然后代入式(3-3)，即得各个支路电压。

支路电压法是以支路电压作为电路待求变量，依据两类约束列写电路方程，从而进行求解的一种方法。

在这种情况下要设法把各支路电流用对应的支路电压来表示，然后代入 KCL 方程，从

而把支路电流变量消去。详细过程不再介绍。

$2b$ 法、支路电流法和支路电压法统称为支路法，它们能解决各种复杂电路的分析计算问题。但当电路支路数较多时，要解的方程数目相应增加，计算量也随之增大，因此不宜手工计算。然而，这种方法是以两类约束来建立方程的，具有规律性，便于编程，可借助于计算机进行分析计算，故应用仍很广泛。

3.2　网孔电流法

网孔电流是人们主观设想的在网孔回路中流动的电流，如图 3 - 2 中 i_I、i_II、i_III 所示，其参考方向任意假定。以网孔电流作为电路待求量，根据 KVL 和支路伏安特性列写电路方程，从而进行电路分析的方法称为网孔电流法，简称网孔法。网孔电流法仅适用于分析平面电路。所谓平面电路，是指没有交叉支路相互连接的电路，其电路图是平面的，否则称为非平面电路。有些电路看起来有交叉支路，但是如果整理重画后没有交叉支路，那么仍然是平面电路。

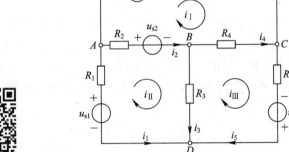

网孔电流法　　　　　　　　　　　图 3 - 2　网孔电流法例图

1. 网孔电流变量的独立性和完备性

网孔电流变量是一种假想的网孔回路电流，是否可作为电路分析的基本变量呢？为此必须讨论其独立性和完备性。

网孔电流变量的完备性是指电路中所有支路电流都可用网孔电流求得。以图 3 - 2 为例，各支路电流如图中所示。若网孔电流已知，则可得支路电流为

$$\left.\begin{aligned}
i_1 &= -i_\text{II} \\
i_2 &= i_\text{II} - i_\text{I} \\
i_3 &= i_\text{II} - i_\text{III} \\
i_4 &= i_\text{III} - i_\text{I} \\
i_5 &= i_\text{III} \\
i_6 &= i_\text{I}
\end{aligned}\right\} \tag{3-5}$$

可见网孔电流变量具有完备性。

网孔电流变量的独立性是指各网孔电流应彼此独立，不能互求。例如对于图 3 - 2 节点

A，有

$$i_1 + i_2 + i_6 = 0$$

以网孔电流表示为

$$(-i_\text{II}) + (i_\text{II} - i_\text{I}) + i_\text{I} = 0$$

此式为一恒等式，即无论网孔电流为何值都恒成立。对于其他节点也能得到类似结果。这反映了网孔电流在任意节点自动满足 KCL，不能互相求解，因此网孔电流变量具有独立性。

由于网孔电流变量具有完备性和独立性，所以可作为电路分析的变量。

2. 网孔电流法的基本步骤

（1）对给定的平面电路，选择网孔电流及参考方向，一般都取顺时针（或逆时针）方向。

（2）列写网孔回路电流方程，其方程数目与网孔数目相同。由于网孔电流在所有节点自动满足 KCL，因此列写网孔电流方程只能依据 KVL 和支路伏安特性。对于图 3-2 所示电路中的网孔 I，由 KVL 和支路伏安特性，有

$$u_{s6} + R_6 i_\text{I} - R_4(i_\text{III} - i_\text{I}) - R_2(i_\text{II} - i_\text{I}) - u_{s2} = 0 \tag{3-6}$$

对式（3-6）进行整理得到网孔 I 的方程，用相同方法写出网孔 II 与网孔 III 的 KVL 方程并进行整理可得

$$\left. \begin{array}{l} \text{网孔 I：} (R_6 + R_4 + R_2)i_\text{I} - R_2 i_\text{II} - R_4 i_\text{III} = u_{s2} - u_{s6} \\ \text{网孔 II：} -R_2 i_\text{I} + (R_1 + R_2 + R_3)i_\text{II} - R_3 i_\text{III} = u_{s1} - u_{s2} \\ \text{网孔 III：} -R_4 i_\text{I} - R_3 i_\text{II} + (R_3 + R_4 + R_5)i_\text{III} = u_{s5} \end{array} \right\} \tag{3-7}$$

式（3-7）是以网孔电流为未知量的方程，故称为网孔电流方程，简称网孔方程。式（3-7）也可记为

$$\left. \begin{array}{l} R_{11} i_\text{I} + R_{12} i_\text{II} + R_{13} i_\text{III} = u_{s11} \\ R_{21} i_\text{I} + R_{22} i_\text{II} + R_{23} i_\text{III} = u_{s22} \\ R_{31} i_\text{I} + R_{32} i_\text{II} + R_{33} i_\text{III} = u_{s33} \end{array} \right\} \tag{3-8}$$

其中：

$R_{11} = R_6 + R_4 + R_2$，$R_{22} = R_1 + R_2 + R_3$，$R_{33} = R_3 + R_4 + R_5$，它们分别称为网孔 I、网孔 II、网孔 III 的自电阻，并恒为正值；

$R_{12} = R_{21} = -R_2$，$R_{13} = R_{31} = -R_4$，$R_{23} = R_{32} = -R_3$，R_{12}、R_{21} 称为网孔 I 与网孔 II 的互电阻，R_{13}、R_{31} 称为网孔 I 与网孔 III 的互电阻，R_{23}、R_{32} 称为网孔 II 与网孔 III 的互电阻。

当所有网孔电流都取同一方向（顺时针或逆时针方向）时，互电阻均为负值；否则，需根据流过互电阻的相邻两个网孔电流的方向是否一致来确定正负，一致时取正值，相反时取负值。此外，方程右边 $u_{s11} = u_{s2} - u_{s6}$，$u_{s22} = u_{s1} - u_{s2}$，$u_{s33} = u_{s5}$ 分别为网孔 I、网孔 II、网孔 III 中所有电源电压升的代数和。电压源电压方向与网孔电流方向一致时取负，否则取正。

可见网孔方程的列写是很有规律的，因此网孔方程可以凭观察直接列写。

（3）求解网孔电流方程，求得各网孔电流。

（4）根据已知网孔电流求各支路电流或电压、功率等。

例 3-1 对图 3-3 所示的电路，求支路电流。

解 本平面电路共三个网孔，选网孔电流 I_1、I_2、I_3，如图 3-3 所示。

根据直观列写法，可写网孔方程：

$$\left.\begin{aligned}20I_1 - 10I_2 - 8I_3 &= -40 \\ -10I_1 + 24I_2 - 4I_3 &= -20 \\ -8I_1 - 4I_2 + 20I_3 &= 20\end{aligned}\right\}$$

求得 $I_1 = -3.6364$ A，$I_2 = -2.5078$ A，$I_3 = -0.9561$ A。

由外网孔检验 $2I_1 + 40 + 8I_3 + 10I_2 \approx 0$，满足 KVL，故计算结果正确。

因此，可求得各支路电流为

$$i_1 = I_1 = -3.6364 \text{ A}, \quad i_2 = -I_2 = 2.5078 \text{ A}$$

$$i_3 = I_3 = -0.9561 \text{ A}, \quad i_4 = I_2 - I_1 = 1.1286 \text{ A}$$

$$i_5 = I_3 - I_1 = 2.6803 \text{ A}, \quad i_6 = I_2 - I_3 = -1.5517 \text{ A}$$

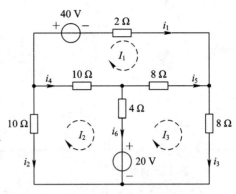

图 3-3　例 3-1 图

3. 理想电流源的处理

用网孔法求解含理想电流源的电路时，对理想电流源的处理可根据电路结构采用不同的方法。一般常用下列三种方法：

（1）若理想电流源有并联电阻，则可进行电源变换，将其等效变换为理想电压源与电阻的串联组合，然后列写网孔电流方程。

（2）若理想电流源位于电路的外围回路中，则可选其作为已知的网孔电流，然后在其他网孔列写方程。

（3）若理想电流源位于公共支路上，则先设理想电流源的端电压，按直接法列写网孔方程，然后利用理想电流源与网孔电流关系补充方程，最后联立求解。

例 3-2　如图 3-4 所示的电路，用网孔法求各支路电流。

解　本电路有三个网孔，对应的网孔电流如图 3-4 所示，并有两个理想电流源。6 A 电流源可作为网孔电流 i_a，3 A 电流源可设其端电压为 u。因此，有

$$\left.\begin{aligned}i_a &= 6 \text{ A} \\ -2i_a + 3i_b &= -u \\ -2i_a + 3i_c &= u\end{aligned}\right\}$$

补充方程：

$$-i_b + i_c = 3 \text{ A}$$

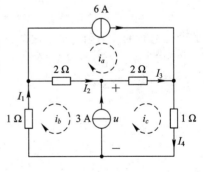

图 3-4　例 3-2 图

联立求解，得　　　　　　　　　$i_b = 2.5 \text{ A}, \quad i_c = 5.5 \text{ A}$

故可求得各支路电流：

$$I_1 = i_b = 2.5 \text{ A}, \quad I_2 = i_b - i_a = -3.5 \text{ A}, \quad I_3 = i_c - i_a = -0.5 \text{ A}, \quad I_4 = i_c = 5.5 \text{ A}$$

练习 3-1　如图 3-5 所示的电路，试用网孔法求电流 i_4。

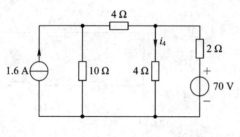

图 3-5　练习 3-1 图　　　　　　　　　　　练习 3-1

4. 受控源的处理

当电路含有受控源时，可先暂时将受控源视为独立电源列写网孔电流方程，然后把控制量用网孔电流表示，最后整理、简化方程，并联立求解，得到网孔电流。

例 3-3　电路如图 3-6 所示，写出网孔电流方程。

解　选定网孔电流为 i_1、i_2 及其参考方向，如图 3-6 所示。故可列出网孔方程：

$$\left. \begin{array}{l} 125i_1 - 100i_2 = 5 \\ -100i_1 + 210i_2 = 5u \end{array} \right\}$$

又

$$u = 25i_1$$

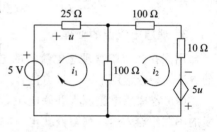

图 3-6　例 3-3 图

整理化简后，得

$$\left. \begin{array}{l} 125i_1 - 100i_2 = 5 \\ -125i_1 + 210i_2 = 0 \end{array} \right\}$$

可见，网孔回路电流方程的行列式不再对称，说明受控源所在的网孔和其控制量所在的网孔之间的互电阻不同。这个特点可推广到一般含有受控源的电路。

例 3-4　电路如图 3-7 所示，求各网孔电流。

解　设受控电流源的端电压为 u_1，可列方程：

$$\left. \begin{array}{l} 3i_1 - i_2 - 2i_3 = 10 - u_1 \\ -i_1 + 6i_2 - 3i_3 = 0 \\ -2i_1 - 3i_2 + 6i_3 = u_1 \end{array} \right\}$$

又

$$\left. \begin{array}{l} i_3 - i_1 = \dfrac{u}{6} \\ u = 3(i_3 - i_2) \end{array} \right\}$$

图 3-7　例 3-4 图

整理化简为

$$\left. \begin{array}{l} -i_1 + 6i_2 - 3i_3 = 0 \\ i_1 - 4i_2 + 4i_3 = 10 \\ -2i_1 + i_2 + i_3 = 0 \end{array} \right\}$$

解得

$$i_1 = 3.6\,\text{A}, \ i_2 = 2.8\,\text{A}, \ i_3 = 4.4\,\text{A}$$

练习 3-2　电路如图 3-8 所示，用网孔法求各支路电流，并求受控源 $5u$ 所吸收的功率 P。

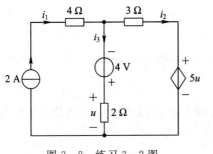

图 3-8　练习 3-2 图

练习 3-2

练习 3-3　电路如图 3-9 所示，求支路电流 i_1、i_2、i_3、i_4。

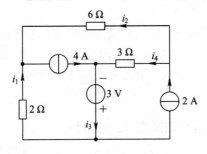

图 3-9　练习 3-3 图

练习 3-3

3.3　节点电位法

在电路中，任意选择一个节点作为参考节点，即零电位点，其余各节点相对参考点的电压，就是该节点的电位。

以节点电位为电路待求变量，根据 KCL 和支路伏安特性列写电路方程，从而对电路进行分析的方法称为节点电位法，简称节点法。

节点电位法

节点电位方程的数目等于独立节点的数目。节点电位法比网孔电流法通用，它不仅适用于平面电路，也适用于非平面电路。

1. 节点电位变量的完备性和独立性

节点电位变量的完备性是指电路中所有的支路电压都可由节点电位求得。以图 3-10 所示的电路为例，该电路有 4 个节点、6 条支路和 5 个电导 $G_1 \sim G_5$。任选一个节点（节点 0）作为参考节点，则其余节点电位取为 φ_1、φ_2、φ_3。若 φ_1、φ_2、φ_3 已知，则各支路电

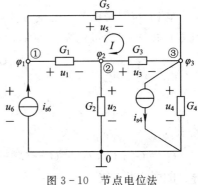

图 3-10　节点电位法

压可求得为

$$
\left.
\begin{aligned}
u_1 &= \varphi_1 - \varphi_2 \\
u_2 &= \varphi_2 \\
u_3 &= \varphi_2 - \varphi_3 \\
u_4 &= \varphi_3 \\
u_5 &= \varphi_1 - \varphi_3 \\
u_6 &= \varphi_1
\end{aligned}
\right\}
\tag{3-9}
$$

可见节点电位具有完备性。

节点电位的独立性是指各节点电位之间不受 KVL 约束，互相独立，不能互求。例如对于图 3-10 所示电路中的网孔回路 I，由 KVL 得

$$u_5 - u_3 - u_1 = 0$$

即

$$(\varphi_1 - \varphi_3) - (\varphi_2 - \varphi_3) - (\varphi_1 - \varphi_2) = 0$$

此式为一恒等式，即不管节点电位为何值都成立。对于其余网孔回路也能得到同样的结果。这反映了节点电位在任意回路自动满足 KVL，不能彼此求解，因此具有独立性。

由于节点电位变量具有完备性和独立性，所以可作为电路分析的变量。

2. 节点电位法基本步骤

(1) 对于给定的电路，选取参考节点，并设定其余节点的电位。

(2) 列写节点电位方程。因各节点电位对所有节点自动满足 KVL，故列写节点电位方程只能依据 KCL 和支路伏安特性。对于图 3-10 所示的电路，可列写三个节点电位方程。

节点①：$-i_{s6} + (\varphi_1 - \varphi_3)G_5 + G_1(\varphi_1 - \varphi_2) = 0$

节点②：$-G_1(\varphi_1 - \varphi_2) + G_2\varphi_2 + G_3(\varphi_2 - \varphi_3) = 0$

节点③：$-G_3(\varphi_2 - \varphi_3) + G_4\varphi_3 - G_5(\varphi_1 - \varphi_3) + i_{s4} = 0$

整理化简后，有

$$
\left.
\begin{aligned}
(G_1 + G_5)\varphi_1 - G_1\varphi_2 - G_5\varphi_3 &= i_{s6} \\
-G_1\varphi_1 + (G_1 + G_2 + G_3)\varphi_2 - G_3\varphi_3 &= 0 \\
-G_5\varphi_1 - G_3\varphi_2 + (G_3 + G_4 + G_5)\varphi_3 &= -i_{s4}
\end{aligned}
\right\}
\tag{3-10}
$$

式(3-10)是以节点电位为未知量的方程，故称为节点电位方程，简称为节点方程。节点方程式(3-10)可记为

$$
\left.
\begin{aligned}
G_{11}\varphi_1 + G_{12}\varphi_2 + G_{13}\varphi_3 &= i_{s11} \\
G_{21}\varphi_1 + G_{22}\varphi_2 + G_{23}\varphi_3 &= i_{s22} \\
G_{31}\varphi_1 + G_{32}\varphi_2 + G_{33}\varphi_3 &= i_{s33}
\end{aligned}
\right\}
\tag{3-11}
$$

其中：

$G_{11} = G_1 + G_5$，$G_{22} = G_1 + G_2 + G_3$，$G_{33} = G_3 + G_4 + G_5$ 分别称为节点①、②、③的自电导；自电导为正值。

$G_{12}=G_{21}=-G_1$，为节点①与节点②的互电导；$G_{13}=G_{31}=-G_5$，为节点①与节点③的互电导；$G_{23}=G_{32}=-G_3$ 为节点②与节点③的互电导；互电导为负值。

此外，方程右端 $i_{s11}=i_{s6}$，$i_{s22}=0$，$i_{s33}=-i_{s4}$，分别为流入节点①、②、③的所有电流源电流的代数和。流入节点取正，流出取负。

可见，节点电位方程也是很有规律的。因此可以直接观察电路列写节点方程。

（3）求解节点电位方程组，求得各节点的电位。

（4）根据所求得的节点电位，求各支路电压或电流、功率等。

节点法的应用极为广泛。这主要是因为它既适用于平面网络，也适用于非平面网络，并且在实际电路中，节点数目一般都比网孔数目少。目前用计算机分析大型电路时，往往采用节点法。

例 3-5　电路如图 3-11 所示，用节点法求各支路电流。

解　选节点 0 为参考节点，其余节点电位为 φ_1、φ_2、φ_3，如图 3-11 所示。直观列写节点方程：

$$\left.\begin{array}{l} 0.6\varphi_1-0.5\varphi_2=2 \\ -0.5\varphi_1+1.8\varphi_2-0.6\varphi_3=1 \\ -0.6\varphi_2+0.6\varphi_3=-2 \end{array}\right\}$$

解得

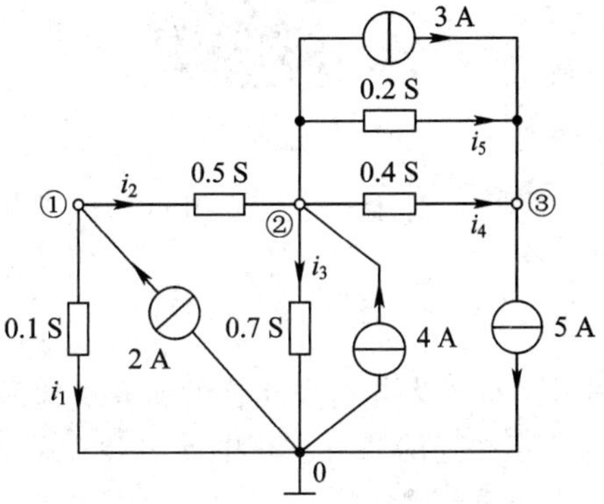

$$\varphi_1=4.043\,\text{V},\ \varphi_2=0.851\,\text{V},\ \varphi_3=-2.482\,\text{V}$$

由节点电位和支路伏安特性，求得

$$i_1=0.1\varphi_1=0.404\,\text{A},\ i_2=0.5(\varphi_1-\varphi_2)=1.596\,\text{A}$$
$$i_3=0.7\varphi_2=0.596\,\text{A},\ i_4=0.4(\varphi_2-\varphi_3)=1.333\,\text{A}$$
$$i_5=0.2(\varphi_2-\varphi_3)=0.667\,\text{A}$$

图 3-11　例 3-5 图

最后，在参考节点处检验支路电流是否满足 KCL：

$$-i_1+2-i_3+4-5=-0.404+2-0.596+4-5=0$$

故答案正确。

3. 理想电压源的处理

用节点法求解含有理想电压源的电路时，可根据理想电压源在电路结构中的不同位置，采用不同方法处理。一般有如下三种方法：

（1）如果有与理想电压源串联的电阻，则可按实际电压源模型进行电源等效变换，使其等效变换为一个实际电流源模型，然后列写节点方程。

（2）若理想电压源无串联电阻，则选理想电压源一端为参考节点，使理想电压源为一个已知节点电位，然后在其他节点列写节点方程。

（3）若理想电压源无串联电阻而且连接在两个独立节点上，则此时设出理想电压源的电流，即引入一个变量。先根据节点法列写节点方程，然后利用理想电压源与节点电位之间的关系补充方程，最后联立求解，求得各节点电位。

例 3 - 6　电路如图 3 - 12 所示，列写出节点电位方程。

解　给定电路有 4 条支路和 2 个节点。取一个节点作为参考节点，则只有一个节点电位 φ。所含的理想电压源均有串联电阻，故可进行电源等效变换。因此节点电位方程为

$$\left(\frac{1}{R_1}+\frac{1}{R_2}+\frac{1}{R_4}\right)\varphi = -\frac{u_{s1}}{R_1}+\frac{u_{s2}}{R_2}+i_s$$

或

$$\varphi = \frac{-u_{s1}/R_1+u_{s2}/R_2+i_s}{1/R_1+1/R_2+1/R_4}$$

例题 3 - 6

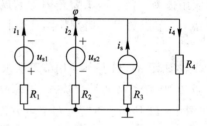

图 3 - 12　例 3 - 6 图

可见，对于一个独立节点，其节点方程可以直接写为

$$\varphi = \frac{\sum i_{sk}}{\sum G_i} \qquad\qquad (3-12)$$

式中，分子为与节点相连的所有电流源的电流代数和，流入该节点取正，反之取负；分母是与节点相连的所有支路电导之和。式(3 - 12)也称为弥尔曼定理。

例 3 - 7　对图 3 - 13 所示的电路，用节点法求电流 i_1、i_2。

解　对于图 3 - 13 所示的电路，节点①、③之间有 2 V 的理想电压源，它不能变换为等效电流源。

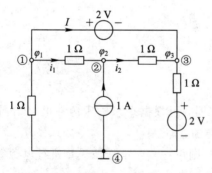

图 3 - 13　例 3 - 7 图

例题 3 - 7

因此，选节点④为参考节点，设节点①、③之间 2 V 理想电压源的电流为 I，则可得节点方程为

$$\left.\begin{array}{l}2\varphi_1 - \varphi_2 = -I \\ -\varphi_1 + 2\varphi_2 - \varphi_3 = 1 \\ -\varphi_2 + 2\varphi_3 = I + \dfrac{2}{1}\end{array}\right\}$$

又

$$\varphi_1 - \varphi_3 = 2$$

解得

$$\varphi_1 = 2.5\,\text{V}, \quad \varphi_2 = 2\,\text{V}, \quad \varphi_3 = 0.5\,\text{V}$$

故

$$\left. \begin{aligned} i_1 &= \frac{\varphi_1 - \varphi_2}{1} = 0.5\,\text{A} \\ i_2 &= \frac{\varphi_2 - \varphi_3}{1} = 1.5\,\text{A} \end{aligned} \right\}$$

练习 3-4 图 3-14 所示的电路,求各支路电流 i_1、i_2、i_3、i_4。

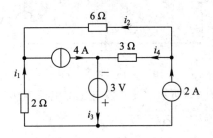

图 3-14   练习 3-4 图

4. 受控源的处理

当电路含有受控源时,可暂时将受控源视为独立电源,列写节点电位方程。然后将控制量用节点电位表示,整理、化简方程,并且联立求解,求出节点电位,从而完成电路分析的任务。

例 3-8 对图 3-15 所示的电路,求各节点电位。

例题 3-8

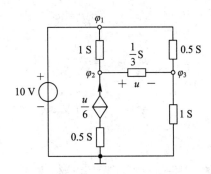

图 3-15   例 3-8 图

解 图示电路含 10 V 理想电压源,虽不能变换,但可作为一个已知的节点电位,即

$$\left. \begin{aligned} \varphi_1 &= 10 \\ -\varphi_1 + \frac{4}{3}\varphi_2 - \frac{1}{3}\varphi_3 &= \frac{u}{6} \\ -\frac{1}{2}\varphi_1 - \frac{1}{3}\varphi_2 + \frac{11}{6}\varphi_3 &= 0 \end{aligned} \right\}$$

又

$$u = \varphi_2 - \varphi_3$$

联立解得

$$\varphi_1 = 10 \, \text{V}, \quad \varphi_2 = 9.2 \, \text{V}, \quad \varphi_3 = 4.4 \, \text{V}$$

例 3 - 9 对图 3 - 16 所示的电路，用节点法求电流 i。

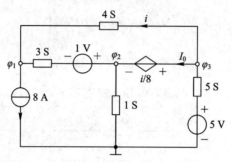

图 3 - 16 例 3 - 9 图

解 选参考节点如图 3 - 16 所示，设受控电压源电流为 I_0，则节点方程为

$$\left. \begin{array}{l} 7\varphi_1 - 3\varphi_2 - 4\varphi_3 = -11 \\ -3\varphi_1 + 4\varphi_2 = 3 + I_0 \\ -4\varphi_1 + 9\varphi_3 = 25 - I_0 \end{array} \right\}$$

又

$$\left. \begin{array}{l} \varphi_3 - \varphi_2 = \dfrac{i}{8} \\ i = 4(\varphi_3 - \varphi_1) \end{array} \right\}$$

整理得

$$\left. \begin{array}{l} 7\varphi_1 - 3\varphi_2 - 4\varphi_3 = -11 \\ -7\varphi_1 + 4\varphi_2 + 9\varphi_3 = 28 \\ -0.5\varphi_1 + \varphi_2 - 0.5\varphi_3 = 0 \end{array} \right\}$$

解得

$$\varphi_1 = 1 \, \text{V}, \quad \varphi_2 = 2 \, \text{V}, \quad \varphi_3 = 3 \, \text{V}$$

故得

$$i = 8 \, \text{A}$$

练习 3 - 5 对图 3 - 17 所示的电路，用节点法求受控源发出的功率。

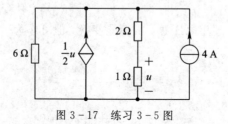

图 3 - 17 练习 3 - 5 图

习　题　3

1. 用网孔法计算图 3-18 所示电路中的电流 i。

2. 用网孔法求图 3-19 所示电路中的电流 i_1、i_2、i_3。

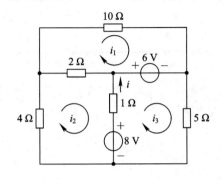

图 3-18　习题 1 图

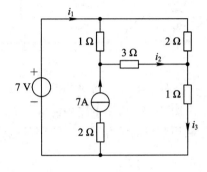

图 3-19　习题 2 图

3. 用网孔法求图 3-20 所示电路中的电压 u_1。

4. 利用网孔法计算图 3-21 所示电路中的网孔电流 i_1、i_2 和 i_3。

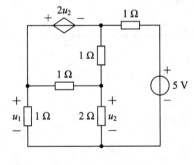

图 3-20　习题 3 图

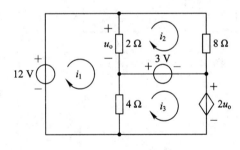

图 3-21　习题 4 图

5. 用网孔法求图 3-22 所示电路中的电流 i_o。

6. 用节点法求图 3-23 所示电路中的电流 i_1。

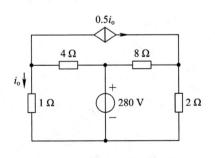

图 3-22　习题 5 图

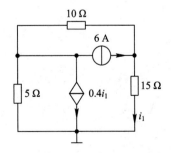

图 3-23　习题 6 图

7. 用节点法求图 3-24 所示电路中的电压 u。

8. 利用节点法计算图 3-19 所示电路中的电流 i_1、i_2、i_3。

9. 列出图 3-25 所示电路的节点方程。

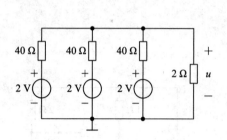

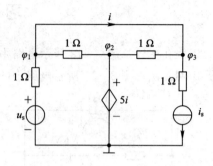

图 3-24　习题 7 图　　　　　　　　　　　图 3-25　习题 9 图

10. 求图 3-26 所示电路中的电流 i。

11. 利用节点法计算图 3-27 所示电路中的 u_o。

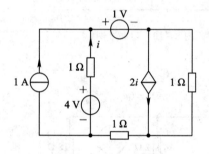

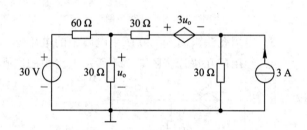

图 3-26　习题 10 图　　　　　　　　　　图 3-27　习题 11 图

第 4 章　电路基本定理

本章以电阻电路为对象，讨论电路基本定理，以为分析其他各类电路打好基础。

4.1　叠加定理与齐次定理

1. 叠加定理

叠加定理是指在线性电路中，所有独立电源同时作用时，在每一个支路中所产生的响应电流或电压，等于各个独立电源单独作用时在该支路中产生的响应电流或电压的代数和。

这一结论又称为叠加性。它说明了线性电路中独立电源的独立性。在用叠加定理分析电路时要注意以下几点：

叠加定理

（1）当一个独立电源单独作用时，其他的独立电源应为零值，即独立电压源用短路代替，独立电流源用开路代替。

（2）最后叠加时必须注意各个响应分量是代数和。当响应分量参考方向与原响应参考方向一致时，叠加时取"＋"号，反之取"－"号。

（3）若电路含受控源，则在任何情况下，受控源均应保留。

（4）叠加定理不能用于计算电路的功率，因为功率是电流或电压的二次方函数。

例 4 - 1　对图 4 - 1 所示的电路，利用叠加定理求 u、i。

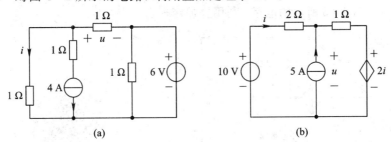

图 4 - 1　例 4 - 1 图

解　图（a）：当 4 A 电流源单独作用时，6 V 电压源用短路代替，于是求得

$$i' = -2\,\mathrm{A}, \ u' = -2\,\mathrm{V}$$

当 6 V 电压源单独作用时，4 A 电流源用开路代替，可求得

$$i'' = 3\,\mathrm{A}, \ u'' = -3\,\mathrm{V}$$

由叠加定理，有

$$u = u' + u'' = -2 + (-3) = -5\,\mathrm{V}$$
$$i = i' + i'' = -2 + 3 = 1\,\mathrm{A}$$

图(b)：当 10 V 电压源单独作用时，5 A 电流源用开路代替，可求得

$$i' = 2\,\text{A}, \quad u' = 6\,\text{V}$$

当 5 A 电流单独作用时，10 V 电压源用短路代替，可求得

$$i'' = -1\,\text{A}, \quad u'' = 2\,\text{V}$$

由叠加定理，有

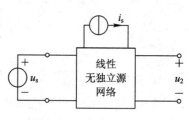

例题 4-1(b)

$$u = u' + u'' = 6 + 2 = 8\,\text{A}$$
$$i = i' + i'' = 2 - 1 = 1\,\text{A}$$

例 4-2　图 4-2 所示的电路，已知当 $u_s = 1\,\text{V}$、$i_s = 1\,\text{A}$ 时，$u_2 = 0$；当 $u_s = 10\,\text{V}$、$i_s = 0$ 时，$u_2 = 1\,\text{V}$。求 $u_s = 0$、$i_s = 10\,\text{A}$ 时的 u_2 值。

解　根据叠加定理，u_2 应是两个独立电源 u_s 和 i_s 的线性组合函数，即

$$u_2 = \alpha u_s + \beta i_s \qquad (4-1)$$

其中 α 和 β 为比例常数。将前两组已知数据代入式(4-1)中，有

$$\alpha \times 1 + \beta \times 1 = 0$$
$$\alpha \times 10 + \beta \times 0 = 1$$

联立求解得

$$\alpha = 0.1, \quad \beta = -0.1$$

再代入式(4-1)中，有

$$u_2 = 0.1 u_s - 0.1 i_s \qquad (4-2)$$

再将第三组已知数据代入式(4-2)中，得

$$u_2 = 0.1 \times 0 - 0.1 \times 10 = -1\,\text{V}$$

练习 4-1　图 4-3 所示的电路，利用叠加定理求 u、i。

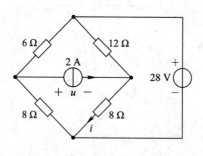

图 4-3　练习 4-1 图

练习 4-1

2. 齐次定理

齐次定理是指在线性电路中，当全部激励同时增大 k 倍（k 为常数）时，其响应也增大 k 倍。

其中激励指独立电源，响应为电压或电流。齐次定理也称为齐次性。若线性电路中只有一个独立电源，则齐次定理反映了电路响应与激励成正比。

齐次定理

齐次定理和叠加定理是线性电路两个互相独立的定理,不能用叠加定理代替齐次定理,也不能片面认为齐次定理是叠加定理的特例。

同时满足齐次性和叠加性的电路称为线性电路。齐次性和叠加性是线性电路的重要性质。

例 4-3　在图 4-4 所示的电路中,利用齐次定理求电流 I_0 的值。

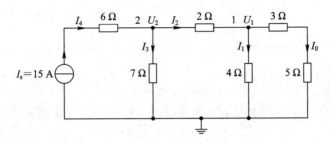

图 4-4　例 4-3 图

解　假定 $I_0 = 1\,\mathrm{A}$,则 $U_1 = (3+5)I_0 = 8\,\mathrm{V}$,并且 $I_1 = U_1/4 = 2\,\mathrm{A}$。对节点 1 应用 KCL,可得

$$I_2 = I_1 + I_0 = 3\,\mathrm{A}$$

$$U_2 = U_1 + 2I_2 = 8 + 6 = 14\,\mathrm{V}, \quad I_3 = \frac{U_2}{7} = 2\,\mathrm{A}$$

对节点 2 应用 KCL,得

$$I_4 = I_3 + I_2 = 5\,\mathrm{A}$$

因此, $I_s = 5\,\mathrm{A}$。这表明如果假定 $I_0 = 1\,\mathrm{A}$,则得到电流源 $I_s = 5\,\mathrm{A}$,该电路中的电流源实际为 $15\,\mathrm{A}$,则此时实际得到的 $I_0 = 3\,\mathrm{A}$。

练习 4-2　图 4-5 所示的电路,利用齐次定理求各支路电流。

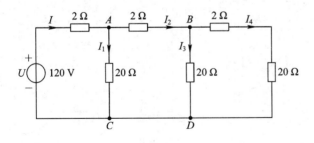

图 4-5　练习 4-2 图

练习 4-2

4.2　替 代 定 理

替代定理是指若电路中任意第 k 条支路的电压 u_k 和电流 i_k 已知,则这条支路可以用一个电压等于 u_k 的理想电压源或一个电流等于 i_k 的理想电流源替代。

应用替代定理时应注意,替代前后各支路电压和电流均应是唯一的,并且替代电源的参考方向或极性应与原支路电流或电压参考方向或极性一致。

需要强调，替代与等效是两个不同的概念，不能混淆。例如图 4-6 中的两个电路 N_1 与 N_2 可以替代，但对外电路来说并不等效。

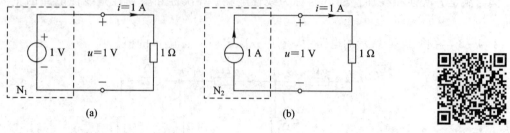

图 4-6 可替代但不等效的两个电路

替代定理的实用性和理论价值在于有些情况下可以使得电路的求解简便，也可以用来推证电路的其他定理，还可以把一个大型复杂电路"拆解"成若干个较小较简单的子电路，然后对每一个子电路单独分析求解，再把各个子电路的解相互"连接"求得原电路的解，即大型复杂网络的"拆解"分析法。

例 4-4 图 4-7(a)所示的电路，利用替代定理求电路中的 U_s 和 R。

例题 4-4

解
$$I = 2\,\text{A}, \quad U = 28\,\text{V}$$
$$U_s = 43.6\,\text{V}$$

利用替代定理，有
$$U_1 = 28 - 20 \times 0.6 - 6 = 10\,\text{V}$$
$$I_1 = 0.4\,\text{A}$$
$$I_R = 0.6 - 0.4 = 0.2\,\text{A}$$

故
$$R = \frac{U_1}{I_R} = \frac{10}{0.2} = 50\,\Omega$$

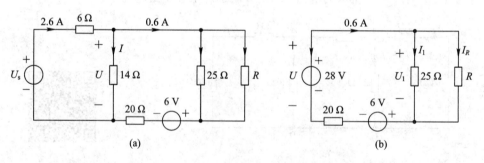

图 4-7 例 4-4 图

4.3 等效电源定理

1. 单口网络

把具有两个引出端钮且两个端钮上的电流为同一电流的部分电路称为单口电路或单口网络，也称为一端口网络。单口网络可根据其内部有无独立电源分为有源单口网络和无源单口网络。

如图 4-8(a) 所示，对于无源单口网络，其外特性可用一个等效电阻 R_{in} 来表示。R_{in} 也称为输入电阻，其定义为端口电压 u 与端口电流 i 之比，即

$$R_{in} = \frac{u}{i} \qquad (4-3)$$

输入电阻 R_{in} 的倒数称为无源单口网络的输入电导，用 G_{in} 表示，即

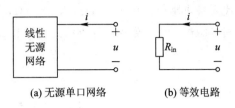

(a) 无源单口网络　　**(b) 等效电路**

图 4-8　无源单口网络及其等效电路

$$G_{in} = \frac{1}{R_{in}} = \frac{i}{u} \qquad (4-4)$$

无源单口网络及其等效电路如图 4-8 所示。可见，运用输入电阻的概念，可以把一个复杂的无源单口网络用一个等效电阻来代替，从而极大地简化了电路的分析计算，因而是电路理论中一个重要概念。

在求无源单口网络的输入电阻 R_{in} 时，需要考虑下面两种情况。

(1) 当单口网络中不含有受控源时，R_{in} 就是从 $a-b$ 两端向单口网络看进去的输入电阻，如图 4-8 所示。此时单口网络内部只含有电阻，可以利用电阻的串、并联及三角形与星形的等效变换求得单口网络的等效电阻。

无源单口网络及其等效电路

(2) 当单口网络中包含受控源时，可以在 $a-b$ 两端外加一个电压源 u_s，并计算出相应的端口电流 i，即可得到 $R_{in}=u_s/i$，如图 4-9(a) 所示；或者在 $a-b$ 两端加入一个电流源 i_s，并计算出端口电压 u，同样可得到 $R_{in}=u/i_s$，如图 4-9(b) 所示。利用这两种方法所得到的结果是相同的，任何一种方法都可以假设 u_s 与 i_s 取任意值，例如假设 $u_s=1\,\mathrm{V}$ 或 $i_s=1\,\mathrm{A}$，甚至可以对 u_s 或 i_s 的取值不作任何假设。

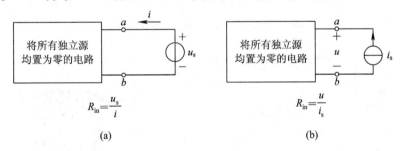

(a)　　　　　　　　　　　(b)

图 4-9　单口网络中包含受控源时求 R_{in} 的方法

例 4-5　求图 4-10(a) 所示单口网络的输入电阻。已知：$R_{12}=20\,\Omega$，$R_{23}=50\,\Omega$，$R_{31}=30\,\Omega$，$R_{24}=50\,\Omega$，$R_{34}=15\,\Omega$。

解　对于图 4-10(a) 所示的电路，用电阻串、并联进行等效变换显然是无法进行的。为此可根据电阻星形连接与三角形连接的等效变换的概念，将其 R_{12}、R_{23}、R_{31} 的三角形连接结构进行等效变换，变换为图 4-10(b) 所示电路中 R_1、R_2、R_3 的星形连接结构。其中：

$$\left.\begin{array}{l} R_1 = \dfrac{R_{12}R_{31}}{R_{12}+R_{23}+R_{31}} \\[3mm] R_2 = \dfrac{R_{12}R_{23}}{R_{12}+R_{23}+R_{31}} \\[3mm] R_3 = \dfrac{R_{23}R_{31}}{R_{12}+R_{23}+R_{31}} \end{array}\right\} \qquad (4-5)$$

代入各电阻值，有 $R_1 = 6\,\Omega$，$R_2 = 10\,\Omega$，$R_3 = 15\,\Omega$。对于图 4-10(b)所示的电路，可直接利用电阻串、并联等效变换方法进行简化，求得等效电阻或输入电阻为

$$R_0 = 26\,\Omega$$

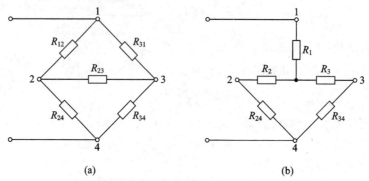

(a)　　　　　　　　　　　　　(b)

图 4-10　例 4-5 图

练习 4-3　求图 4-11 所示单口网络的等效电阻 R_{ab}。

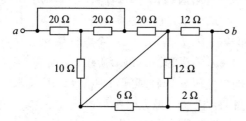

图 4-11　练习 4-3 图

练习 4-3

练习 4-4　求图 4-12 所示电路的等效电阻 R_{ab}、R_{bc}、R_{ac}。

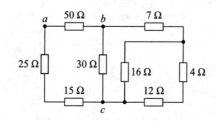

图 4-12　练习 4-4 图

练习 4-4

例 4-6　求图 4-13 所示电路从端口 $a\text{-}b$ 看进去的除源输入电阻。

解　与上例中的电路不同，本电路中含有一个受控源。首先，除源需要将电路中 5 A 电流源开路移除。由于存在受控源，电路需在 $a\text{-}b$ 两端外接一个电压源 u_0 来激励电路，如图 4-14 所示。为便于计算，可以假定 $u_0 = 1\,\text{V}$（该电路为线性电路），目的是要求出流过该端口的电流 i_0，从而得到 $R_0 = 1/i_0$（另外，也可以外接一个 1 A 的电流源，求出相应的电压 u_0，从而得到 $R_0 = u_0/1$）。

对图 4-14 所示电路中的回路 1 应用网孔分析法，得到

$$-2u_x + 2(i_1 - i_2) = 0 \quad \text{或} \quad u_x = i_1 - i_2$$

而$-4i_2 = u_x = i_1 - i_2$，因此，有

$$i_1 = -3i_2$$

对回路 2 与回路 3 应用 KVL，可得

$$4i_2 + 2(i_2 - i_1) + 6(i_2 - i_3) = 0$$
$$6(i_3 - i_2) + 2i_3 + 1 = 0$$

解得

$$i_3 = -\frac{1}{6}\,\text{A}$$

而 $i_0 = -i_3 = 1/6\,\text{A}$，因此，有

$$R_0 = \frac{1\,\text{V}}{i_0} = 6\,\Omega$$

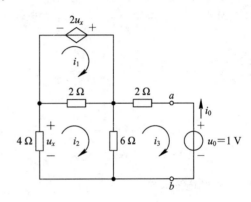

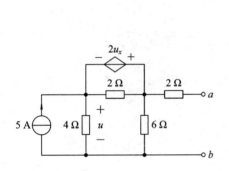

图 4-13　例 4-6 图　　　　　　　　　图 4-14　求例题 4-6 中的 R_0

例 4-7　求图 4-15(a)所示电路从端口 a-b 看进去的输入电阻。

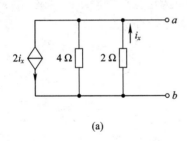
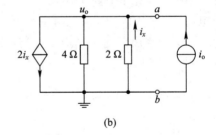

(a)　　　　　　　　　　　　　　　　(b)

图 4-15　例 4-7 图

解　激励本例电路简单的方法是利用 1 V 电压源或者 1 A 电流源。由于本例最终要求出等效电阻(正电阻或负电阻)，所以最好采用电流源和节点分析法，这样可以在输出端得到电阻上的电压(因为流过电路的电流为 1 A，所以 u_0 就等于 1 乘以等效电阻值)。

首先，写出图 4-15(b)中节点 a 处的节点方程，假定 $i_0 = 1\,\text{A}$，则有

$$2i_x + \frac{u_0 - 0}{4} + \frac{u_0 - 0}{2} + (-1) = 0 \tag{4-6}$$

由于要求解的未知变量有两个，但仅有一个方程，因此，需要如下约束方程：

$$i_x = \frac{0 - u_0}{2} = -\frac{u_0}{2} \tag{4-7}$$

将式(4-7)代入式(4-6)，得到

$$2\left(-\frac{u_0}{2}\right)+\frac{u_0-0}{4}+\frac{u_0-0}{2}+(-1)=0$$

$$0=\left(-1+\frac{1}{4}+\frac{1}{2}\right)u_0-1 \quad 或 \quad u_0=-4\ \text{V}$$

由于 $u_0=1\times R_0$，于是 $R_0=u_0/1=-4\ \Omega$。

　　等效电阻值为负值，表明按照关联参考方向，图4-15(a)所示电路是提供功率的。当然，图4-15(a)中的电阻是不能提供功率的(它们吸收功率)，只有受控源是提供功率的。本例说明了如何利用受控源和电阻来模拟负电阻。所得到的等效电阻为负值，在无源电路中是不可能出现这种情况的，但在本例的电路中，确实存在一个有源器件(即受控电流源)，因此，等效电路实际上应该是一个可以提供功率的有源电路。

　　练习4-5 电路如图4-16所示，求输入电阻 R_0。

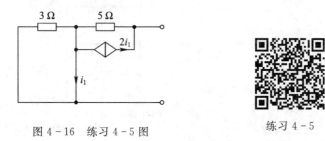

图4-16　练习4-5图　　　　　练习4-5

2. 等效电压源定理

　　等效电压源定理：任何一个线性有源单口网络，对外电路来说，都可以用一个电压源 u_{oc} 和一个电阻 R_0 的串联组合来等效代替。其中，电压源的电压等于线性有源单口网络的开路电压 u_{oc}；电阻 R_0 为含源单口网络的内阻，也称为输出电阻，数值上等于线性有源单口网络除源后的输入电阻。

等效电压源定理和等效电流源定理

　　此结论也称为戴维南定理。电压源 u_{oc} 与电阻 R_0 的串联电路称为戴维南等效电路，如图4-17所示。

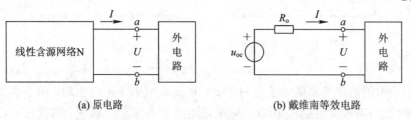

(a) 原电路　　　　　　　　　(b) 戴维南等效电路

图4-17　用戴维南等效电路替代线性有源单口网络

　　等效电压源定理的证明可用图4-18来阐明。

　　图4-18(a)中 N 为线性含源网络，外电路为任意电路。根据替代定理，图4-18(a)所示的外电路部分可以由一个电流为 i 的电流源替代，如图4-18(b)所示。由于替代后的图4-18(b)所示电路是线性电路，故根据叠加定理可求得其电压 u 为网络 N 中所有电源作用时所产生的电压分量 u' 与电流源 i 单独作用产生的电压分量 u'' 之代数和。其中 $u'=u_{oc}$，即

为 N 网络端口 a-b 的开路电压，$u'' = -R_\circ i$。$R_\circ$ 数值上等于 N 网络除源后的输入电阻，如图 4-18(c)、(d)所示，所以可得

$$u = u' + u'' = u_{oc} - R_\circ i \tag{4-8}$$

与此方程对应的等效电路如图 4-18(e)所示。最后再把图 4-18(e)中的电流源 i 变回到原来的外电路，如图 4-18(f)所示。由于图 4-18(f)与图 4-18(b)等效，而图 4-18(b)又与图 4-18(a)等效，因此图 4-18(f)与图 4-18(a)等效。从而证得等效电压源定理。

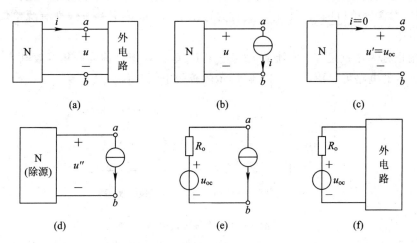

图 4-18　等效电压源定理的证明

应用等效电压源定理分析电路的关键是求有源单口网络的开路电压 u_{oc} 和输出电阻 $R_\circ$。为此，假设图 4-17 所示的两个电路是等效的。如果两个单口网络具有相同的端口电压-电流关系，则称这两个电路是等效的。下面就找出使得图 4-17 所示两个电路等效的条件。如果使外电路开路(去掉负载)，即无电流流过，那么由于两个电路等效，从而图4-17(a)中 a-b 两端的开路电压必定等于图 4-17(b)中的电压 u_{oc}，如图4-19(a)所示。移去负载使端口开路的同时，将电路中的所有独立源置零，由于两个电路是等效的，那么图4-17(a)中 a-b 两端的输入电阻(即等效电阻)应该等于图 4-17(b)中的 $R_\circ$。因此，$R_\circ$ 就是当独立源置零时端口的输入电阻，如图 4-19(b)所示。

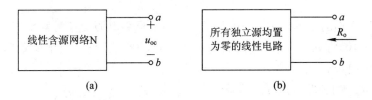

图 4-19　确定 u_{oc} 与 $R_\circ$

开路电压 u_{oc} 的求解可以用两类约束或前面已经介绍的电路基本分析方法计算得到，也可以用实验测量方法得到。求除源输入电阻 $R_\circ$ 的方法在本节"单口网络"部分已经进行了介绍，第一种方法是应用串并联、Y-△形变换法将电路简化进行计算；第二种方法是应用除源后端口外加电压 U，然后计算或测量端口电流 I(也可以外加电流 I，计算或测量端口

电压 U），则输入电阻为

$$R_{\circ} = \frac{U}{I} \tag{4-9}$$

3. 等效电流源定理

等效电流源定理：任何一个线性有源单口网络，对外电路而言，可以用一个电流源 i_{sc} 和一个电阻 $R_{\circ}$ 的并联组合等效代替。其中，电流源电流等于线性有源单口网络的短路电流 i_{sc}；电阻 $R_{\circ}$ 为含源单口网络的内阻，也称为输出电阻，数值上等于线性有源单口网络除源后的输入电阻。

此结论也称为诺顿定理。电流源 i_{sc} 与电阻 $R_{\circ}$ 的并联组合称为诺顿等效电路。于是，图 4 - 20(a)所示的电路可以用图 4 - 20(b)所示的等效电路替代。

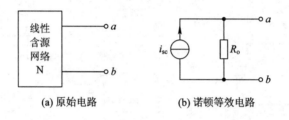

| (a) 原始电路 | (b) 诺顿等效电路 |

图 4 - 20 诺顿等效电路

诺顿定理的证明留给读者自己进行。下面主要讨论如何确定 $R_{\circ}$ 与 i_{sc}。诺顿等效电路中 $R_{\circ}$ 的确定方法与上一节戴维南等效电路中 $R_{\circ}$ 的确定方法相同。实际上，由电源变换的关系可知，戴维南等效电阻与诺顿等效电阻是相等的。

求诺顿等效电流 i_{sc} 就是要求出图 4 - 20 所示两个电路中端点 a 流向端点 b 的短路电流。很明显，图 4 - 20(b)所示电路的短路电流就是 i_{sc}，该电流必定与图 4 - 20(a)所示电路中从端点 a 流向端点 b 的短路电流 i_{sc} 相同，因为这两个电路是等效的，如图 4 - 21 所示。

诺顿定理与戴维南定理的两个基本关系为

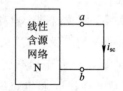

图 4 - 21 求诺顿等效电流 i_{sc}

$$i_{sc} = \frac{u_{oc}}{R_{\circ}} \tag{4-10}$$

显然，这是电源变换的基本公式。正因为如此，通常也称电源变换为戴维南-诺顿变换。

由于式(4 - 10)将 u_{oc}、i_{sc} 和 $R_{\circ}$ 三者联系在一起，所以要确定戴维南等效电路或诺顿等效电路，就要求出：

(1) a-b 两端的开路电压 u_{oc}。

(2) 流过 a-b 的短路电流 i_{sc}。

(3) 所有独立源关闭时，a-b 两端的等效电阻或输入电阻 $R_{\circ}$。

只要用最简便的方法计算出上述三个参数中的两个，就可以根据欧姆定理求得第三个参数。所以，通过开路测试和短路测试就足以求出至少包含一个独立源电路的戴维南等效电路或诺顿等效电路。

式(4 - 10)也给出了计算有源单口网络除源输入电阻的第三种方法，就是将含源单口网

络的端口开路电压 u_{oc} 除以端口短路电流 i_{sc}，即

$$R_o = \frac{u_{oc}}{i_{sc}} \qquad (4-11)$$

这种方法称为开路短路法，它的证明是很容易的，可由读者自己完成。需要说明的是，这种方法并不总是有效，对于含受控源的单口网络，有可能求得 $u_{oc}=0$，$i_{sc}=0$，出现不定型。在此情况下此方法失效，需采用其他方法。

下面举例说明这两个定理的简单应用。

例 4 - 7 电路如图 4 - 22(a)所示，求 $a-b$ 处的戴维南等效电路和诺顿等效电路。

解 $a-b$ 端开路时的开路电压为

$$u_{oc} = 4 \times \frac{3 \times 6}{3+6} + \left(\frac{-30}{3+6} \times 3 \right) = -2\,\mathrm{V}$$

$a-b$ 端短路时的短路电流为

$$i_{sc} = 4 - \frac{30}{6} = -1\,\mathrm{A}$$

除源后 $a-b$ 端的输入电阻为

$$R_o = \frac{u_{oc}}{i_{sc}} = 2\,\Omega$$

所以，对应的戴维南等效电路和诺顿等效电路如图 4 - 22(b)、(c)所示，其中 $u_{oc} = -2\,\mathrm{V}$，$i_{sc} = -1\,\mathrm{A}$，$R_o = 2\,\Omega$。

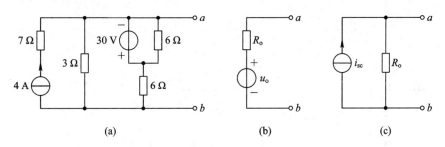

(a)   (b)   (c)

图 4 - 22 例 4 - 7 图

练习 4 - 6 求图 4 - 23 所示电路的等效电源电路以及相应的等效参数。

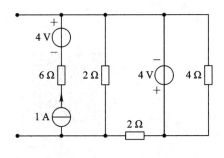

图 4 - 23 练习 4 - 6 图

练习 4 - 6

例 4 - 8 图 4 - 24 所示为电桥测量电路，求电阻 R 分别为 $1\,\Omega$、$2\,\Omega$ 和 $5\,\Omega$ 时 $a-b$ 支路的电流 i。

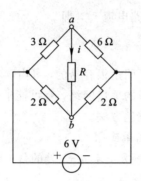

图 4 - 24　电桥测量电路

解　为求 $a-b$ 支路的电流，可先移去 $a-b$ 支路上的电阻 R，使其成为一个含源单口网络，由图 4 - 25(a)可求得开路电压 $u_{oc}=1\mathrm{V}$。由图 4 - 25(a)可求得除源后的等效电阻 $R_o=3$ Ω。因此可求得此有源单口网络的戴维南等效电路，然后再接入原移去的支路电阻 R，如图 4 - 25(c)所示。

所以，当电阻 $R=1$ Ω 时，$i=0.25\mathrm{A}$；当 $R=2$ Ω 时，$i=0.2\mathrm{A}$；当 $R=5$ Ω 时，$i=0.125\mathrm{A}$。

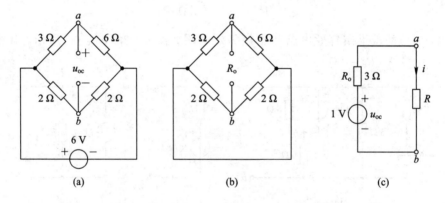

(a)　　　　　　　　　(b)　　　　　　　　　(c)

图 4 - 25　应用等效电压源定理求 $a-b$ 支路电流

练习 4 - 7　用等效电源定理求图 4 - 26 所示电路中的电流 i。

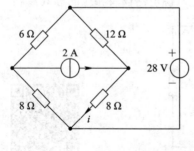

图 4 - 26　练习 4 - 7 图

练习 4 - 7

等效电源定理在电路理论中占有重要地位。应用这两个定理把部分线性电路用两个电路元件的简单组合加以置换，而不影响电路其余部分的求解，这给分析电路，特别是求某一支路响应带来很大的方便。

4.4　最大功率传输定理

　　一些实际电路的作用是为负载提供功率。在通信等应用中，希望传递给负载的功率最大。本节在给定电路及其内部损耗的条件下，讨论负载的最大功率传输问题。

　　图 4 - 27 所示电路是实际电源模型为一个可变负载电阻 R 提供电能的电路。R_{o} 为实际电源内阻。若 R 的值变化，则 R 为何值时，它能得到最大功率且最大功率为多大？下面就来讨论这一问题。

最大功率
传输定理

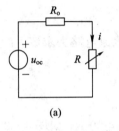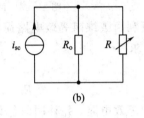

图 4 - 27　最大功率传输

　　对于图 4 - 27(a)，负载电阻的电流为

$$i = \frac{u_{\text{oc}}}{R_{\text{o}} + R} \tag{4-12}$$

其消耗功率为

$$P = R i^2 = \frac{R u_{\text{oc}}^2}{(R_{\text{o}} + R)^2} \tag{4-13}$$

　　令 $\dfrac{\mathrm{d}P}{\mathrm{d}R} = 0$，可得 $R = R_{\text{o}}$。即当 $R = R_{\text{o}}$ 时，R 可获得最大功率，且最大功率 $P_{\max}$ 可由式 (4 - 13) 求得，为

$$P_{\max} = \frac{u_{\text{oc}}^2}{4 R_{\text{o}}} \tag{4-14}$$

　　对于图 4 - 27(b) 所示的电路，同理可得，当 $R = R_{\text{o}}$ 时，R 可获得最大功率 $P_{\max}$，且有

$$P_{\max} = \frac{1}{4} R_{\text{o}} i_{\text{sc}}^2 \tag{4-15}$$

由此可得最大功率传输定理。

　　最大功率传输定理：当实际电源向负载电阻供电时，只有当负载电阻 R 等于实际电源内阻 R_{o} 时，负载才能获得最大功率，其最大功率 $P_{\max}$ 可由 $P_{\max} = \dfrac{u_{\text{oc}}^2}{4 R_{\text{o}}}$ 或 $P_{\max} = \dfrac{1}{4} R_{\text{o}} i_{\text{sc}}^2$ 求得。

　　$R = R_{\text{o}}$ 时电路的工作状态称为功率匹配工作状态。显然，对于图 4 - 27 所示的电路，在匹配状态下其传输效率为

$$\eta = \frac{P_{\max}}{P} = 50\%$$

可见此时电路传输效率是相当低的，但负载获得的功率是最大的。这对于电子工程是可利用的，而对于电力工程是不容许的。

例 4 – 9　电路如图 4 – 28(a)所示，求 R 获得的最大功率为多少？电路的传输效率 η 为多大？

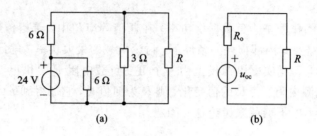

图 4 – 28　例 4 – 9 图

解　本例的电路可利用戴维南等效电路简化原电路去求解。首先移去 R，使其为一个有源单口电路，然后可求得

开路电压：　　　　　　　　　　　$u_{\text{oc}} = 8\,\text{V}$

除源输入电阻：　　　　　　　　　$R_{\text{o}} = 2\,\Omega$

画出对应的戴维南等效电路，并移回原负载电阻 R，如图 4 – 28(b)所示。由最大功率传输定理可知，当 $R = R_{\text{o}} = 2\,\Omega$ 时，R 可获得最大功率，且最大功率为

$$P_{\max} = \frac{u_{\text{oc}}^2}{4R_{\text{o}}} = 8\,\text{W}$$

此时图 4 – 28(a)中 24 V 电压源发出的功率为

$$P = 24 \times \left(\frac{10}{3} + 4 \right) = 176\,\text{W}$$

故电路的传输效率为

$$\eta = \frac{P_{\max}}{P} \approx 4.55\%$$

此例说明实际电路的传输效率与等效电路的传输效率是不同的，反映了等效的基本概念。

练习 4 – 8　电路如图 4 – 29 所示，求 R 为何值时可获最大功率？最大功率 $P_{\max}$ 为多少？

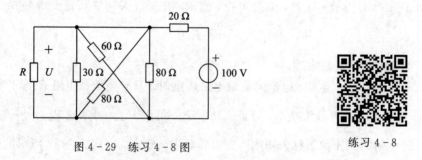

图 4 – 29　练习 4 – 8 图　　　　　　　　　　　　练习 4 – 8

4.5　互易定理

互易定理是指对于一个线性无任何电源（独立源与受控源）的电路，在单一激励的情况下，激励与响应互换位置，响应与激励比值不变。此结论也称互易性。它说明了线性无任何

电源的电路传输信号的双向性或可逆性。

互易定理有三种形式,下面仅给出其结论。

互易定理的第一种形式:对于图 4-30 所示的电路,P 为线性无任何电源的网络。若在 $1-1'$ 端加激励源 u_{s1},则 $2-2'$ 端中的短路电流 i_2 为响应(如图 4-30(a)所示);若在 $2-2'$ 端加激励 u_{s2},则 $1-1'$ 端中的短路电流 $\hat{i}_1$ 为响应(如图 4-30(b)所示)。当 $u_{s2}=u_{s1}$ 时,有 $\hat{i}_1=i_2$。

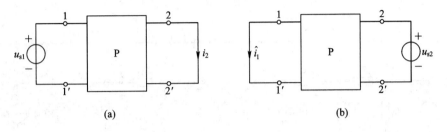

图 4-30　互易定理的第一种形式

互易定理的第二种形式:对于图 4-31 所示的电路,可以看到,若在 $1-1'$ 端接电流源 i_s,则 $2-2'$ 端开路电压 u_2 为响应(如图 4-31(a)所示);若把激励 i_s 移到 $2-2'$ 端(如图 4-31(b)所示),则 $1-1'$ 端的开路电压 $\hat{u}_1=u_2$。

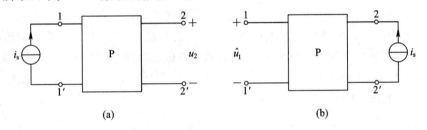

图 4-31　互易定理的第二种形式

互易定理的第三种形式:对于图 4-32 所示的电路,若在 $1-1'$ 端接电流源 i_s 作为激励,则 $2-2'$ 端短路电流 i_2 为响应(如图 4-32(a)所示);若在 $2-2'$ 端接电压源 u_s 作为激励,且在数值上 $u_s=i_s$,则图 4-32(b)中 $1-1'$ 端的开路电压 $\hat{u}_1=i_2$。

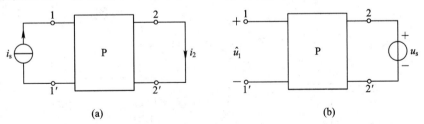

图 4-32　互易定理的第三种形式

互易定理是线性无源网络的一个重要性质,在分析网络的传输特性以及接收天线的方向性等方面经常用到,在电路计算方面也有用处。满足互易定理的网络称为互易网络。

例 4-10　图 4-33 所示的电路,已知图 4-33(a)中 $i_1=0.3i_s$,图 4-33(b)中 $i_2=0.2i_s$。求电阻 R_1。

解　图 4-33(a)中：

$$u = 10i_1 = 3i_s$$

图 4-33(b)中：

$$\hat{u} = 0.2i_s R_1$$

由互易定理形式二可知：

$$\hat{u} = u$$

故

$$R_1 = 15\ \Omega$$

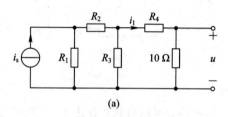 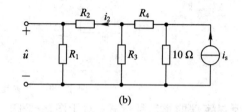

(a)　　　　　　　　　　　　(b)

图 4-33　例 4-10 图

例 4-11　图 4-34(a)所示的单口网络，求图 4-34(b)电路中的电流 i。

解　移去图 4-34(b)中 $1-1'$ 端的 5 Ω 电阻，得到一个有源单口网络，如图 4-35(a)所示。由互易定理形式二可得其开路电压 $u_{oc}=5$ V，由互易定理形式三和齐次定理可得其短路电流 $i_{sc}=1$ A。因此，图 4-35(a)所示的有源单口电路可用一戴维南等效电路置换，并接入移去的 5 Ω 电阻，如图 4-35(b)所示。其中 $R_o = u_{oc}/i_{sc} = 5\ \Omega$。故可求得其电流 $i=0.5$ A，即图 4-34(b)电路中的电流 $i=0.5$ A。

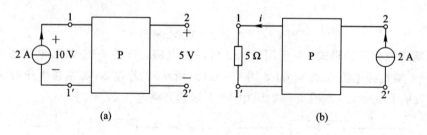

(a)　　　　　　　　　　　　(b)

图 4-34　例 4-11 图

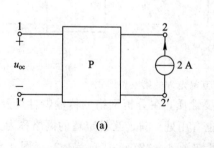 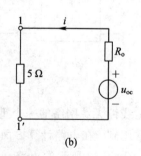

(a)　　　　　　　　　　　　(b)

图 4-35　例 4-11 所对应的有源单口网络

习 题 4

1. 图 4 - 36 所示电路，用叠加定理求 u、i。

2. 图 4 - 37 所示电路，已知 $i_{s1}=8\,\text{A}$，$i_{s2}=12\,\text{A}$ 时，$u_x=80\,\text{V}$；当 $i_{s1}=-8\,\text{A}$，$i_{s2}=4\,\text{A}$ 时，$u_x=0$。求当 $i_{s1}=i_{s2}=20\,\text{A}$ 时，u_x 为多大？

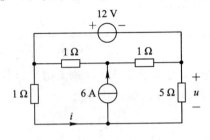

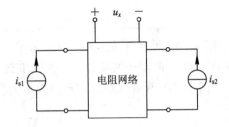

图 4 - 36 习题 1 图   图 4 - 37 习题 2 图

3. 图 4 - 38 所示电路，已知：S 在 1 时，$i=40\,\text{mA}$；S 在 2 时，$i=-60\,\text{mA}$。求 S 在 3 时的 i 值。

4. 图 4 - 39 所示电路，用叠加定理求 u_1。

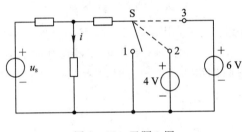

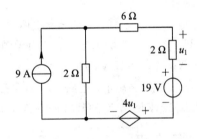

图 4 - 38 习题 3 图   图 4 - 39 习题 4 图

5. 图 4 - 40 所示电路，N 为有源电阻电路。已知当 $u_s=0$ 时，$i=4\,\text{mA}$；当 $u_s=10\,\text{V}$ 时，$i=-2\,\text{mA}$。求当 $u_s=-15\,\text{V}$ 时的 i 值。

6. 图 4 - 41 所示电路的输入端加电压 $u=10\,\text{V}$，$u_1=6\,\text{V}$。求电路的输入电阻 R_i。

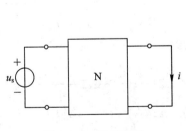

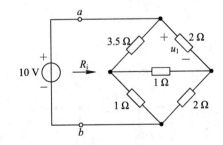

图 4 - 40 习题 5 图   图 4 - 41 习题 6 图

7. 求图 4 - 42 所示电路 $a-b$ 处的戴维南等效电路和诺顿等效电路。

8. 图 4 - 43 所示电路，N 为线性含独立源网络，已知：$R=10\,\Omega$ 时，$i=1\,\text{A}$；$R=18\,\Omega$ 时，$i=0.6\,\text{A}$。当 $i=0.1\,\text{A}$ 时，求此外接电阻 R 的值。

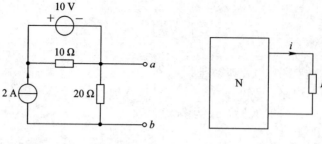

图 4-42　习题 7 图　　　　　　图 4-43　习题 8 图

9. 图 4-44 所示电路：S 在 1 时，$u=20\,\text{V}$；S 在 2 时，$i=50\,\text{mA}$。若 $R=100\,\Omega$，S 在 3 时，求 i、u 以及 R 消耗的功率。要使 R 获最大功率，R 值应为多大？此最大功率为多少？

10. 图 4-45 所示电路，求 R 获得最大功率时的值，并求最大功率值。

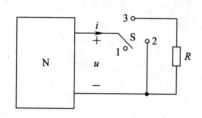
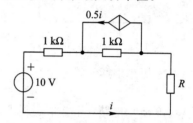

图 4-44　习题 9 图　　　　　　图 4-45　习题 10 图

11. 图 4-46 所示电路，P 为无源电阻电路。已知：当 $u_s=12\,\text{V}$，$R_1=0$ 时，$i_1=5\,\text{A}$，$i_R=4\,\text{A}$；当 $u_s=18\,\text{V}$，$R_1=\infty$ 时，$u_1=12\,\text{V}$，$i_R=1\,\text{A}$。求当 $u_s=6\,\text{V}$，$R_1=3\,\Omega$ 时的 i_R。

12. 图 4-47 所示电路，N 为含独立源电阻网络。当 S 闭合时，$i=3\,\text{A}$；当 S 打开时，$u=2.5\,\text{V}$。求网络 N 的戴维南等效电路。

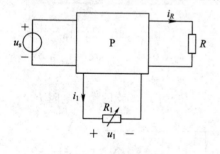
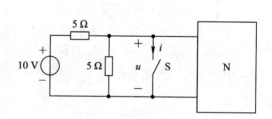

图 4-46　习题 11 图　　　　　　题 4-47　习题 12 图

13. 求图 4-48 所示单口网络的戴维南等效电路。

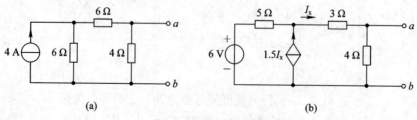

(a)　　　　　　　　　　　　(b)

图 4-48　习题 13 图

14. 求图 4 - 49 所示电路从端口 a - b 看进去的戴维南等效电路，并计算电流 i_x。

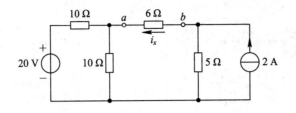

图 4 - 49　习题 14 图

15. 求图 4 - 50 所示单口网络的诺顿等效电路。

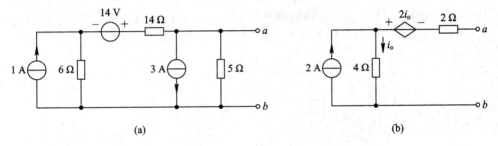

(a) 　　　　　　　　　　　　　　　　　(b)

图 4 - 50　习题 15 图

16. 利用诺顿定理计算图 4 - 51 所示电路中的 u_o。

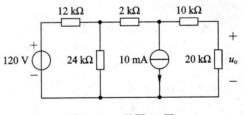

图 4 - 51　习题 16 图

17. 图 4 - 52 所示电路。

(a) 求端口 a - b 处的戴维南等效电路；

(b) 计算流过电阻 $R_L = 13\ \Omega$ 的电流；

(c) 求满足最大功率传输时的 R_L；

(d) 计算该最大功率。

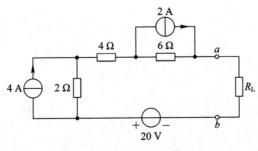

图 4 - 52　习题 17 图

18. 图 4-53 所示电路，已知图 4-53(a)中 $u_1 = 0.25u_s$，图 4-53(b)中 $u_2 = 0.15u_s$。用互易定理求 R_1 值。

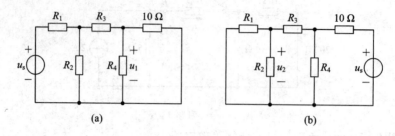

图 4-53　习题 18 图

19. 图 4-54 所示互易电路中的数据已给出。已知图 4-54(b)中 5 Ω 电阻吸收的功率为 125 W，求 i_{s2}。

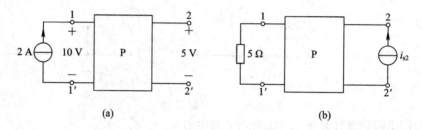

图 4-54　习题 19 图

20. 图 4-55 所示互易电路中的数据已给出。已知图 4-55(b)中 $i_1 = 4\,A$，求 u_{s2}。

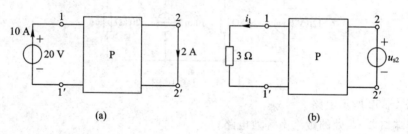

图 4-55　习题 20 图

第 5 章　正弦稳态电路的分析

随时间按正弦规律变化的量称为正弦量。当线性定常电路的激励为正弦量，且电路已工作在稳定状态时，对电路进行研究分析称为正弦稳态分析，电路的这种工作状态称为正弦稳态。正弦稳态电路分析在电路理论和工程实际应用中具有十分重要的意义。

5.1　复　　数

相量法是线性电路正弦稳态分析的一种简便有效的方法。应用相量法，需要运用复数的运算。本节对复数的有关知识作一简要的介绍。

一个复数有多种表示形式。复数 F 的代数形式为

$$F = a + jb$$

式中，$j = \sqrt{-1}$ 为虚单位（在数学中常用 i 表示，在电路中已经用 i 表示电流，故改用 j）。取复数 F 的实部和虚部分别用下列符号表示：

$$\text{Re}[F] = a, \ \text{Im}[F] = b$$

即 $\text{Re}[F]$ 是取方括号内复数的实部，$\text{Im}[F]$ 是取其虚部。

一个复数 F 在复平面上可以用一条从原点 O 指向 F 对应坐标点的有向线段（向量）表示，如图 5-1 所示。

根据图 5-1，可得复数 F 的三角形式为

$$F = |F|(\cos\theta + j\sin\theta)$$

式中，$|F|$ 为复数的模（值）；θ 为复数的辐角，即 $\theta = \arg F$，θ 可以用弧度或度表示。$|F|$ 和 θ 与 a 和 b 之间的关系为

$$a = |F|\cos\theta, \ b = |F|\sin\theta$$

或

$$|F| = \sqrt{a^2 + b^2}, \ \theta = \arctan\left(\frac{b}{a}\right)$$

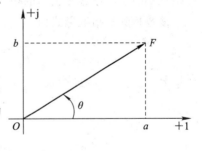

图 5-1　复数的表示

根据欧拉公式：

$$e^{j\theta} = \cos\theta + j\sin\theta$$

复数的三角形式可转变为指数形式，即

$$F = |F|e^{j\theta}$$

所以复数 F 是其模 $|F|$ 与 $e^{j\theta}$ 相乘的结果。上述指数形式有时改写为极坐标形式，即

$$F = |F|\angle\theta$$

复数的相加和相减用代数形式进行。例如，设 $F_1 = a_1 + jb_1$，$F_2 = a_2 + jb_2$，则

$$F_1 \pm F_2 = (a_1 + jb_1) \pm (a_2 + jb_2) = (a_1 \pm a_2) + j(b_1 \pm b_2)$$

复数的相加和相减运算也可以按平行四边形法则在复平面上用相量的相加和相减求得，见图 5-2。

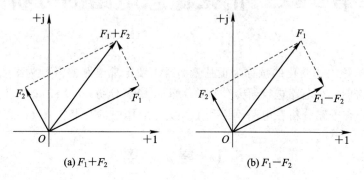

(a) $F_1 + F_2$　　　　　　　　　(b) $F_1 - F_2$

图 5-2　复数代数和的图解法

两个复数相乘，用代数形式表示为

$$F_1 F_2 = (a_1 + jb_1)(a_2 + jb_2) = (a_1 a_2 - b_1 b_2) + j(a_1 b_2 + a_2 b_1)$$

复数相乘用指数形式表示比较简洁，即

$$F_1 F_2 = |F_1| e^{j\theta_1} |F_2| e^{j\theta_2} = |F_1||F_2| e^{j(\theta_1 + \theta_2)}$$

所以有

$$|F_1 F_2| = |F_1||F_2|$$

$$\arg(F_1 F_2) = \arg(F_1) + \arg(F_2)$$

复数乘积的模等于各复数模的积，其辐角等于各辐角的和。

复数相除的指数形式为

$$\frac{F_1}{F_2} = \frac{|F_1| \angle \theta_1}{|F_2| \angle \theta_2} = \frac{|F_1|}{|F_2|} \angle \theta_1 - \theta_2$$

所以有

$$\left| \frac{F_1}{F_2} \right| = \frac{|F_1|}{|F_2|}$$

$$\arg\left(\frac{F_1}{F_2}\right) = \arg(F_1) - \arg(F_2)$$

若用代数形式表示，则有

$$\frac{F_1}{F_2} = \frac{a_1 + jb_1}{a_2 + jb_2} = \frac{(a_1 + jb_1)(a_2 - jb_2)}{(a_2 + jb_2)(a_2 - jb_2)}$$

$$= \frac{a_1 a_2 + b_1 b_2}{a_2^2 + b_2^2} + j \frac{a_2 b_1 - a_1 b_2}{a_2^2 + b_2^2}$$

式中，$(a_2 - jb_2)$ 为 F_2 的共轭复数。F 的共轭复数表示为 F^*；$F_2 F_2^*$ 的结果为实数，称为有理化运算。

复数 $e^{j\theta} = 1 \angle \theta$ 是一个模等于 1、辐角为 θ 的复数。任意复数 $A = |A| e^{j\theta_a}$ 乘以 $e^{j\theta}$ 等于把复数 A 逆时针旋转一个角度 θ，而 A 的模值不变，所以 $e^{j\theta}$ 称为旋转因子。

根据欧拉公式，不难得出 $e^{j\frac{\pi}{2}} = j$，$e^{-j\frac{\pi}{2}} = -j$，$e^{j\pi} = -1$。因此"$\pm j$"和"-1"都可以看成旋

转因子。例如一个复数乘以 j，等于把该复数逆时针旋转 $\pi/2$（在复平面上）；一个复数除以 j，等于把该复数乘以 $-j$，因此等于把它顺时针旋转 $\pi/2$。虚轴 j 等于把实轴 $+1$ 乘以 j 而得到。

在复数运算中常出现两个复数相等的情况。两个复数相等必须满足两个条件，如 $F_1 = F_2$ 必须有

$$\mathrm{Re}[F_1] = \mathrm{Re}[F_2], \ \mathrm{Im}[F_1] = \mathrm{Im}[F_2]$$

或

$$|F_1| = |F_2|, \ \arg(F_1) = \arg(F_2)$$

例 5 - 1　设 $F_1 = 3 - j4$，$F_2 = 10\angle 135°$，求 $F_1 + F_2$ 和 F_1/F_2。

解　用代数形式求复数的代数和：

$$F_2 = 10\angle 135° = 10(\cos 135° + j\sin 135°) = -7.07 + j7.07$$

$$F_1 + F_2 = (3 - j4) + (-7.07 + j7.07) = -4.07 + j3.07$$

转换为指数形式有

$$\arg(F_1 + F_2) = 180° - \arctan\left(\frac{3.07}{4.07}\right) = 143°$$

$$|F_1 + F_2| = \sqrt{(4.07)^2 + (3.07)^2} = 5.1$$

即

$$F_1 + F_2 = 5.1\angle 143°$$

$$\frac{F_1}{F_2} = \frac{3 - j4}{-7.07 + j7.07} = \frac{(3 - j4)(-7.07 - j7.07)}{(-7.07 + j7.07)(-7.07 - j7.07)} = -0.495 + j0.071$$

或

$$\frac{F_1}{F_2} = \frac{3 - j4}{10\angle 135°} = \frac{5\angle -53.1°}{10\angle 135°} = 0.5\angle -188.1° = 0.5\angle 171.9°$$

5.2　正弦量及其描述

1. 正弦量的时域表示

正弦量在时域常用两种方式表示。一种是以波形的形式表示，如图 5 - 3 所示，其中 U_m、I_m 分别为正弦量 $u(t)$、$i(t)$ 的最大值；T 为周期，即正弦量变化一个循环所经历的时间，单位为秒（s）。正弦量每秒变化的循环个数称为频率，用 f 表示，单位为赫兹（Hz）。显然有

正弦量及其描述

$$f = \frac{1}{T} \quad 和 \quad T = \frac{1}{f} \tag{5-1}$$

正弦量时域的另一种表示是用正弦函数表达式或余弦函数表达式。本书采用余弦函数表达式，但仍称为正弦函数或正弦量。例如正弦电压 $u(t)$、正弦电流 $i(t)$ 可分别表示为

$$\left. \begin{array}{l} u(t) = U_m\cos(\omega t + \varphi_u) \\ i(t) = I_m\cos(\omega t + \varphi_i) \end{array} \right\} \tag{5-2}$$

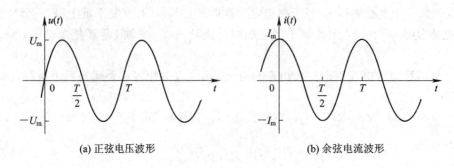

(a) 正弦电压波形　　　　　　　　(b) 余弦电流波形

图 5-3　正弦量波形表示

式中，ω 称为角频率，它表征正弦量变化的快慢，单位为弧度/秒（rad/s），且有

$$\omega = 2\pi f = \frac{2\pi}{T} \tag{5-3}$$

φ_u 和 φ_i 分别表示 $u(t)$ 和 $i(t)$ 的初相位。

　　$u(t)$ 和 $i(t)$ 表示了正弦量在任一时刻的值，称为瞬时值。瞬时值均用小写字母表示，如 $u(t)$、$i(t)$，有时为了简便，也直接写成 u、i，不言而喻，这均为随时间 t 变化的瞬时表示。

　　可见，可以用最大值、角频率（或频率、周期）和初相位来描述一个正弦量的瞬时值随时间变化的全貌，因此，将这三个量称为正弦量的三要素。

　　2. 正弦量的相位差

　　设有两个同频率的正弦量，例如一个是电压 $u(t)$，一个是电流 $i(t)$，如式（5-2）所示，则定义它们两者的相位差为

$$\varphi = (\omega t + \varphi_u) - (\omega t + \varphi_i) = \varphi_u - \varphi_i \tag{5-4}$$

可见两个同频率的正弦量的相位差等于它们初相位之差，且为一常数，与时间变量 t 无关。φ 采用主值范围内的度或弧度为单位。

　　为了比较同频率的各个正弦量之间的相互关系，通常可任意选择其中一个正弦量，令其初相位为零，此正弦量称为参考正弦量。一旦选定参考正弦量，则其余正弦量的相位关系都以参考正弦量为准，具有一定的初相位。在同一电路中，参考正弦量的选择是任意的，但只能选一个。

　　相位差的物理意义是表示两个同频率正弦量随时间变化"步调"上的先后，当相位差 $\varphi = \varphi_u - \varphi_i > 0$ 时，称 u 在相位上超前于 i 或 i 滞后于 u 一个角度 φ；若 $\varphi < 0$，则称 u 滞后于 i 一个角度 φ 或 i 超前于 u 一个角度 φ；若 $\varphi = 0$，则称 u 与 i 同相位；若 $\varphi = \pm 90°$，则称 u 与 i 在相位上相互正交；若 $\varphi = \pm 180°$，则称 u 与 i 反相位。

　　应当指出，只有同频率的正弦量在任意时刻的相位差是恒定的，而不同频率正弦量的相位差是随时间变化的，因而是没有意义的。

　　例 5-2　已知两个同频率的正弦电压：

$$u_1 = 310\cos(\omega t + 60°) \text{ V}$$
$$u_2 = 110\sin(\omega t + 60°) \text{ V}$$

求两个正弦量的相位差 φ，并说明其相位关系。

　　解　欲求两个同频率正弦量的相位差，必须将它们用同一种函数表示，故将 u_2 写为

$$u_2 = 110\cos(\omega t + 60° - 90°) = 100\cos(\omega t - 30°) \text{ V}$$

即 $\varphi_1 = 60°$，$\varphi_2 = -30°$，故得

$$\varphi = \varphi_1 - \varphi_2 = 60° - (-30°) = 90°$$

这表明 u_1 超前于 u_2 90°或 u_2 滞后于 u_1 90°，并且 u_1 和 u_2 是正交的。

3. 正弦量的有效值

由于正弦量是时间变量的函数，其瞬时值是随时间变化的，所以不论是测量还是计算都不方便。为此对于此类随时间按周期变化的量需引入有效值的物理量。有效值用大写字母表示。

设电流 $i(t)$ 是一个周期变化的电流，则其有效值定义为

$$I = \sqrt{\frac{1}{T}\int_0^T i^2(t)\,\mathrm{d}t} \tag{5-5}$$

即有效值等于周期电流在一个周期内的均方根值。

它的物理意义是指在同一电阻 R 中先后通以直流电流 I 和周期电流 $i(t)$，若在周期电流的一个周期 T 时间内，两者产生的热量相等，即

$$I^2RT = R\int_0^T i^2(t)\,\mathrm{d}t$$

则得式(5-5)。换言之，周期电流的有效值是与其热效应相等的直流电流值。

对于正弦电流 $i(t) = I_\mathrm{m}\cos(\omega t + \varphi_i)$，代入式(5-5)得

$$I = \frac{I_\mathrm{m}}{\sqrt{2}} \approx 0.707 I_\mathrm{m} \tag{5-6}$$

同理，正弦电压的有效值为

$$U = \frac{U_\mathrm{m}}{\sqrt{2}} \approx 0.707 U_\mathrm{m} \tag{5-7}$$

可见，正弦量的有效值等于其最大值除以 $\sqrt{2}$。

通常，各种电器设备的额定值，电磁式、电动式测量仪表的数值，均指有效值。例如工业供电电压为 220 V，就是指有效值。

引入有效值的物理量后，正弦电流 i 又可表示为

$$i = \sqrt{2}I\cos(\omega t + \varphi_i) \tag{5-8}$$

例 5-3　已知式(5-8)正弦电流在 $t=0$ 时，其瞬时值为 8.66 A，初相位 $\varphi_i = 30°$，经过 $t_0 = \dfrac{1}{300}$ s 后电流值出现第一次下降为 0 的值。求 $i(t)$ 的有效值 I、角频率 ω、频率 f 和周期 T。

解　因 $i = \sqrt{2}I\cos(\omega t + 30°)$ A，当 $t=0$ 时，有

$$i(0) = \sqrt{2}I\cos 30° = 8.66 \text{ A}$$

故有效值为

$$I = \frac{10}{\sqrt{2}} \approx 7.07 \text{ A}$$

即

$$i = 10\cos(\omega t + 30°) \text{ A}$$

又

$$\omega t_0 + \varphi_i = \frac{\pi}{2}$$

即

$$\frac{\omega}{300} + \frac{\pi}{6} = \frac{\pi}{2}$$

求得

$$\omega = 100\pi \text{ rad/s}$$

故

$$f = \frac{\omega}{2\pi} = 50 \text{ Hz}, \ T = \frac{1}{f} = 0.02 \text{ s}$$

4. 正弦量的相量表示(频域表示)

在线性定常电路中,如果全部激励都是同一频率的正弦量,则电路中的全部稳态响应也都是同一频率的正弦量,这意味着所求稳态响应的频率为已知量,不必再考虑。只要把正弦响应的其他两个要素,即最大值(或有效值)和初相位求出,便能完全确定响应正弦量。根据这一特点,可用一个复数来反映正弦量的幅值和初相位。这一复数称为正弦量的相量表示,简称为相量。例如正弦电流:

$$i(t) = \sqrt{2}I\cos(\omega t + \varphi_i)$$

用相量表示记为

$$\dot{I} = I\angle\varphi_i \tag{5-9}$$

同理对于

$$u(t) = \sqrt{2}U\cos(\omega t + \varphi_u)$$

有

$$\dot{U} = U\angle\varphi_u \tag{5-10}$$

或写为

$$\dot{I}_\text{m} = I_\text{m}\angle\varphi_i, \ \dot{U}_\text{m} = U_\text{m}\angle\varphi_u$$

式中,符号上加小黑点,表示此复数专指正弦量,有别于其他复数。因此相量与正弦量之间存在一一对应关系。一个正弦量可以用有效值相量表示,也可以用最大值相量表示,以后不加说明所指的相量均为有效值相量。同样一个相量也可以表示成正弦量,但两者表示方式不同,因此不能认为相等。

相量既然是复数,那么可以在复平面上用有向线段表示。相量在复平面上的图示称为相量图。例如式(5-9)、式(5-10)的相量,表示在复平面上的相量如图 5-4 所示。可见,相量图不仅表明了 $\dot{I}$ 和 $\dot{U}$ 的有效值的大小和初相位,还显示了 $\dot{I}$ 和 $\dot{U}$ 之间的相位关系。图上很直观地显示出 $\dot{U}$ 超前于 $\dot{I}$ 为 $(\varphi_u - \varphi_i)$ 角度或 $\dot{I}$ 滞后于 $\dot{U}$ 为 $(\varphi_u - \varphi_i)$ 角度。

从相量图可以看出,若将相量 $\dot{U}$ 乘以 $\sqrt{2}$,然后令其以角频

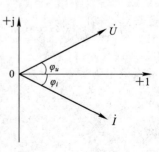

图 5-4　相量图

率 ω 为角速度及沿逆时针方向匀速旋转，则得到旋转矢量。这个旋转矢量在任意时刻 t 在实轴上的投影分量就是一个正弦电压 $u(t)$，即

$$u(t) = \sqrt{2}U\cos(\omega t + \varphi_u) = \mathrm{Re}\left[\sqrt{2}Ue^{j(\omega t + \varphi_u)}\right] = \mathrm{Re}\left[\sqrt{2}\,\dot{U}e^{j\omega t}\right] \tag{5-11}$$

式中，$\sqrt{2}Ue^{j(\omega t + \varphi_u)}$ 为旋转矢量，$\mathrm{Re}[\ ]$ 表示取实部。这就是说，可以用一个旋转矢量来完整地描述一个正弦量。

例 5-4 已知同频率电流为

$$i_1 = 5\sqrt{2}\cos(\omega t + 45°)\ \mathrm{A}$$

$$i_2 = 10\sqrt{2}\cos(\omega t - 60°)\ \mathrm{A}$$

试写出 i_1、i_2 的相量表示式，画出相量图，并求 $i = i_1 + i_2$。

解 i_1、i_2 的相量为 $\dot{I}_1 = 5\angle 45°\ \mathrm{A}$，$\dot{I}_2 = 10\angle -60°\ \mathrm{A}$。相量图如图 5-5 所示。因 i_1、i_2 为同频率正弦量，故其之和仍为一同频率正弦量。设 $i = \sqrt{2}I\cos(\omega t + \varphi_i)$，其相量 $\dot{I} = I\angle \varphi_1$，则

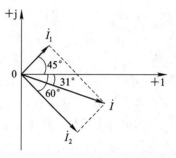

$$\dot{I} = \dot{I}_1 + \dot{I}_2 = 5\angle 45° + 10\angle -60°$$
$$= \left(\frac{5\sqrt{2}}{2} + j\frac{5\sqrt{2}}{2}\right) + \left(\frac{10}{2} - j\frac{10\sqrt{3}}{2}\right)$$
$$= 8.5355 - j5.1247 \approx 10\angle -31°\ \mathrm{A}$$

故

图 5-5 例 5-4 相量图

$$i(t) \approx 10\sqrt{2}\cos(\omega t - 31°)\ \mathrm{A}$$

例 5-5 已知角频率为 ω 的正弦电压的相量为 $\dot{U} = (-3 + j4)\ \mathrm{V}$。试写出其时域表示式。

解 $$\dot{U} = (-3 + j4)\ \mathrm{V} = 5\angle 126.9°\ \mathrm{V}$$

故

$$u = 5\sqrt{2}\cos(\omega t + 126.9°)\ \mathrm{V}$$

练习 5-1 写出下列正弦量的相量形式。

(1) $i_1(t) = 5\sqrt{2}\cos(\omega t + 53.1°)$；

(2) $i_2(t) = 10\sqrt{2}\cos(\omega t - 36.9°)$。

练习 5-1

5. 正弦量的相量运算

在电路分析中，常常遇到正弦量的加、减运算和微分、积分运算，如果用与正弦量相对应的相量进行运算将比较简单。

例 5-6 如果有两个同频率的正弦电压分别为

$$u_1(t) = 220\sqrt{2}\cos\omega t\ \mathrm{V}$$

$$u_2(t) = 220\sqrt{2}\cos(\omega t - 120°)\ \mathrm{V}$$

求 $u_1 + u_2$ 和 $u_1 - u_2$。

解 上述两个电压 u_1 和 u_2 所对应的相量分别为

$$\dot{U}_1 = 220\angle 0°\,\text{V}$$

$$\dot{U}_2 = 220\angle -120°\,\text{V}$$

u_1、u_2 的和与差为

$$u_1 \pm u_2 = \text{Re}\left[\sqrt{2}\,\dot{U}_1\,\text{e}^{\text{j}\omega t}\right] \pm \text{Re}\left[\sqrt{2}\,\dot{U}_2\,\text{e}^{\text{j}\omega t}\right]$$

上式也可写为

$$u_1 \pm u_2 = \text{Re}\left[\sqrt{2}\,(\dot{U}_1 \pm \dot{U}_2)\,\text{e}^{\text{j}\omega t}\right]$$

而相量$\dot{U}_1$、$\dot{U}_2$ 的和与差是复数加、减运算，可以求得

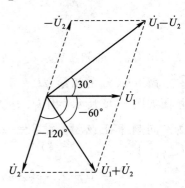

$$\dot{U}_1 + \dot{U}_2 = 220\angle 0° + 220\angle -120°$$
$$= 220 + \text{j}0 - 110 - \text{j}190.5$$
$$= 110 - \text{j}190.5 = 220\angle -60°\,\text{V}$$

$$\dot{U}_1 - \dot{U}_2 = 220\angle 0° - 220\angle -120°$$
$$= 220 + \text{j}0 + 110 + \text{j}190.5$$
$$= 330 + \text{j}190.5 = 381\angle 30°\,\text{V}$$

其相量图如图 5-6 所示。

图 5-6　例 5-6 图

　　根据以上相量，可直接写出：

$$u_1(t) + u_2(t) = 220\sqrt{2}\cos(\omega t - 60°)\,\text{V}$$

$$u_1(t) - u_2(t) = 381\sqrt{2}\cos(\omega t + 30°)\,\text{V}$$

　　例 5-7　如图 5-7 的电路，已知 $R=2\,\Omega$，$L=1\,\text{H}$，激励 $u_\text{s}(t)=8\cos\omega t\,\text{V}$，$\omega=2\,\text{rad/s}$，求电流 $i(t)$ 的稳态响应。

　　解　电路如图 5-7 所示，列写电路方程为

$$L\frac{\text{d}i}{\text{d}t} + Ri = u_\text{s}$$

则可知电路 $i(t)$ 的稳态响应是该微分方程的特解。当激励 u_s 为正弦量时，方程的特解是与 u_s 同频率的正弦量。

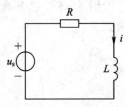

　　设电流和激励电压分别为

$$i(t) = I_\text{m}\cos(\omega t + \varphi_i) = \text{Re}\left[\dot{I}_\text{m}\text{e}^{\text{j}\omega t}\right]$$

$$u_\text{s}(t) = U_\text{sm}\cos\omega t = \text{Re}\left[\dot{U}_\text{sm}\text{e}^{\text{j}\omega t}\right]$$

图 5-7　例 5-7 图

式中，$\dot{U}_\text{sm}=8\angle 0°\,\text{V}$。将它们代入微分方程，得

$$L\frac{\text{d}}{\text{d}t}\text{Re}\left[\dot{I}_\text{m}\text{e}^{\text{j}\omega t}\right] + R\text{Re}\left[\dot{I}_\text{m}\text{e}^{\text{j}\omega t}\right] = \text{Re}\left[\dot{U}_\text{sm}\text{e}^{\text{j}\omega t}\right]$$

根据 Re 的求导和数乘运算得

$$\text{Re}\left[\text{j}\omega L\,\dot{I}_\text{m}\text{e}^{\text{j}\omega t}\right] + \text{Re}\left[R\,\dot{I}_\text{m}\text{e}^{\text{j}\omega t}\right] = \text{Re}\left[\dot{U}_\text{sm}\text{e}^{\text{j}\omega t}\right]$$

由实部运算式得

$$\text{Re}\left[(R+\text{j}\omega L)\dot{I}_\text{m}\text{e}^{\text{j}\omega t}\right] = \text{Re}\left[\dot{U}_\text{sm}\text{e}^{\text{j}\omega t}\right]$$

则有

$$(R+\text{j}\omega L)\dot{I}_\text{m} = \dot{U}_\text{sm}$$

可见，采用相量后，以 $i(t)$ 为未知量的微分方程变换为以相量 $\dot{I}_{\mathrm{m}}$ 为未知量的代数方程。由上式得

$$\dot{I}_{\mathrm{m}} = \frac{\dot{U}_{\mathrm{sm}}}{R + \mathrm{j}\omega L} = \frac{8\angle 0°}{2 + \mathrm{j}2} = 2\sqrt{2}\,\mathrm{e}^{-\mathrm{j}45°}\ \mathrm{A}$$

根据相量 $\dot{I}_{\mathrm{m}}$ 可写出图 5-7 中电流的稳态响应为

$$i(t) = 2\sqrt{2}\cos(\omega t - 45°)\ \mathrm{A}$$

5.3 KCL、KVL 及电路元件伏安关系的相量形式

在正弦稳态电路中，由于在同频率正弦激励作用下电路各处的电压、电流均为同频率的正弦量，因此，可以把正弦量变换为相量来分析计算正弦稳态电路，这种方法称为相量法或频域分析法。利用相量法可以将时域正弦量的微分运算转化为相量的代数运算，求解分析将更为方便。本节给出电路基本定律和 R、L、C 元件伏安特性的相量形式。

1. KCL 的相量形式

在正弦稳态电路中，在任意时刻，对任一节点，有

相量形式
（KCL 和 KVL）

$$\sum_{K=1}^{n} i_K = 0$$

若所有电流为同频率的正弦电流，则可表示为

$$\sum_{K=1}^{n} \mathrm{Re}\left[\sqrt{2}\,\dot{I}_K\,\mathrm{e}^{\mathrm{j}\omega t}\right] = 0$$

由数学理论，上式可写为

$$\mathrm{Re}\left[\sum_{K=1}^{n} \sqrt{2}\,\dot{I}_K\,\mathrm{e}^{\mathrm{j}\omega t}\right] = 0 \qquad\qquad (5-12)$$

式中 $\sum\limits_{K=1}^{n}\sqrt{2}\,\dot{I}_K$ 表示 K 个电流相量之和，其结果仍为一相量，这一相量乘以 $\mathrm{e}^{\mathrm{j}\omega t}$ 表示转速为 ω 的一个旋转矢量。因此式(5-12)的几何意义是旋转矢量 $\sum\limits_{K=1}^{n}\sqrt{2}\,\dot{I}_K\,\mathrm{e}^{\mathrm{j}\omega t}$ 任意时刻在复平面实轴上的投影为零。此式存在的条件是

$$\sum_{K=1}^{n} \dot{I}_K = 0 \qquad\qquad (5-13)$$

这就是 KCL 的相量形式，即在正弦稳态电路中，任一节点上流出（或流入）的电流相量代数和为零。

例 5-8 图 5-8(a)所示电路中节点 a 处，已知

$$i_1(t) = 10\sqrt{2}\cos(\omega t + 53.1°)\ \mathrm{A},\ i_2(t) = 5\sqrt{2}\cos(\omega t - 53.1°)\ \mathrm{A}$$

求 i_3。

解 各支路电流表示为相量 $\dot{I}_1 = 10\angle 53.1°\mathrm{A}$，$\dot{I}_2 = 5\angle -53.1°\mathrm{A}$，$\dot{I}_3 = I_3\angle\varphi_3$，其对应的频域模型（也称相量模型）如图 5-8(c)所示。由 KCL 的相量形式，得

$$-\dot{I}_1 - \dot{I}_2 + \dot{I}_3 = 0$$

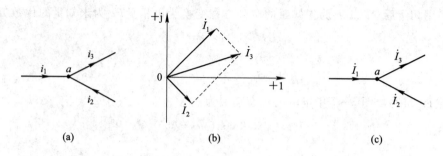

图 5-8　例 5-8 图

故

$$\dot{I}_3 = \dot{I}_1 + \dot{I}_2 = 10\angle 53.1° + 5\angle -53.1° = (6+\mathrm{j}8) + (3-\mathrm{j}4)$$
$$= 9 + \mathrm{j}4 = 9.85\angle 24° \text{ A}$$

所以有

$$i_3 = 9.85\sqrt{2}\cos(\omega t + 24°) \text{ A}$$

相量图如图 5-8(b)所示。

练习 5-2　图 5-9 所示电路中，已知 $i_1(t) = 5\sqrt{2}\cos(\omega t + 53.1°)$ A，$i_2(t) = 10\sqrt{2}\cos$ $(\omega t - 36.9°)$ A，求 $i(t)$。

图 5-9　练习 5-2 图　　　　　　　　　练习 5-2

2. KVL 的相量形式

在正弦稳态电路中，在任意时刻，沿任一回路绕行方向有

$$\sum_{K=1}^{n} u_K = 0$$

由于各支路电压为同频率的正弦量，故与 KCL 类似，可得到

$$\sum_{K=1}^{n} \dot{U}_K = 0$$

这就是 KVL 的相量形式，即在正弦稳态电路中，沿任一回路绕行方向，所有支路电压相量的代数和为零。

例 5-9　图 5-10(a)所示电路，求电压相量 $\dot{U}$，画出相量图。

解　由 KVL 的相量形式可知，沿给定电路顺时针绕行方向有

$$36\angle 0° - 20\angle -53.1° - 30\angle 36.9° + \dot{U} = 0$$

故
$$\dot{U} = -36\angle 0^\circ + 20\angle -53.1^\circ + 30\angle 36.9^\circ$$
$$= (12 - j16) + (24 + j18) - 36 = j2 \text{ V}$$

即 $\dot{U} = 2\angle 90^\circ$ V，相量图如图 5 - 10(b)所示。

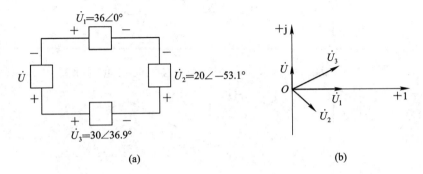

图 5 - 10　例 5 - 9 图

练习 5 - 3　图 5 - 11 所示电路中，已知 $u_1(t) = 6\sqrt{2}\cos(\omega t + 30^\circ)$ V，$u_2(t) = 4\sqrt{2}\cos(\omega t + 60^\circ)$ V，求 $u_3(t)$。

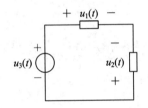

图 5 - 11　练习 5 - 3 图

练习 5 - 3

3. R、L、C 元件伏安关系的相量形式

1）电阻元件

对于图 5 - 12(a)所示的电阻元件 R，当其端电压为
$$u = \sqrt{2}U\cos(\omega t + \varphi_u)$$

时，在关联参考方向下，得到电流为
$$i = \frac{u}{R} = \sqrt{2}\frac{U}{R}\cos(\omega t + \varphi_u) = \sqrt{2}I\cos(\omega t + \varphi_i) \qquad (5-14)$$

R、L、C 元件
伏安关系的
相量形式

式中，
$$I = \frac{U}{R} = GU \quad \text{或} \quad U = RI = \frac{I}{G}$$
$$\varphi_i = \varphi_u \quad \text{或} \quad \varphi = \varphi_u - \varphi_i = 0$$

即若电压 u 为正弦量，则电阻元件中的电流 i 也为同频率的正弦量，且有效值 U、I 与 R 满足欧姆定律，且电流与电压同相位。u 与 i 的波形如图 5 - 12(b)所示。

若 $u(t)$、$i(t)$ 分别用相量 $\dot{U}$、$\dot{I}$ 表示，则电阻元件的频域模型如图 5 - 12(c)所示，其中 $\dot{U} = U\angle\varphi_u$，$\dot{I} = I\angle\varphi_i$。由时域分析可知：

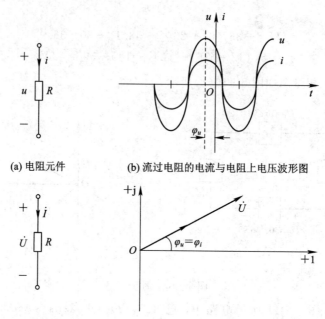

(a) 电阻元件　　　(b) 流过电阻的电流与电阻上电压波形图

(c) 电阻的频域模型　　　(d) 相量图

图 5 - 12　电阻元件

$$\dot{I} = I\angle\varphi_i = \frac{U}{R}\angle\varphi_u = \frac{\dot{U}}{R} = G\dot{U}$$

或

$$\dot{U} = R\dot{I} = \frac{\dot{I}}{G} \tag{5-15}$$

因此，频域电阻元件端电压相量与其电流相量也满足欧姆定律。其相量图如图 5 - 12(d) 所示。

2）电感元件

对于图 5 - 13(a)所示的电感元件 L，若通过的电流 $i=\sqrt{2}I\cos(\omega t+\varphi_i)$，则在关联参考方向下，其端电压为

$$u = L\frac{\mathrm{d}i}{\mathrm{d}t} = L\frac{\mathrm{d}}{\mathrm{d}t}\big[\sqrt{2}I\cos(\omega t+\varphi_i)\big] = \sqrt{2}\omega LI\cos(\omega t+\varphi_i+90°)$$

$$= \sqrt{2}U\cos(\omega t+\varphi_u)$$

其中，$U=\omega LI$，$\varphi_u=\varphi_i+90°$。

可见，若电流 i 为正弦量，则电感元件的端电压 u 也为同频率的正弦量，且 u 超前 i 90°，即相位差 $\varphi=\varphi_u-\varphi_i=\pi/2$。其波形如图 5 - 13(b)所示。

令 $X_L=\omega L=2\pi fL$，X_L 称为电感元件的感抗，单位为 Ω，它是频率的函数。引入感抗后，电感电压有效值可写为

$$U = X_L I \quad\text{或}\quad I = \frac{U}{X_L} \tag{5-16}$$

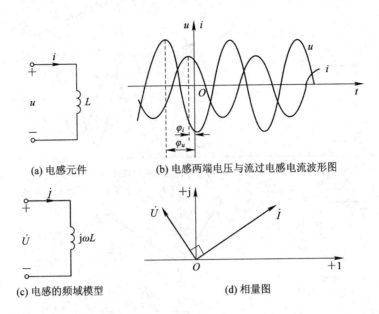

(a) 电感元件　　　　　(b) 电感两端电压与流过电感电流波形图

(c) 电感的频域模型　　　　　(d) 相量图

图 5 - 13　电感元件

式(5 - 16)表征了电感元件的电压与电流有效值之间满足欧姆定律。

若 $i(t)$、$u(t)$ 分别用相量 $\dot{I}$、$\dot{U}$ 表示，其中 $\dot{U} = U\angle\varphi_u$，$\dot{I} = I\angle\varphi_i$，则由时域分析可知：

$$\dot{U} = U\angle\varphi_u = U\angle(\varphi_i + 90°) = X_L I\angle(\varphi_i + 90°) = X_L\dot{I}\angle 90° = \mathrm{j}X_L\dot{I}$$

或

$$\dot{I} = \frac{\dot{U}}{\mathrm{j}X_L} = \frac{\dot{U}}{\mathrm{j}\omega L} = -\mathrm{j}\frac{\dot{U}}{\omega L} \tag{5 - 17}$$

因此，电感元件在频域，其电压与电流相量的关系是一个代数方程。与时域伏安特性相比较，将微分关系转化为代数关系，从分析计算上更为方便。电感元件在频域用 $\mathrm{j}\omega L$ 表示，电感元件的频域模型如图 5 - 13(c)所示，其相量图如图 5 - 13(d)所示。

3) 电容元件

对于图 5 - 14(a)所示的电容元件 C，若端电压 $u = \sqrt{2}U\cos(\omega t + \varphi_u)$，则在关联参考方向下，所通过的电流为

$$i = C\frac{\mathrm{d}u}{\mathrm{d}t} = C\frac{\mathrm{d}}{\mathrm{d}t}\left[\sqrt{2}U\cos(\omega t + \varphi_u)\right] = \sqrt{2}\omega C U\cos(\omega t + \varphi_u + 90°)$$

$$= \sqrt{2}I\cos(\omega t + \varphi_i)$$

可见，若电压 u 为正弦量，则电容 C 中的电流 i 也为同频率的正弦量，且相位差 $\varphi = \varphi_u - \varphi_i = -\pi/2$，即 u 滞后 i 90°。其波形如图 5 - 14(b)所示。

令 $X_C = \dfrac{1}{\omega C}$，$X_C$ 称为电容元件的容抗，单位为 Ω，它也是频率的函数。引入容抗后，电容元件电压与电流有效值之间的关系为

$$I = \frac{U}{X_C} \quad \text{或} \quad U = X_C I \tag{5 - 18}$$

式(5 - 18)反映了电容元件的电压与电流有效值之间满足欧姆定律。

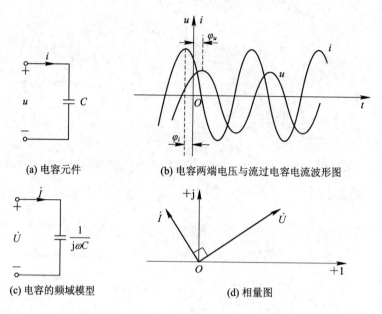

(a) 电容元件　　　(b) 电容两端电压与流过电容电流波形图

(c) 电容的频域模型　　　(d) 相量图

图 5 - 14　电容元件

若 $i(t)$，$u(t)$ 分别用相量 $\dot{I}$、$\dot{U}$ 表示，其中 $\dot{U}=U\angle\varphi_u$，$\dot{I}=I\angle\varphi_i$。

由时域分析可知：

$$\dot{I}=I\angle\varphi_i=\frac{U}{X_C}\angle(\varphi_u+90°)=\frac{\dot{U}}{X_C}\angle 90°=\mathrm{j}\frac{\dot{U}}{X_C}$$

或

$$\dot{U}=-\mathrm{j}X_C\dot{I} \tag{5-19}$$

因此，在频域，电容元件电压相量与电流相量的关系也是一个代数方程关系。与时域伏安特性相比较，将微分关系转化为代数方程关系，也更便于进行分析。电容元件频域模型用 $\dfrac{1}{\mathrm{j}\omega C}$ 来表示，其电容元件的频域模型如图 5 - 14(c) 所示，相量图如图 5 - 14(d) 所示。

从上面讨论可以看到，线性电阻、电感和电容的电压相量与电流相量之间的关系完全和电阻的欧姆定律相似，所以称它们为相量形式的欧姆定律。

例 5 - 10　如图 5 - 15(a) 所示正弦稳态电路中，已知 $i(t)=12\sqrt{2}\cos 2t\,\mathrm{A}$，求 u_1、u_2、u_3 和 u，并画出它们的相量图。

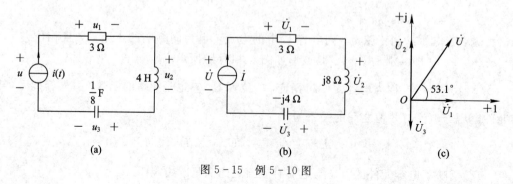

(a)　　　　　　　　(b)　　　　　　　　(c)

图 5 - 15　例 5 - 10 图

解　$\dot{I} = 12\angle 0° \text{ A}$，$X_L = \omega L = 8\ \Omega$，$X_C = \dfrac{1}{\omega C} = 4\ \Omega$，频域电路模型如图 5-15(b)所示。

由各元件相量形式的伏安特性，有

$$\dot{U}_1 = R\dot{I} = 36\angle 0° \text{ V}$$

$$\dot{U}_2 = j\omega L\dot{I} = j96 = 96\angle 90° \text{ V}$$

$$\dot{U}_3 = \frac{1}{j\omega C}\dot{I} = -j48 = 48\angle -90° \text{ V}$$

由 KVL 可得

$$\dot{U} = \dot{U}_1 + \dot{U}_2 + \dot{U}_3 = 36 + j96 - j48 = 60\angle 53.1° \text{ V}$$

故

$$u_1 = 36\sqrt{2}\cos 2t \text{ V}, \quad u_2 = 96\sqrt{2}\cos(2t + 90°) \text{ V}$$

$$u_3 = 48\sqrt{2}\cos(2t - 90°) \text{ V}, \quad u = 60\sqrt{2}\cos(2t + 53.1°) \text{ V}$$

其相量图如图 5-15(c)所示。

练习 5-4　已知图 5-16 所示电路中电压有效值 $U_R = 6\text{ V}$，$U_L = 18\text{ V}$，$U_C = 10\text{ V}$，求 U。

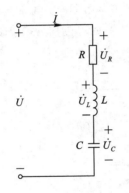

图 5-16　练习 5-4 图　　　　　　　　练习 5-4

练习 5-5　如图 5-17 所示电路中，电流表 A_1、A_2 读数均为 10 A，求电流表 A 的读数。

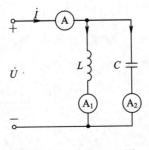

图 5-17　练习 5-5 图　　　　　　　　练习 5-5

5.4 阻抗与导纳

1. 阻抗

对于图 5-18(a)所示的 R、L、C 串联电路，若激励电压源 $u(t)$ 为正弦量，则可画出对应的频域相量模型，如图 5-18(b)所示。由频域模型和相量形式的 KVL 可得

$$\dot{U} = \dot{U}_R + \dot{U}_L + \dot{U}_C$$

代入式(5-15)、式(5-17)、式(5-19)，得

复阻抗

$$\dot{U} = R\dot{I} + \mathrm{j}\omega L\,\dot{I} + \frac{1}{\mathrm{j}\omega C}\dot{I} = \left[R + \mathrm{j}\left(\omega L - \frac{1}{\omega C}\right)\right]\dot{I} = (R + \mathrm{j}X)\dot{I}$$

引入

$$Z = R + \mathrm{j}X \tag{5-20}$$

有

$$\dot{U} = Z\dot{I} \tag{5-21}$$

式中，$Z = R + \mathrm{j}X$ 称为 R、L、C 支路的频域阻抗或复数阻抗，简称复阻抗或阻抗，其实部为电阻部分，虚部 $X = X_L - X_C$ 称为电抗。Z 和 R、X 的单位均为 Ω。式(5-21)称为相量形式的欧姆定律，其频域模型如图 5-18(c)所示。

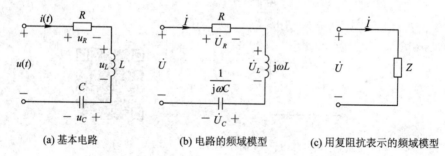

(a) 基本电路　　　　　　　(b) 电路的频域模型　　　　　(c) 用复阻抗表示的频域模型

图 5-18　R、L、C 串联电路

阻抗是一个复数，故也可写为

$$Z = R + \mathrm{j}X = |Z|\angle\varphi_Z \tag{5-22}$$

式中，$|Z| = \sqrt{R^2 + X^2}$ 称为阻抗的模；$\varphi_Z = \arctan\dfrac{X}{R}$ 称为阻抗的辐角，也称为阻抗角。可以看出，阻抗模 $|Z|$、电阻 R 及电抗 X 在数值上符合直角三角形关系，如图 5-19 所示。此直角三角形称为阻抗三角形。

由式(5-21)可得

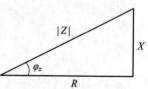

图 5-19　阻抗三角形

$$Z = |Z|\angle\varphi_Z = \frac{\dot{U}}{\dot{I}} = \frac{U\angle\varphi_u}{I\angle\varphi_i} = \frac{U}{I}\angle(\varphi_u - \varphi_i)$$

可见，阻抗模 $|Z|$ 为电压有效值与电流有效值 I 之比，即 $|Z|=U/I$；阻抗角 φ_Z 反映了电压 $\dot{U}$ 超前电流 $\dot{I}$ 的相位差角，即 $\varphi_Z=\varphi_u-\varphi_i$。

需要强调的是，阻抗虽是复数，但它与相量不同。相量表示正弦量，而阻抗仅反映电路频域的性质，不代表正弦量，所以在 Z 上不加小黑点，以便与相量相区别。事实上，对于 $Z=R+jX$，由于 X 与电路的工作频率有关，故对应频率不同，X 也不同，即电路性质不同。当 $X>0$ 时，$\varphi_Z>0$，$\dot{U}$ 超前 $\dot{I}$，电路对外呈电感性；当 $X<0$ 时，$\varphi_Z<0$，$\dot{U}$ 滞后 $\dot{I}$，电路对外呈电容性；当 $X=0$ 时，$\varphi_Z=0$，$\dot{U}$ 与 $\dot{I}$ 相同，电路对外呈电阻性。

例 5 - 11　对于图 5 - 18(a)所示电路，若 $R=15\ \Omega$，$L=12\ \mathrm{mH}$，$u=100\sqrt{2}\cos(5000t)$ V，$C=5\ \mu\mathrm{F}$，求电路阻抗 Z、电流 i 和各元件上的电压时域表达式。

解　$\dot{U}=100\angle 0°$ V，其频域模型如图 5 - 18(b)所示。其中 $j\omega L=j60\ \Omega$，$-j\dfrac{1}{\omega C}=-j40\ \Omega$，故电路阻抗为

$$Z=R+j\left(\omega L-\frac{1}{\omega C}\right)=15+j(60-40)=15+j20=25\angle 53.13°\ \Omega$$

电路中电流相量为

$$\dot{I}=\frac{\dot{U}}{Z}=\frac{100\angle 0°}{25\angle 53.13°}=4\angle-53.13°\ \mathrm{A}$$

$$\dot{U}_R=R\dot{I}=15\times 4\angle-53.13°=60\angle-53.13°\ \mathrm{V}$$

$$\dot{U}_L=j\omega L\dot{I}=j60\times 4\angle-53.13°=240\angle 36.87°\ \mathrm{V}$$

$$\dot{U}_C=-j\frac{1}{\omega C}\dot{I}=-j40\times 4\angle-53.13°=160\angle-143.13°\ \mathrm{V}$$

其相量图如图 5 - 20 所示。电流和各元件电压的时域表达式分别是

$$i=4\sqrt{2}\cos(5000t-53.13°)\ \mathrm{A}$$

$$u_R=60\sqrt{2}\cos(5000t-53.13°)\ \mathrm{V}$$

$$u_L=240\sqrt{2}\cos(5000t+36.87°)\ \mathrm{V}$$

$$u_C=169\sqrt{2}\cos(5000t-143.13°)\ \mathrm{V}$$

可见，在正弦稳态电路中，有的元件上的电压可能比激励源电压高很多。

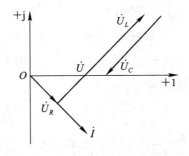

图 5 - 20　例 5 - 11 相量图

2. 导纳

对于同一支路，定义阻抗 Z 的倒数为复导纳，简称导纳，即

$$Y = \frac{\dot{I}}{\dot{U}} = \frac{1}{Z} = G + jB \qquad (5-23)$$

复导纳

导纳的单位为西门子（S）。式（5-23）中，G 为导纳的电导；B 为导纳的电纳，一般由两部分组成，即

$$B = B_C - B_L \qquad (5-24)$$

式中，B_C 称为容纳，B_L 称为感纳。

导纳的物理意义为

$$Y = |Y| \angle \varphi_Y = \frac{\dot{I}}{\dot{U}} = \frac{I}{U} \angle (\varphi_i - \varphi_u)$$

故有

$$|Y| = \frac{I}{U} = \frac{1}{|Z|}, \quad \varphi_Y = \varphi_i - \varphi_u = -\varphi_Z$$

即 $|Y|$ 等于电流与电压有效值之比，且与 $|Z|$ 互为倒数；φ_Y 是电流 $\dot{I}$ 超前电压 $\dot{U}$ 的角度，与 φ_Z 符号相反。

与 Z 类似，导纳的模 $|Y|$、电导 G 和电纳 B 也可以组成一个直角三角形，此三角形称为导纳三角形。

值得注意的是，当 $B>0$ 时，$\varphi_Y>0$，电路对外呈电容性，$\dot{I}$ 超前 $\dot{U}$；当 $B<0$ 时，$\varphi_Y<0$，电路对外呈电感性，$\dot{I}$ 滞后 $\dot{U}$；当 $B=0$ 时，$\varphi_Y=0$，电路对外呈电阻性，$\dot{I}$ 与 $\dot{U}$ 同相位。

由于 Z 和 Y 都同样地表征了 $\dot{U}$ 和 $\dot{I}$ 之间的大小和相位关系，因此两者是相互等效的。这样，对于同一个支路既可用 Z 表示，也可用 Y 表示。

对于 R、L、C 单个元件，其阻抗和导纳分别为

电阻元件：$\quad\quad\quad\quad Z = R, \ Y = \dfrac{1}{R} = G$

电感元件：$\quad\quad\quad\quad Z = j\omega L = jX_L, \ Y = \dfrac{1}{j\omega L} = -j\dfrac{1}{X_L} = -jB_L$

电容元件：$\quad\quad\quad\quad Z = \dfrac{1}{j\omega C} = -jX_C, \ Y = j\omega C = j\dfrac{1}{X_C} = jB_C$

例 5-12　如图 5-21(a)所示电路中，已知 $R=10\,\Omega$，$X_L=15\,\Omega$，$X_C=8\,\Omega$，电路两端电压 $U=120\,\text{V}$，$f=50\,\text{Hz}$，求电路的导纳、电流 $\dot{I}_R$、$\dot{I}_L$、$\dot{I}_C$ 及总电流 $\dot{I}$；画出相量图。

解　设 $\dot{U}=120\angle 0°\,\text{V}$，则导纳为

$$Y = \frac{1}{R} + jB_C - jB_L = \frac{1}{R} + j\frac{1}{X_C} - j\frac{1}{X_L} = \frac{1}{10} + j\frac{1}{8} - j\frac{1}{15}$$

$$= 0.1 + j0.125 - j0.067 = 0.1 + j0.058$$

$$= 0.1156\angle 30.11°\,\text{S}$$

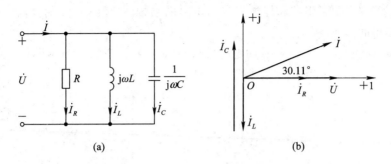

图 5 - 21　例 5 - 12 图

电流为

$$\dot{I}_R = \frac{\dot{U}}{R} = \frac{120\angle 0°}{10} = 12\angle 0° \text{ A}$$

$$\dot{I}_L = \frac{\dot{U}}{jX_L} = \frac{120\angle 0°}{j15} = -j8 = 8\angle -90° \text{ A}$$

$$\dot{I}_C = \frac{\dot{U}}{-jX_C} = \frac{120\angle 0°}{-j8} = +j15 = 15\angle 90° \text{ A}$$

$$\dot{I} = \dot{I}_R + \dot{I}_L + \dot{I}_C = 12 - j8 + j15 = 12 + j7 \approx 13.9\angle 30.3° \text{ A}$$

或

$$\dot{I} = \dot{U}Y = 120\angle 0° \times 0.1156\angle 30.11° \approx 13.9\angle 30.11° \text{ A}$$

其相量图如图 5 - 21(b)所示。

3. 阻抗与导纳的等效变换

一般情况下，对于一个独立无源单口正弦稳态网络，在保持端口等效条件下，可以用一个阻抗 Z 或导纳 Y 来等效代替。因为对于同一个端口，有

$$ZY = 1$$

故 Z 和 Y 可相互等效变换。

阻抗与导纳的
等效变换

若将 $Z = R + jX$，即 R 与 X 的串联组合，变换为 $Y = G + jB$，即 G 与 B 的并联组合，则有

$$Y = \frac{1}{Z} = \frac{1}{R + jX} = \frac{R}{R^2 + X^2} - j\frac{X}{R^2 + X^2} = G + jB \tag{5 - 25}$$

可见，并联的等效电导和电纳分别为

$$G = \frac{R}{R^2 + X^2}, \quad B = \frac{-X}{R^2 + X^2}$$

同理，若将 Y 等效变换为 Z，有

$$Z = \frac{1}{Y} = \frac{G}{G^2 + B^2} - j\frac{B}{G^2 + B^2} = R + jX \tag{5 - 26}$$

即串联的等效电阻和电抗分别为

$$R = \frac{G}{G^2 + B^2}, \quad X = \frac{-B}{G^2 + B^2}$$

阻抗和导纳概念的引入，丰富和发展了正弦稳态电路的内容，为正弦稳态电路的分析

提供了频域的数学关系。阻抗和导纳不仅与电路的结构、参数有关，而且与电路的工作频率有关，是频率的函数。

例 5-13　将图 5-22(a)所示的电路等效变换为图 5-22(b)所示的等效电路，求图 5-22(b)所示电路的参数，已知 $f = 50\,\text{Hz}$。

例 5-13

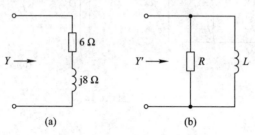

(a)　　　　　　　　(b)

图 5-22　例 5-13 图

解　对于图 5-22(a)，$Z = 6 + \text{j}8 = 10\angle 53.1°\,\Omega$，故有

$$Y = \frac{1}{Z} = 0.1\angle -53.1° = 0.06 - \text{j}0.08\,\text{S}$$

对于图 5-22(b)，$Y' = \frac{1}{R} + \frac{1}{\text{j}\omega L} = \frac{1}{R} - \text{j}\frac{1}{\omega L}$，由等效条件可知，$Y' = Y$，则应有

$$\frac{1}{R} = 0.06, \quad \frac{1}{\omega L} = 0.08$$

所以有

$$R \approx 16.67\,\Omega$$

$$L = \frac{1}{0.08\omega} = \frac{1}{0.08 \times 100\pi} \approx 0.04\,\text{H}$$

例 5-14　求图 5-23(a)所示电路的等效串联电路，已知 $\omega = 5000\,\text{rad/s}$。

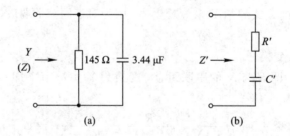

(a)　　　　　　　　(b)

图 5-23　例 5-14 图

解　图 5-23(a)所示电路的等效串联电路如图 5-23(b)所示。对图 5-23(a)电路，有

$$Y = \frac{1}{145} + \text{j}5000 \times 3.44 \times 10^{-6} = 0.0185\angle 68.2°\,\text{S}$$

故有

$$Z = \frac{1}{Y} = \frac{1}{0.0185\angle 68.2°} = 20 - \text{j}50\,\Omega$$

对于图 5-23(b)所示的电路，有

$$Z' = R' + \frac{1}{\text{j}\omega C'} = R' - \text{j}\frac{1}{\omega C'}$$

上述两式应相等，即应有 $Z=Z'$，从而

$$R' = 20\,\Omega, \qquad \frac{1}{\omega C'} = 50$$

故

$$C' = \frac{1}{50\omega} = \frac{1}{50 \times 5000} = 4\,\mu\mathrm{F}$$

5.5　正弦稳态电路频域分析

　　由于相量形式的基尔霍夫定律与欧姆定律在形式上与电阻电路中的基尔霍夫定律和欧姆定律类似，因此关于电阻电路分析的各种方法（支路法、网孔法、节点法）、定理（齐次定理、叠加定理、等效电源定理、替代定理、互易定理）以及电路的各种等效变换原则，均适用于正弦电流电路的稳态分析，只是此时必须在频域中进行，所有电量用相量表示，各支路用阻抗（或导纳）代替，相应的运算是复数运算。其步骤如下：

正弦稳态电路频域分析

　　(1) 从时域到频域的正变换，即先将已知的时间正弦激励函数变换为相量，将时域电路变换为频域电路，将待求的正弦电量用相量表示。

　　(2) 频域运算，即应用复数代数理论和电路理论在频域中进行分析计算，以求得待求量的频域解——相量。

　　(3) 从频域到时域的变换，即将求得的各电量的相量反变换为时域解——正弦量的时间函数表示式。

1. 无源电路的等效电路

1) 阻抗串联

n 个阻抗串联的电路如图 5-24 所示，其等效阻抗（即输入阻抗）为

$$Z = \sum_{k=1}^{n} Z_k \quad (k = 1, 2, \cdots, n)$$

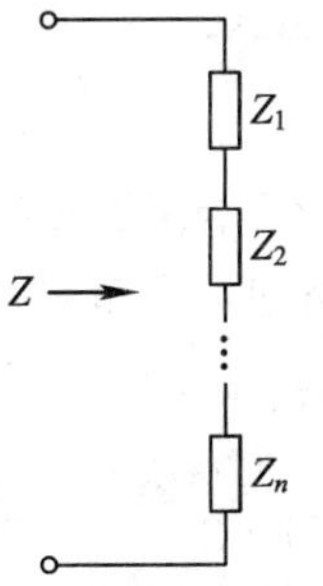

图 5-24　阻抗串联

2) 导纳并联

n 个导纳并联的电路如图 5-25 所示，其等效导纳（即输入导纳）为

$$Y = \sum_{k=1}^{n} Y_k \quad (k = 1, 2, \cdots, n)$$

当两个阻抗并联(见图 5 - 26)时，其等效阻抗为

$$Z = \frac{Z_1 Z_2}{Z_1 + Z_2}$$

而支路电流为

$$\dot{I}_1 = \frac{Z_2}{Z_1 + Z_2}\dot{I}$$

$$\dot{I}_2 = \frac{Z_1}{Z_1 + Z_2}\dot{I}$$

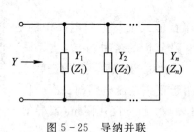

图 5 - 25　导纳并联　　　　　　　　图 5 - 26　两个阻抗并联

3) 无独立源单口电路的输入阻抗与输入导纳

一般的无独立源单口电路如图 5 - 27(a)所示，其输入阻抗与输入导纳的定义分别为

$$Z = \frac{\dot{U}}{\dot{I}}$$

$$Y = \frac{\dot{I}}{\dot{U}} = \frac{1}{Z}$$

可见，$ZY = 1$。其等效电路如图 5 - 27(b)所示。

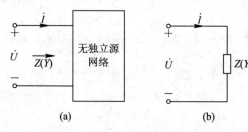

(a)　　　　　　　　　　　　(b)

图 5 - 27　无独立源单口电路

例 5 - 15　如图 5 - 28(a)所示电路中，已知 $R = 8\ \Omega$，$R_1 = 15\ \Omega$，$R_2 = 10\ \Omega$，$L = 4\ \text{mH}$，$C = 20\ \mu\text{F}$，$u = \sqrt{2} \times 210\cos 5000t\ \text{V}$，求 i、i_1、i_2。

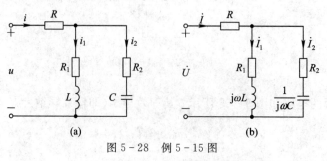

(a)　　　　　　　　　　　(b)

图 5 - 28　例 5 - 15 图

解　其频域电路如图 5-28(b)所示，其中 $\dot{U}=210\angle0°$，$\omega L=20\ \Omega$，$\dfrac{1}{\omega C}=10\ \Omega$。

$$Z_1 = R_1 + j\omega L = 15 + j20 = 25\angle53.1°\ \Omega$$

$$Z_2 = R_2 + \frac{1}{j\omega C} = 10 - j10 = 14.14\angle-45°\ \Omega$$

$$Z_{12} = \frac{Z_1 Z_2}{Z_1 + Z_2} = 13.2\angle-13.7° = 12.8 - j3.12\ \Omega$$

$$Z = R + Z_{12} = 8 + 12.8 - j3.12 = 21\angle-8.5°\ \Omega$$

$$\dot{I} = \frac{\dot{U}}{Z} = \frac{210\angle0°}{21\angle-8.5°} = 10\angle8.5° = 9.89 + j1.48\ \text{A}$$

$$\dot{I}_1 = \frac{Z_2}{Z_1 + Z_2}\dot{I} = 5.26\angle-58.3° = 2.764 - j4.475\ \text{A}$$

$$\dot{I}_2 = \dot{I} - \dot{I}_1 = 7.13 + j5.95 = 9.29\angle39.8°\ \text{A}$$

或

$$\dot{I}_2 = \frac{Z_1}{Z_1 + Z_2}\dot{I} = 9.29\angle39.8°\ \text{A}$$

故

$$i = \sqrt{2}\times10\cos(5000t+8.5°)\ \text{A}$$

$$i_1 = \sqrt{2}\times5.26\cos(5000t-58.3°)\ \text{A}$$

$$i_2 = \sqrt{2}\times9.29\cos(5000t+39.8°)\ \text{A}$$

例 5-16　如图 5-29 所示电路中，已知 $U=100\ \text{V}$，$R=20$ Ω，$R_1=6.5\ \Omega$，当调节触点 c 使 $R_{ac}=4\ \Omega$ 时，电压表的读数为最小值30 V。求 Z。

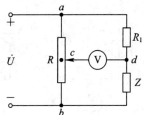

图 5-29　例 5-16 图

解　取 $\dot{U}=100\angle0°\ \text{V}$。因有

$$\dot{U}_{cd} = -\dot{U}_{ac} + \dot{U}_{ad} = -\frac{\dot{U}}{R}R_{ac} + \frac{\dot{U}}{R_1+Z}R_1$$

由此式看出，当 R_{ac} 变化时，只改变 $\dot{U}_{cd}$ 的实部，$\dot{U}_{cd}$ 的虚部与 R_{ac} 无关。故当等号右端的实部为零时，U_{cd} 的值最小，等号左端此时也只能有虚部，即 $\dot{U}_{cd}=\pm j30\ \text{V}$。故有

$$\pm j30 = -\frac{100\angle0°\times4}{20} + \frac{100\angle0°\times6.5}{6.5+Z} = -20 + \frac{650}{6.5+Z}$$

解之得

$$Z = 3.5 \mp j15$$

即 Z 可以是电阻与电感的串联支路，也可以是电阻与电容的串联支路。

例 5-17　如图 5-30(a)所示电路，求输入阻抗 Z。

解　用外加电压源法求解如图 5-30(b)所示，故对节点 N 可列出 KCL 方程为

$$\dot{I}_s + 0.5\dot{U}_C = \frac{\dot{U}_s - (6-j6)\dot{I}_s}{j12}$$

又有 $\dot{U}_C = -\text{j}6\,\dot{I}_\text{s}$，代入上式解得

$$Z = \frac{\dot{U}_\text{s}}{\dot{I}_\text{s}} = 42.4 \angle 8.13° \ \Omega$$

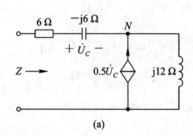 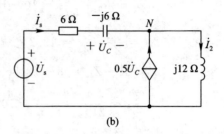

图 5 - 30　例 5 - 17 图

2. 电压源与电流源的等效变换

频域电压源电路如图 5 - 31(a)所示，图 5 - 31(b)则为其等效变换电流源电路。其中：

$$\dot{I}_\text{sc} = \frac{\dot{U}_\text{s}}{Z_\text{s}}$$

频域电流源电路如图 5 - 32(a)所示，图 5 - 32(b)则为其等效变换电压源电路。其中：

$$\dot{U}_\text{oc} = Z_\text{s}\,\dot{I}_\text{s}$$

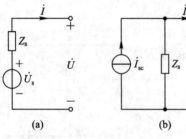 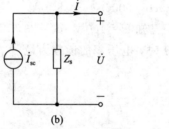 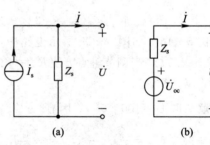

图 5 - 31　电压源等效变换为电流源　　　　图 5 - 32　电流源等效变换为电压源

3. 网孔法与节点法

例 5 - 18　如图 5 - 33 所示电路，列写出网孔方程与节点方程。

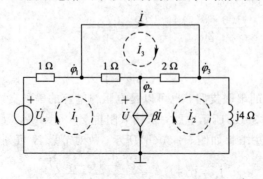

图 5 - 33　例 5 - 18 图

解 设三个网孔电流的参考方向如图 5-33 所示，并设受控电流源的端电压为 $\dot{U}$，于是可列出网孔 KVL 方程为

$$\left.\begin{array}{l} 2\dot{I}_1 - \dot{I}_3 + \dot{U} = \dot{U}_s \\ (2+\text{j}4)\dot{I}_2 - 2\dot{I}_3 = \dot{U} \\ -\dot{I}_1 - 2\dot{I}_2 + 3\dot{I}_3 = 0 \end{array}\right\}$$

又有

$$\dot{I}_1 - \dot{I}_2 = \beta\dot{I}, \quad \dot{I} = \dot{I}_3$$

联立求解，可得 $\dot{I}_1$、$\dot{I}_2$、$\dot{I}_3$、$\dot{U}$。

设电路中三个独立节点的电位为 $\dot{\varphi}_1$、$\dot{\varphi}_2$、$\dot{\varphi}_3$，于是可列出节点 KCL 方程为

$$\left.\begin{array}{l} 2\dot{\varphi}_1 - \dot{\varphi}_2 = \dot{U}_s - \dot{I} \\ -\dot{\varphi}_1 + 1.5\dot{\varphi}_2 - 0.5\dot{\varphi}_3 = -\beta\dot{I} \\ -0.5\dot{\varphi}_2 + (0.5 - \text{j}0.25)\dot{\varphi}_3 = \dot{I} \end{array}\right\}$$

又有 $\dot{\varphi}_1 - \dot{\varphi}_3 = 0$，联解即可求得 $\dot{\varphi}_1$、$\dot{\varphi}_2$、$\dot{\varphi}_3$。

练习 5-6 如图 5-34 所示电路，已知 $u(t) = 210\sqrt{2}\cos(5000t)$ V，求 $i_1(t)$、$i_2(t)$ 和 $i(t)$。

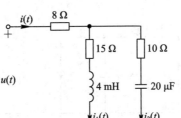
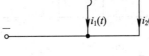

练习 5-6

图 5-34 练习 5-6 图

4. 等效电源定理

例 5-19 如图 5-35(a)所示电路中，用等效电压源定理求 $\dot{U}_2$、$\dot{I}_2$，已知 $Z = 3+\text{j}3\ \Omega$。

解 按图 5-35(b)求开路电压 $\dot{U}_{oc} = 4.24\angle-45°$ V；按图 5-35(c)求短路电流 $\dot{I}_{sc} = 1\angle0°$ A，于是得输出阻抗为

$$Z_o = \frac{\dot{U}_{oc}}{\dot{I}_{sc}} = \frac{4.24\angle-45°}{1\angle0°} = 4.24\angle-45° = 3-\text{j}3\ \Omega$$

其等效电路如图 5-35(d)所示。

根据图 5-35(d)得

$$\dot{I}_2 = \frac{\dot{U}_{oc}}{Z_o + Z} = \frac{4.24\angle-45°}{3-\text{j}3+3-\text{j}3} = 0.707\angle-45° = \frac{1}{\sqrt{2}}\angle-45°\ \text{A}$$

$$\dot{U}_2 = Z\dot{I}_2 = (3+\text{j}3)\times\frac{1}{\sqrt{2}}\angle-45° = 3\ \text{V}$$

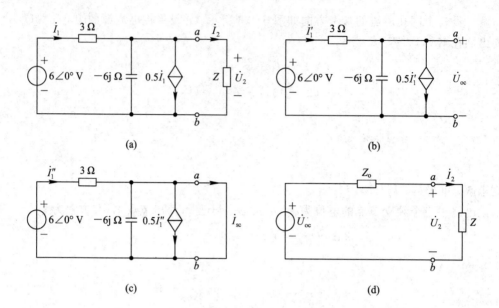

图 5 – 35　例 5 – 19 图

例 5 – 20　如图 5 – 36(a)所示电路，试证明当 $X_L = X_C$ 时，不论阻抗 Z 如何改变(但 $Z \neq \infty$)，$\dot{I}$ 都保持定值。

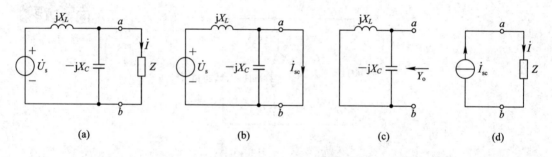

图 5 – 36　例 5 – 20 图

解　此题用等效电流源定理求解较为简便，但不能用等效电压源定理求。因为此时的开路电压和电路的输入阻抗均为无穷大，故只能用等效电流源定理求解。

按图 5 – 36(b)所示的电路求短路电流 $\dot{I}_{sc}$，即

$$\dot{I}_{sc} = \frac{\dot{U}_s}{jX_L} = -j\frac{\dot{U}_s}{X_L}$$

按图 5 – 36(c)所示的电路求输入导纳 Y_o，即

$$Y_o = \frac{1}{jX_L} - \frac{1}{jX_C} = 0$$

故得到的等效电流源电路如图 5 – 36(d)所示。由图 5 – 36(d)得

$$\dot{I} = \dot{I}_{sc} = -j\frac{\dot{U}}{X_L}$$

可见，$\dot{I}$ 与 Z 无关，即当 Z 变化时，$\dot{I}$ 恒不变。

例 5 - 21　如图 5 - 37(a)所示电路中，ω、L、C 均已知(即 X_C、X_L 已知)。今欲使 Z 变化(但 $Z \neq 0$)时 $\dot{U}$ 不变，问电抗 X 应为何值？

解　本例用等效电压源定理求解较为方便。如图 5 - 37(b)所示，其中 $\dot{U}_{oc}$ 和 Z_o 分别为 a - b 两端以左电路的开路电压和内阻抗(注意 $\dot{U}_{oc}$ 可不必具体求出)。

由图 5 - 37(b)可见，欲使 Z 变化时 $\dot{U}$ 不变，则必须有 $Z_o = 0$(因为当 X 确定后，$\dot{U}_{oc}$ 即为定值)，即

$$Z_o = \mathrm{j}X_L + \frac{\mathrm{j}X(-\mathrm{j}X_C)}{\mathrm{j}X - \mathrm{j}X_C} = 0$$

解得

$$X = \frac{X_L X_C}{X_L - X_C} = \frac{\omega L \dfrac{1}{\omega C}}{\omega L - \dfrac{1}{\omega C}} = \frac{\omega L}{\omega^2 LC - 1}$$

X 可能是感抗，也可能是容抗，视 ω、L、C 的具体数值而定。

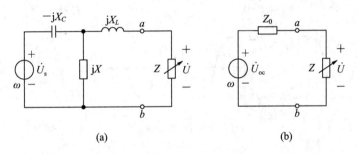

(a)　　　　　　　　　　(b)

图 5 - 37　例 5 - 21 图

练习 5 - 7　如图 5 - 38 所示电路，已知 $u(t) = 60\sqrt{2}\cos(10^4 t)\,\mathrm{V}$，分别求 $R = 75\,\Omega$、$25\,\Omega$ 时的负载电流 $i(t)$。

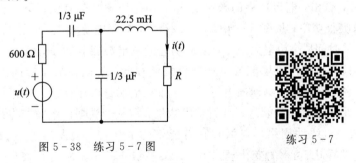

图 5 - 38　练习 5 - 7 图　　　　　　　练习 5 - 7

5.6　正弦稳态电路的功率

1. 瞬时功率

对于任意线性无独立源单口网络 N，如图 5 - 39 所示，若端口电压、电流分别为

$$u(t) = \sqrt{2}U\cos(\omega t + \varphi_u)$$

$$i(t) = \sqrt{2}I\cos(\omega t + \varphi_i)$$

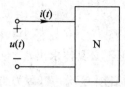

无源单口
网络的功率

图 5-39   无独立源单口网络

则单口网络吸收的瞬时功率为

$$p(t) = u(t)i(t) = UI\cos(\varphi_u - \varphi_i) + UI\cos(2\omega t + \varphi_u + \varphi_i) \tag{5-27}$$

若 N 为一个电阻元件，则 $\varphi_u - \varphi_i = 0$，即 u、i 同相，$p(t) = UI + UI\cos(2\omega t + \varphi_u + \varphi_i)$，其曲线如图 5-40(a)所示。

若 N 为一个电感元件，则 $\varphi_u - \varphi_i = 90°$，即 u、i 正交，$p(t) = UI\cos(2\omega t + \varphi_u + \varphi_i)$，其曲线如图 5-40(b)所示。

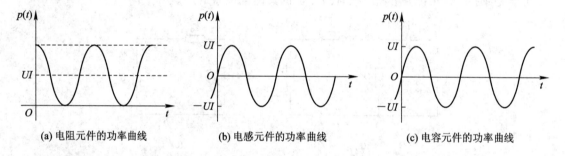

(a) 电阻元件的功率曲线   (b) 电感元件的功率曲线   (c) 电容元件的功率曲线

图 5-40   R、L、C 元件的功率 $p(t)$ 的曲线

若 N 为一个电容元件，则 $\varphi_u - \varphi_i = -90°$，即 u、i 正交，$p(t) = UI\cos(2\omega t + \varphi_u + \varphi_i)$，其曲线如图 5-40(c)所示。

从图 5-40(a)看出，电阻功率的频率是 2ω，并在任意时刻其值满足 $p(t) \geqslant 0$，它表明电阻总是从电源吸收功率；从图 5-40(b)、(c)看出，对于电感和电容，其功率随时间按 2ω 频率变化，并在某时间段，功率大于零，这表明它们从电源吸收能量，由于它们是理想元件不能消耗能量，只能将其以磁场能或电场能形式储存起来；而在另一时间段，吸收的功率小于零，这表明它们发出能量，即向电源输送电能，也就是将原存储的能量再送回电源。所以，电感和电容元件时而吸收能量、时而发出能量，在一个周期内吸收与发出的能量相等。

若 N 为一般单口线性网络，则可知它有能量的消耗，也会发出能量。消耗的功率为 $UI\cos(\varphi_u - \varphi_i)$，"吞吐"功率的变化规律为 $UI\cos(2\omega t + \varphi_u + \varphi_i)$。

2. 平均功率

平均功率定义为在一个周期内瞬时功率 $p(t)$ 的平均值，即

$$P = \frac{1}{T}\int_0^T p(t)\mathrm{d}t \tag{5-28}$$

将式(5-27)代入式(5-28)，有

$$P = UI\cos(\varphi_u - \varphi_i) = UI\cos\varphi \tag{5-29}$$

式中 $\varphi = \varphi_u - \varphi_i$。

可见，平均功率不仅取决于电流与电压的大小，也与两者的相位差 φ 的余弦有关。因此，$\cos\varphi$ 称为功率因数，相位差 φ 又称功率因数角。对于无源单口网络，功率因数角与其等效复阻抗阻抗角相等。显然，对于电阻元件，$\cos\varphi = 1$，平均功率为

$$P = UI = \frac{U^2}{R} = RI^2 \tag{5-30}$$

而对于电感、电容元件，$\varphi = \pm 90°$，$\cos\varphi = 0$，故平均功率为零。

可见，平均功率就是电路中电阻消耗的功率，故也称为有功功率，单位为瓦（W）。

3. 无功功率

无功功率是用来表示电路中储能元件与电源进行能量交换的最大速率，即"吞吐"功率的最大值，用 Q 表示，并定义为

$$Q = UI\sin(\varphi_u - \varphi_i) = UI\sin\varphi \tag{5-31}$$

无功功率的单位为乏（Var）。

对于电感元件，有

$$Q_L = UI\sin 90° = UI = \frac{U^2}{X_L} = X_L I^2 \tag{5-32}$$

对于电容元件，有

$$Q_C = UI\sin 90° = UI = \frac{U^2}{X_C} = X_C I^2 \tag{5-33}$$

对于不含独立电源和受控源的一般网络，无功功率可由式（5-31）确定，也可求出所有电感元件的无功功率 Q_L 和所有电容元件的无功功率 Q_C，然后由

$$Q = Q_L - Q_C \tag{5-34}$$

确定总的无功功率。

4. 视在功率

对于图 5-39 所示的单口网络，定义视在功率为网络电压有效值 U 与电流有效值 I 之乘积，用大写字母 S 表示，即

$$S = UI \tag{5-35}$$

单位为伏安（VA）。一般电器设备给出的额定容量就是视在功率。

根据有功功率、无功功率和视在功率的定义，显然有

$$P^2 + Q^2 = (UI\cos\varphi)^2 + (UI\sin\varphi)^2 = S^2$$

或

$$S = \sqrt{P^2 + Q^2} \tag{5-36}$$

又

$$\frac{Q}{P} = \frac{UI\sin\varphi}{UI\cos\varphi} = \tan\varphi \tag{5-37}$$

即在数量上 P、Q、S 符合直角三角形三边关系，如图 5-41 所示，此三角形称为功率三角形。

需要指出，P、Q、S 三者虽然都称为"功率"，但它们的含义

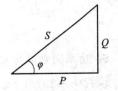

图 5-41　功率三角形

完全不同。P 是电路消耗的功率；Q 是电路吞吐功率的最大值，反映了电源与储能元件之间功率交换的情况；S 则是用来表征电器设备的容量。因此三者具有不同的单位，以示区别，并且 P、Q、S 不代表正弦量，故不能在其大写字母上打小黑点。功率三角形中的三条边只代表三者数值之间的关系。

例 5 - 22　如图 5 - 42 所示电路中，负载 Z_1 为容性，其功率 $P_1 = 10\,\text{kW}$，$\cos\varphi_1 = 0.8$；负载 Z_2 为感性，其功率 $P_2 = 15\,\text{kW}$，$\cos\varphi_2 = 0.6$。求电流 $\dot{I}$。

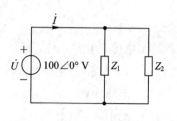

图 5 - 42　例 5 - 22 图

解　对于负载 Z_1，有

$$S_1 = \frac{P_1}{\cos\varphi_1} = \frac{10}{0.8} = 12.5\,\text{kVA}$$

$$Q_C = S_1 \sin\varphi_1 = 7.5\,\text{kVar}$$

对于负载 Z_2，有

$$S_2 = \frac{P_2}{\cos\varphi_2} = \frac{15}{0.6} = 25\,\text{kVA}$$

$$Q_L = S_2 \sin\varphi_2 = 25 \times 0.8 = 20\,\text{kVar}$$

故电路负载的总有功功率为 $P = P_1 + P_2 = 25\,\text{kW}$，总无功功率为 $Q = Q_L - Q_C = 12.5\,\text{kVar}$，总视在功率为 $S = \sqrt{P^2 + Q^2} = 27.95\,\text{kVA}$（注：$S \neq S_1 + S_2$），电路负载总的功率因数角为

$$\varphi = \arctan\frac{Q}{P} = \arctan\frac{12.5}{25} = 26.6°$$

电源供给的电流有效值为

$$I = \frac{S}{U} = \frac{27.95 \times 10^3}{100} = 279.5\,\text{A}$$

因 $Q_L > Q_C$，电路呈电感性，因此有

$$\dot{I} = 279.5\angle -26.6°\,\text{A}$$

练习 5 - 8　如图 5 - 43 所示电路中，已知 $f = 50\,\text{Hz}$，求图 5 - 43(a)、(b) 中的 P、Q、S、$\cos\varphi$。

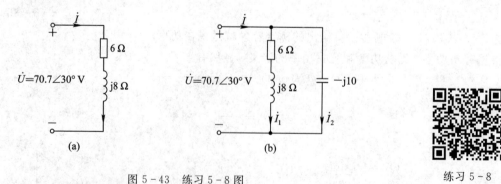

图 5 - 43　练习 5 - 8 图

练习 5 - 8

5. 功率因数的提高

由式 (5 - 29) 可以看出，当负载功率 P 一定，并且电压 U 给定时，$\cos\varphi$ 越大，则电流 I 就越小，从而消耗在传输线上的功率越小；另外，电流 I 小了，导线可以细些，从而不仅节

约了材料,而且降低了对传输电能的设备和线路的要求。可见,在电力传输过程中,提高功率因数 $\cos\varphi$ 具有极大的技术效益和经济效益。

由于感性无功功率 Q_L 与容性无功功率 Q_C 相互补偿,因此若在感性负载(用电设备多为感性)上并联一个适当的电容,则负载所需的无功功率部分或全部由电容补偿,从而减少或消除了由电源供给的无功功率,且不影响负载的有功功率,达到提高功率因数的目的。

下面以图 5 – 44(a)所示电路为例,研究将功率因数 $\cos\varphi_1$ 提高到 $\cos\varphi_2$ 时,需要并联电容 C 值的公式。图 5 – 44(a)中的负载为感性(R 与 L),其功率 P 已知,功率因数为 $\cos\varphi_1$;并联电容 C 后,电路功率因数为 $\cos\varphi_2$。由功率三角形有

$$Q_L = P\tan\varphi_1$$
$$Q_C = U^2\omega C$$

又

$$Q = Q_L - Q_C$$
$$Q = P\tan\varphi_2$$
$$P\tan\varphi_2 = P\tan\varphi_1 - U^2\omega C$$

故并联电容为

$$C = \frac{P}{\omega U^2}(\tan\varphi_1 - \tan\varphi_2) \qquad (5-38)$$

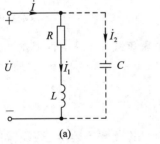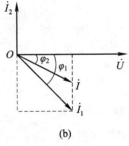

图 5 – 44　电路功率因数的提高

例 5 – 23　如图 5 – 44(a)所示电路中,已知 $\dot{U} = 70.7\angle 30°\,\text{V}$, $f = 50\,\text{Hz}$, $R = 6\,\Omega$, $L = 25.5\,\text{mH}$。求并联电容前的 P、Q、S 和 $\cos\varphi_1$;若将功率因数提高到 $\cos\varphi_2 = 0.95$,并联电容应为多大?并求此时 P、Q、S 和 I。

解　并联电容前, $Z = R + \text{j}\omega L = 6 + \text{j}8 = 10\angle 53.1°\,\Omega$, 有

$$\dot{I} = \frac{\dot{U}}{Z} = \frac{70.7\angle 30°}{10\angle 53.1°} = 7.07\angle -23.1°\,\text{A}, \quad \varphi_1 = \varphi_u - \varphi_i = 53.1°$$

$$\cos\varphi_1 = \cos 53.1° = 0.6, \quad S = UI = 70.7 \times 7.07 = 500\,\text{VA}$$

$$P = S\cos\varphi_1 = 500 \times 0.6 = 300\,\text{W}, \quad Q = S\sin\varphi_1 = 500 \times 0.8 = 400\,\text{Var}$$

若将功率因数提高到 $\cos\varphi_2 = 0.95$,即 $\varphi_2 = 18.195°$,并联电容 C 由式(5 – 38)求得

$$C = \frac{300}{2\pi \times 50 \times 70.7^2}(\tan 53.1° - \tan 18.195°) = 191\,\mu\text{F}$$

在此情况下,有

$$P = 300\,\text{W}, \quad Q = P\tan\varphi_2 \approx 99\,\text{Var}$$

$$S = 315.8 \, \text{VA}, \quad I = \frac{S}{U} = 4.47 \, \text{A}$$

$$Q_L = 400 \, \text{Var}, \quad Q_C = \frac{U^2}{X_C} \approx 300 \, \text{Var}$$

因 $Q_L > Q_C$，故 $Q = 99 \, \text{Var}$，即电路对电源仍呈感性。相量图如图 5-44(b)所示。

例 5-24 有一电感性负载，功率 $P = 10 \, \text{kW}$，$\cos\varphi_1 = 0.6$，接在 $U = 220 \, \text{V}$ 的电压上，工作频率 $f = 50 \, \text{Hz}$。要将电路的功率因数提高到 $\cos\varphi = 0.95$，求应并联的电容 C 值及并联 C 前后的电路电流 I_1、I。

解 因有

$$\cos\varphi_1 = 0.6 \Rightarrow \varphi_1 = 53.1°$$

$$\cos\varphi = 0.95 \Rightarrow \varphi = 18°$$

故

$$C = \frac{10 \times 10^3}{2\pi \times 50 \times 220^2}(\tan 53.1° - \tan 18°) = 656 \, \mu\text{F}$$

未并联 C 时的电路电流为

$$I_1 = \frac{P}{U\cos\varphi_1} = \frac{10 \times 10^3}{220 \times 0.6} = 75.6 \, \text{A}$$

并联 C 后的电路电流为

$$I = \frac{P}{U\cos\varphi} = \frac{10 \times 10^3}{220 \times 0.95} = 47.8 \, \text{A} < I_1 = 75.6 \, \text{A}$$

还要指出两点：① 所并联的 C 一定要紧靠负载 R 和 L，否则就失去了意义；② 工程实际中并不要求将电路的功率因数提高到 1，因为这样会增加电容设备的投资，而带来的经济效益并不显著。

6. 含独立源单口网络的功率

含独立源的单口网络如图 5-45(a)所示，其频域等效电压源电路如图 5-45(b)所示。其中 $\dot{U}_{oc}$ 和 Z 分别为网络 N 的端口开路电压和输入阻抗。由于其频域等效电路为一有源支路，

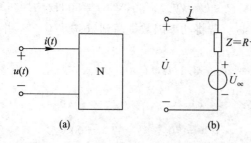

有源单口
网络的功率

图 5-45　含独立源的单口网络

因而 $\varphi_u - \varphi_i \neq \varphi = \arctan\dfrac{X}{R}$，故网络吸收的瞬时功率、平均功率、无功功率只能相应按下列各式计算：

$$p(t) = UI\cos(\varphi_u - \varphi_i) + UI\cos(2\omega t + \varphi_u + \varphi_i)$$
$$P = UI\cos(\varphi_u - \varphi_i)$$

$$Q = UI\sin(\varphi_u - \varphi_i)$$

但计算视在功率的公式仍为 $S=UI$。

7. 复功率

任意单口网络如图 5 - 46 所示。设 $\dot{U}=U\angle\varphi_u$，$\dot{I}=I\angle\varphi_i$，则 $\dot{I}$ 的共轭复数为 $\overset{*}{\dot{I}}=I\angle-\varphi_i$。故定义网络吸收的复功率为

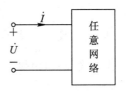

图 5 - 46　任意单口网络

$$\overset{*}{\dot{S}}=\dot{U}\overset{*}{\dot{I}}=U\angle\varphi_u I\angle-\varphi_i=UI\angle\varphi_u-\varphi_i$$
$$=UI\cos(\varphi_u-\varphi_i)+jUI\sin(\varphi_u-\varphi_i)$$
$$=P+jQ \tag{5-39}$$

可见，复功率 $\dot{S}$ 有明确的物理意义：其实部 P 与虚部 Q 分别为网络的有功功率与无功功率，$\dot{S}$ 的模 $|\dot{S}|=UI$ 为网络的视在功率。复功率 $\dot{S}$ 的引入使电路功率的计算简便了。

对于无独立源单口网络，有 $\varphi_u-\varphi_i=\varphi$，$\dot{U}=\dot{I}Z$，$\dot{I}=\dot{U}Y$，并考虑到有关系式 $\dot{I}\overset{*}{\dot{I}}=I^2$，$\dot{U}\overset{*}{\dot{U}}=U^2$，$(\dot{U}Y)^*=\overset{*}{\dot{U}}\overset{*}{Y}$，代入式(5-39)得

$$\overset{*}{\dot{S}}=P+jQ=\dot{U}\overset{*}{\dot{I}}=Z\dot{I}\overset{*}{\dot{I}}=ZI^2=\dot{U}(\dot{U}Y)^*=\dot{U}\overset{*}{\dot{U}}\overset{*}{Y}$$
$$=U^2\overset{*}{Y}=UI\cos\varphi+jUI\sin\varphi \tag{5-40}$$

5.7　最大功率传输

以下分两种情况来研究最大功率传输问题。

1. 负载为阻抗 Z

图 5 - 47(a)所示为一正弦电压源向负载 $Z=R+jX=|Z|\angle\varphi_Z$ 供电的电路，$\dot{U}_{oc}$ 和 Z_0 分别为电源电压和内阻抗，且 $Z_0=R_0+jX_0=|Z_0|\angle\varphi_0$ 为固定值，则电流有效值为

$$I=\frac{U_{oc}}{|Z_0+Z|}=\frac{U_{oc}}{\sqrt{(R_0+R)^2+(X_0+X)^2}}$$

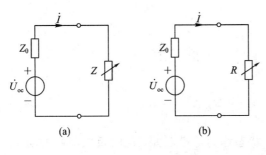

(a)　　　　　(b)

图 5 - 47　最大功率传输

最大功率传输

故负载 Z 吸收的功率为

$$P = I^2 R = \frac{U_{oc}^2}{(R_0 + R)^2 + (X_0 + X)^2} R \qquad (5-41)$$

若 R 和 X 均可变，欲使 P 最大，则应按 $\frac{\partial P}{\partial R} = 0$，$\frac{\partial P}{\partial X} = 0$ 求之。根据 $\frac{\partial P}{\partial X} = 0$，可求得 $X = -X_0$，代入式(5-41)得

$$P = \frac{U_{oc}^2}{(R_0 + R)^2} R \qquad (5-42)$$

再根据

$$\frac{\partial P}{\partial R} = \frac{\partial}{\partial R}\left[\frac{U_{oc}^2}{(R_0 + R)^2} R\right] = 0$$

可求得 $R = R_0$，代入式(5-42)得最大功率为

$$P_{max} = \frac{U_{oc}^2}{4R_0} \qquad (5-43)$$

综上所述，可得传输最大功率的条件为

$$\left.\begin{array}{l} R = R_0 \\ X = -X_0 \end{array}\right\} \qquad (5-44)$$

即

$$R + jX = R_0 - jX \qquad (5-45)$$

或

$$Z = \overset{*}{Z}_0 \qquad (5-46)$$

我们把满足式(5-44)、式(5-45)和式(5-46)条件的电路工作状态称为共轭匹配，此时负载吸收的功率为最大值 P_{max}。

2. 负载为电阻 R

负载为电阻 R 的供电电路如图 5-47(b)所示。此时 R 吸收的功率为

$$P' = I^2 R = \frac{U_{oc}^2}{(R_0 + R)^2 + X_0^2} R \qquad (5-47)$$

根据 $\frac{dP'}{dR} = 0$ 可得

$$R = |Z_0| = \sqrt{R_0^2 + X_0^2} \qquad (5-48)$$

代入式(5-47)即得最大功率为

$$P'_{max} = \frac{U_{oc}^2}{(R_0 + |Z_0|)^2 + X_0^2} |Z_0| \qquad (5-49)$$

我们把满足式(5-48)条件的电路工作状态称为等模匹配，此时负载吸收的功率为最大值 P'_{max}。等模匹配的情况在含有理想变压器的电路中常遇到。共轭匹配与等模匹配统称为最大功率匹配。

例 5-25　如图 5-48(a)所示电路中，求：

（1）获得最大功率时的 $Z = R + jX$ 值；

（2）$P_{\max}$；

（3）若 Z 为电阻 R，则 R 获得最大功率 $P'_{\max}$ 为多大？

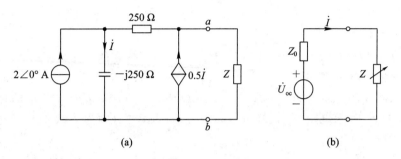

图 5 - 48 例 5 - 25 图

解　先求 $a - b$ 两端以左电路的等效电压源电路，如图 5 - 48(b)所示。其中：
$$\dot{U}_{\text{oc}} = 500 - j1000 = 1118\angle -63.4^\circ \text{ V}$$

输入阻抗为
$$Z_0 = R_0 + jX_0 = 500 - j500 = 500\sqrt{2}\angle -45^\circ \ \Omega$$

故得 Z 获得最大功率的条件为
$$Z = \overset{*}{Z_0} = 500 + j500 = 500\sqrt{2}\angle 45^\circ \ \Omega$$

其最大功率为
$$P_{\max} = \frac{U_{\text{oc}}^2}{4R_0} = 625 \text{ W}$$

若 Z 为电阻 R，则获得最大功率的条件为
$$R = |Z_0| = 500\sqrt{2} \ \Omega$$

其最大功率为
$$P'_{\max} = I^2 R = \frac{U_{\text{oc}}^2 |Z_0|}{(R_0 + |Z_0|)^2 + X_0^2} = 517.7 \text{ W} < P_{\max} = 625 \text{ W}$$

可见，有 $P_{\max} > P'_{\max}$，这是因为后者只有一个参数 R 可变，前者有两个参数 R 和 X 可变。

练习 5 - 9　如图 5 - 49 所示电路中，$\dot{U} = 0.1 \angle 0^\circ \text{ V}$，$f = 100\text{ MHz}$。求：

（1）负载 R 获最大功率时，电路中 $R = ?$ $C = ?$ $P_{\max} = ?$

（2）移去 C 后，R 为何值时可获最大功率？

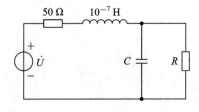

图 5 - 49 练习 5 - 9 图

练习 5 - 9

习　题　5

1. 已知 $u_1 = 10\cos(\omega t - 30°)$ V，$u_2 = 5\cos(\omega t + 120°)$ V，试写出相量$\dot{U}_1$、$\dot{U}_2$，画出相量图，求相位差 φ_{12}。

2. 已知 $\dot{I}_1 = 8 - j6$ A，$\dot{I}_2 = -8 + j6$ A，试写出它们所代表的正弦电流的时域表达式，画出相量图，求相位差 φ_{12}。

3. 已知 $i_1 = 10\cos(\omega t + 30°)$ mA，$i_2 = 6\cos(\omega t - 60°)$ mA，求 $i = i_1 + i_2$ 的时域表达式。

4. 如图 5-50 所示电路中，已知电压表 V_1、V_2 的读数分别为 3 V、4 V，求电压表 V 的读数。

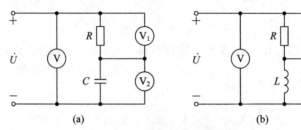

图 5-50　习题 4 图

5. 如图 5-51 所示电路中，已知电流表 A_1、A_2 的读数均为 10 A。求电流表 A 的读数。

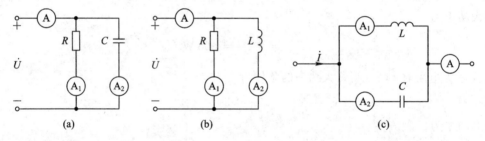

图 5-51　习题 5 图

6. 如图 5-52 所示正弦稳态电路，已知电压表 V_1、V_2、V_3 的读数分别为 30 V、60 V、100 V，求电压表 V 的读数。

7. 如图 5-53 所示正弦稳态电路，已知电流表 A、A_1、A_2 的读数分别为 5 A、3 A、4 A，求 A_3 的读数。

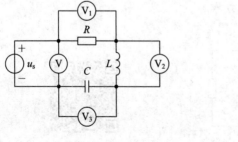

图 5-52　习题 6 图

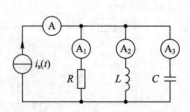

图 5-53　习题 7 图

8. 求图 5-54 所示电路中电压表 V 的读数。

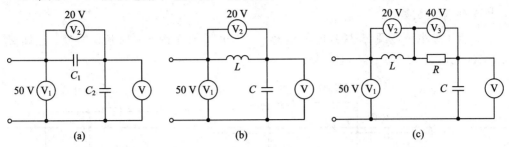

图 5-54　习题 8 图

9. 求图 5-55 所示电路中电流表 A 的读数。

10. 如图 5-56 所示电路中，$u_s(t) = 50\sqrt{2}\cos 10^3 t$ V，求 $i(t)$。

11. 求图 5-57 所示电路中的输入阻抗 Z_o。

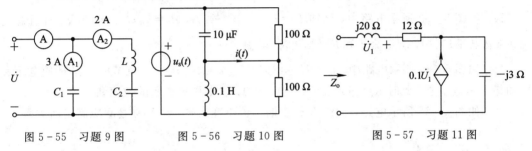

图 5-55　习题 9 图　　　　图 5-56　习题 10 图　　　　图 5-57　习题 11 图

12. 求图 5-58 示电路中 $a-b$ 端的阻抗。

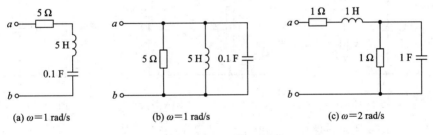

图 5-58　习题 12 图

13. 如图 5-59 所示为测定电感线圈参数 R、L 的电路，电源频率 $f = 50$ Hz，求 R、L。

14. 如图 5-60 所示电路中，已知 $u = 30\cos 2t$ V，$i(t) = 5\cos 2t$ A，求方框内最简单的串联组合元件值。

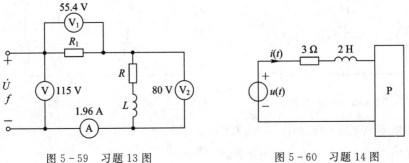

图 5-59　习题 13 图　　　　　　　图 5-60　习题 14 图

15. 如图 5-61 所示电路中，已知电流表 A_1 的读数为 10 A，电压表 V_1 的读数为 100 V。求 A 和 V 的读数。

16. 为了使电感线圈 Z_2 中的电流 $\dot{I}_2$ 落后于 $\dot{U}90°$，常用图 5-62 所示电路。已知 $Z_1=100+\mathrm{j}500\ \Omega$，$Z_2=400+\mathrm{j}1000\ \Omega$，求 R。

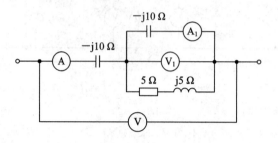
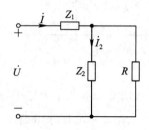

图 5-61　习题 15 图　　　　　　　图 5-62　习题 16 图

17. 如图 5-63 所示电路中，已知 $I_1=10\ \text{A}$，$I_2=20\ \text{A}$，$R_2=5\ \Omega$，$U=220\ \text{V}$，并且总电压 $\dot{U}$ 与总电流 $\dot{I}$ 同相，求电流 I 和 R、X_2、X_C 的值。

18. 如图 5-64 所示电路中，已知 $\dot{U}=10\angle0°\ \text{V}$，$\omega=10^4\ \text{rad/s}$，调节电位器 R 使电压表 V 的指示为最小值，此时 $R_1=900\ \Omega$，$R_2=1600\ \Omega$，求电压表指示的数值和电容 C。

19. 如图 5-65 所示电路，欲使 R 改变时 I 值不变，求 L、C、ω 之间应满足何关系？

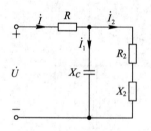
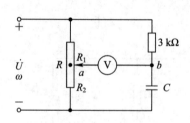
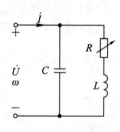

图 5-63　习题 17 图　　　图 5-64　习题 18 图　　　图 5-65　习题 19 图

20. 如图 5-66 所示电路中，已知 $\dot{U}_1=9\ \text{V}$，$\dot{U}_2=\mathrm{j}6\ \text{V}$，求 $\dot{I}$。

21. 如图 5-67 所示电路中，求 $\dot{U}_{ab}$。

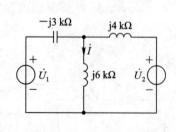
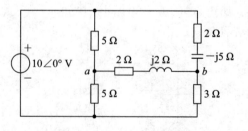

图 5-66　习题 20 图　　　　　图 5-67　习题 21 图

22. 如图 5-68 所示电路中，求电流 $\dot{I}$。

23. 如图 5-69 所示电路中，求电压 $\dot{U}$。

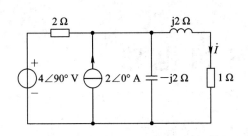

图 5-68　习题 22 图

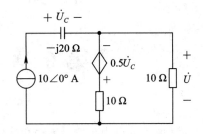

图 5-69　习题 23 图

24. 如图 5-70 所示电路中，求 $a-b$ 端的戴维南等效电路。

25. 如图 5-71 所示电路，已知 $U_R = 2\,\text{V}$，$\omega = 3\,\text{rad/s}$，$\dot{I}$ 落后 $\dot{U}\,60°$，电路消耗的功率 $P = 4\,\text{W}$，求 U、I 及动态元件的参数值。

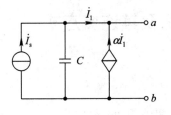

图 5-70　习题 24 图

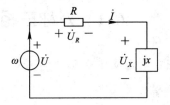

图 5-71　习题 25 图

26. 如图 5-72 所示电路中，$\dot{U} = 10\angle 0°\,\text{V}$，$\omega = 10^7\,\text{rad/s}$，$Z$ 可变，求 Z 为何值时可获得最大功率 P_m？P_m 为多大？此时 I_2 为多大？

27. 如图 5-73 所示电路中，$u_\text{s}(t) = 2\sqrt{2}\cos(0.5t + 120°)\,\text{V}$，$Z$ 可变，求 Z 为何值时可获得最大功率 P_m？P_m 为多大？

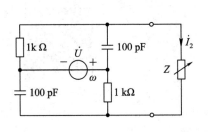

图 5-72　习题 26 图

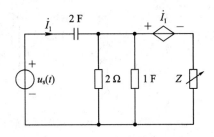

图 5-73　习题 27 图

第6章 三相电路

目前国内外的电力生产、传输和配电系统绝大多数都采用三相制。工农业生产所需要的电源大多是对称三相正弦交流电源(一般是电压源),日常生活中使用的单相电源是取自三相正弦电源的一相。本章主要介绍对称三相电路的正弦稳态分析和功率计算,对不对称三相电路只作简要介绍。对正弦稳态三相电路的分析,可以采用相量法。在对称三相电路中,用相量分析法时,又采用简便的处理方法。

6.1 对称三相电路及其连接方式

1. 对称三相电源及其相序

1) 对称三相电源

对称三相正弦交流电源是由三个频率相等、幅值相等、相位互差 120°的正弦电压源通过特定的连接方式组成的供电电源,简称三相电源。三相电源一般是由三相发电机产生的。由于在结构上采取措施,三相发电机的三个绕组两端的电压一般认为是同频率、等幅值、相位互差120°的正弦电压。图6-1画出了三相发电机三个绕组两端的感应电压和电压的参考方向。正极性端 A、B、C 称为绕组的首端,负极性端 X、Y、Z 称为绕组的末端。每个电源称为一相,分别称为 A 相、B 相和 C 相,其电压分别记为 u_A、u_B、u_C。

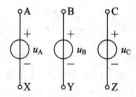

三相电路的
基本概念

图 6-1 对称三相电压源的时域模型

对称三相正弦电压的时域表示式(以 u_A 为参考正弦量)为

$$\left.\begin{aligned} u_A &= \sqrt{2}U\cos(\omega t) \\ u_B &= \sqrt{2}U\cos(\omega t - 120°) \\ u_C &= \sqrt{2}U\cos(\omega t + 120°) \end{aligned}\right\} \qquad (6-1)$$

它们的有效值相量形式为

$$\left.\begin{aligned} \dot{U}_A &= U\angle 0° \\ \dot{U}_B &= U\angle -120° \\ \dot{U}_C &= U\angle 120° \end{aligned}\right\} \qquad (6-2)$$

它们的波形和相量图如图 6-2(a)、(b)所示。

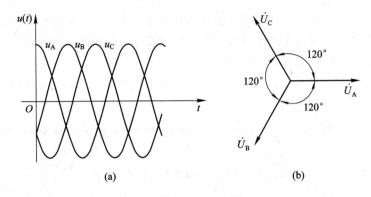

(a) (b)

图 6-2 对称三相电压波形和相量图

利用三角函数运算将对称三相电压的瞬时值相加，得

$$u_A + u_B + u_C = \sqrt{2}U\cos(\omega t) + \sqrt{2}U\cos(\omega t - 120°) + \sqrt{2}U\cos(\omega t + 120°) = 0$$

以上结果说明对称三相电源的瞬时值之和在任何时刻都为零，其相量之和也为零，即

$$\dot{U}_A + \dot{U}_B + \dot{U}_C = 0 \qquad (6-3)$$

2) 对称三相电源的相序

在三相电源中，各电压达到同一数值的顺序称为相序。对称三相电源相序有正序和逆序之分。上面讨论的三相电源，电压到达同一数值的顺序（如最大值）为 A 相、B 相、C 相，这种相序称为正序或顺序。在正序或顺序中，A 相比 B 相超前 120°，C 相比 A 相超前 120°。如果三相电源 A 相比 C 相超前 120°，B 相比 A 相超前 120°，这种相序就称为负序或逆序。负序相量图如图 6-3 所示。

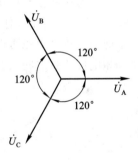

图 6-3 负序对称三相电压相量图

实际三相电源一般为正序电源，通常用黄、绿、红三种颜色分别表示 A 相、B 相、C 相。

2. 对称三相电源的连接方式

三相电源的连接有两种方式：星形连接(Y 形)和三角形(△形)连接。

1) 星形连接

三线电源的星形连接方式如图 6-4 所示。星形连接是指将三个电源的负极性端连在一起，形成一个公共点 N，称为中性点，把三个电源的正端引出对外电路供电；也可以将三个电源的正极性端连在一起，形成一个公共点 N，把三个电源的负端引出对外电路供电。通常采用前者连接方式。

对于图 6-4 所示的星形连接方式，从三个电源正端引出的导线称为端线，也叫火线；从中性点引出的导线称为中线，中线通常接大地，也叫地线或零线。端线与中线

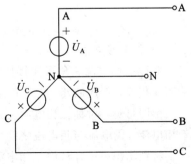

图 6-4 三相电压源星形连接

之间的电压称为相电压，用$\dot{U}_{AN}$、$\dot{U}_{BN}$、$\dot{U}_{CN}$表示，简记为$\dot{U}_A$、$\dot{U}_B$、$\dot{U}_C$。端线之间的电压称为线电压，对于线电压，用下标字母的次序表示电压的参考极性，如线电压$\dot{U}_{AB}$，它的参考极性是 A 为正，B 为负。端线中的电流称为线电流，流过各相电源的电流称为相电流。

　　2）星形连接线电压（电流）和相电压（电流）之间的关系

　　在三相电源的星形连接中，很显然，相电流等于线电流。下面讨论线电压与相电压之间的关系。

　　设$\dot{U}_A=U_P\angle0°$，$\dot{U}_B=U_P\angle-120°$，$\dot{U}_C=U_P\angle120°$（下标 P 表示相），由 KVL 得线电压为

$$\dot{U}_{AB}=\dot{U}_A-\dot{U}_B=U_P\angle0°-U_P\angle-120°=\sqrt{3}U_P\angle30°=\sqrt{3}\,\dot{U}_A\angle30°$$

$$\dot{U}_{BC}=\dot{U}_B-\dot{U}_C=U_P\angle-120°-U_P\angle120°=\sqrt{3}U_P\angle-90°=\sqrt{3}\,\dot{U}_B\angle30°$$

$$\dot{U}_{CA}=\dot{U}_C-\dot{U}_A=U_P\angle120°-U_P\angle0°=\sqrt{3}U_P\angle150°=\sqrt{3}\,\dot{U}_C\angle30°$$

　　由以上分析可以得出重要结论：在对称三相电源的星形连接中，线电压也是对称的，即有效值相等、频率相等、相位互差120°，且线电压有效值是相电压有效值的$\sqrt{3}$倍，每个线电压均超前相应的相电压30°。

　　以上结论仅在三相电源对称时才成立。在实际计算时，只要计算出一个相电压或线电压，就可以根据各自的相位关系和有效值关系直接写出其他相电压和线电压的相量形式。

　　上面的分析结果也可以用相量图得到。图 6-5 画出了对称三相电源星形连接时线电压相量和相电压相量之间的关系。

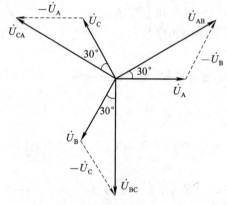
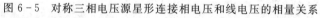

Y-Y 形对称三相电路的电流与电压

图 6-5　对称三相电压源星形连接相电压和线电压的相量关系

　　3）三角形连接

　　对称三相电源三角形连接如图 6-6 所示。三角形连接是指将各电源正负端顺序相连，形成回路，再从连接点对外引出三条端线。

　　由图可见，对称三相电源三角形连接时线电压等于相电压，线电流不等于相电流，线电流与相电流之间的关系只有在外接负载确定时才能够确定。

　　特别指出，只有对称三相电源才能接成以上三角形形式，而且要注意接法正确。在以上接法中，由于三角形闭合回路中总的电压为零，即

△-△形对称三相电路的电流与电压

$$\dot{U}_A + \dot{U}_B + \dot{U}_C = 0$$

因此，在不接负载情况下，能够保证电源内部流过的电流为零。若将任何一个电源接反，则三角形回路电压不为零，且因电源内阻较小，故在电源内部会形成很大的电流，将损坏电源设备。

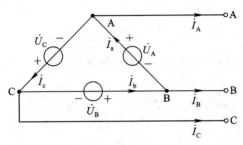

图 6-6 对称三相电源三角形连接

3. 三相负载的连接方式

三个负载通过特定连接方式形成三相负载。如果三个负载的参数都相等，则称为对称三相负载。同三相电源的连接一样，三相负载的连接也有星形和三角形两种方式，如图 6-7(a)、(b)所示。

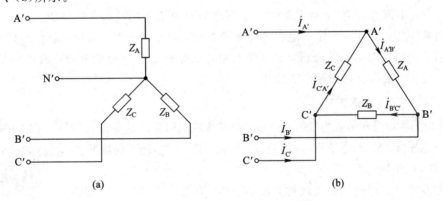

(a)   (b)

图 6-7 三相负载的星形和三角形连接

三相负载的线电压、相电压、线电流、相电流的定义与前面三相电源的定义相同。对于对称三相负载线电压与相电压之间的关系、线电流与相电流之间的关系(包括有效值和相位关系)的分析与对称三相电源的分析方法相同。这里仅以对称三相负载的三角形连接为例来分析线电流与相电流之间的关系。

如图 6-7(b)所示，三相负载对称，设 $\dot{I}_{A'B'} = I_P \angle 0°$，$\dot{I}_{B'C'} = I_P \angle -120°$，$\dot{I}_{C'A'} = I_P \angle 120°$，由 KCL 得线电流为

$$\dot{I}'_{A'} = \dot{I}_{A'B'} - \dot{I}_{C'A'}$$

$$\dot{I}'_{B'} = \dot{I}_{B'C'} - \dot{I}_{A'B'}$$

$$\dot{I}'_{C'} = \dot{I}_{C'A'} - \dot{I}_{B'C'}$$

画出相量图，如图 6-8 所示。

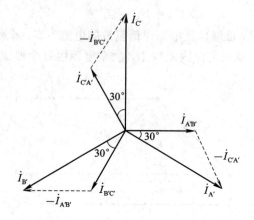

图 6 - 8　对称三角形负载相、线电流之间关系的相量图

线电流与相电流之间的关系通过相量图分析，可以方便地得到线电流为

$$\dot{I}'_{A'} = \sqrt{3}I_p\angle 30° = I_l\angle -30°$$

$$\dot{I}'_{B'} = \sqrt{3}I_p\angle -150° = I_l\angle -150°$$

$$\dot{I}'_{C'} = \sqrt{3}I_p\angle 90° = I_l\angle 90°$$

其中，I_l 为线电流有效值(下标 l 表示线)。线电流有效值是相电流有效值的 $\sqrt{3}$ 倍。

在对称三相电路中，无论是电源端还是负载端，对于相电压(流)与线电压(流)之间的关系(包括有效值和相位)的分析，通过以上相量图分析非常方便和有效，而且只要求出一个相量，就可以根据相量图写出其他相量。

4. 三相电路的连接方式

三相电路视电源和负载为星形或三角形连接构成了四种连接方式：Y - Y连接、△-△连接、Y-△连接及△- Y连接。下面主要介绍前两种连接形式。

1) Y - Y 连接

这种连接方式是电源和负载均为星形连接，有三相三线制和三相四线制两种接法，二者接法不同点是三相四线制中电源和负载的中点用导线相连接。两种接法如图 6 - 9(a)、(b)所示。

三相电路的连接

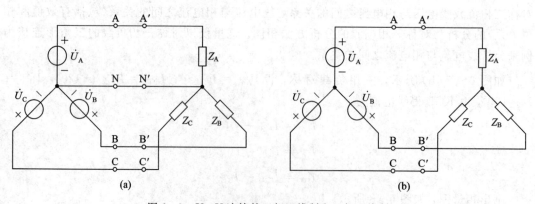

图 6 - 9　Y - Y 连接的三相四线制和三相三线制

2）△-△连接

△-△连接是电源端和负载端均为三角形连接，这种连接只有三相三线制一种，如图 6-10 所示。

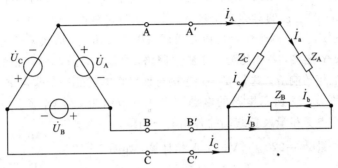

图 6-10　△-△连接的三相三线制

6.2　对称三相电路的分析

把电源和负载均对称以及各连线等效阻抗均相等的三相电路称为对称三相电路。在实际中，三相电源一般是对称的，所以是否为对称三相电路，主要看负载是否对称，连接等效阻抗是否相等。在对称三相电路的正弦稳态分析中，由于它的特殊性，在计算时，可以采用更简便的正弦稳态分析方法，就是只计算一相响应，然后利用三相电路对称性和相量图直接写出其他相的响应。

1. Y-Y 连接

如图 6-11 所示的 Y-Y 连接的对称三相电路中，Z_1 为端线等效阻抗，Z_0 为中线阻抗，选电源端中点 N 为参考接点。

对称三相电路的分析

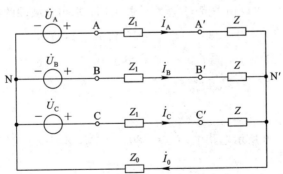

图 6-11　Y-Y 连接的对称三相电路

由节点法可得

$$\left(\frac{3}{Z_I + Z} + \frac{1}{Z_0}\right)\dot{U}_{N'N} = \frac{1}{Z_I + Z}(\dot{U}_A + \dot{U}_B + \dot{U}_C)$$

由于

$$\dot{U}_A + \dot{U}_B + \dot{U}_C = 0$$

所以有

$$\dot{U}_{\mathrm{N'N}} = 0$$

这表明负载端中点与电源端中点等电位，中线电流为零，中线的存在与否对电路没有任何影响。所以 Y-Y 连接的对称三相电路，其三相四线制和三相三线制是等效的。在实际计算时，可以认为 $Z_0 = 0$，两个中点可以看成用一根导线相连，那么无论是三相四线制还是三相三线制的 Y-Y 连接，各相均为一个独立回路，可以只计算其中一相的响应，再根据相量图直接写出其他相的响应。这是 Y-Y 连接对称三相电路的一个非常重要的特点。

例 6-1 设图 6-12 所示电路的电源相电压有效值为 220 V，$Z = (15+\mathrm{j}8)\,\Omega$，$Z_1 = (3+\mathrm{j}4)\,\Omega$，求各相电流相量及负载端的各相电压相量。

解 设参考相量 $\dot{U}_{\mathrm{A}} = 220\angle 0°\,\mathrm{V}$，取 A 相计算，如图 6-12 所示，则相电流为

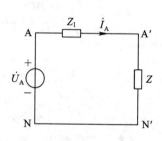

$$\dot{I}_{\mathrm{A}} = \frac{\dot{U}_{\mathrm{A}}}{Z_1 + Z} = \frac{220}{18+\mathrm{j}12} = 10.17\angle -33.7°\,\mathrm{A}$$

负载端的相电压为

$$\dot{U}_{\mathrm{A'}} = \dot{I}_{\mathrm{A}}Z = 10.17\angle -33.7° \times (15+\mathrm{j}8)$$
$$= 172.89\angle -5.6°\,\mathrm{V}$$

图 6-12 例 6-1 图

由 A 相计算结果，写出其他两相的电流和负载端的相电压为

$$\dot{I}_{\mathrm{B}} = \dot{I}_{\mathrm{A}}\angle -120° = 10.17\angle -153.7°\,\mathrm{A}$$

$$\dot{I}_{\mathrm{C}} = \dot{I}_{\mathrm{A}}\angle 120° = 10.17\angle 86.3°\,\mathrm{A}$$

$$\dot{U}_{\mathrm{B'}} = \dot{U}_{\mathrm{A'}}\angle -120° = 172.89\angle -125.6°\,\mathrm{V}$$

$$\dot{U}_{\mathrm{C'}} = \dot{U}_{\mathrm{A'}}\angle 120° = 172.89\angle 114.4°\,\mathrm{V}$$

另外，在本例中，还可以由图 6-5 所示的相量图，求出负载端的线电压为

$$\dot{U}_{\mathrm{A'B'}} = \sqrt{3}\,\dot{U}_{\mathrm{A'}}\angle 30° = 299.45\angle 24.4°\,\mathrm{V}$$

$$\dot{U}_{\mathrm{B'C'}} = \sqrt{3}\,\dot{U}_{\mathrm{B'}}\angle 30° = 299.45\angle -95.6°\,\mathrm{V}$$

$$\dot{U}_{\mathrm{C'A'}} = \sqrt{3}\,\dot{U}_{\mathrm{C'}}\angle 30° = 299.45\angle 144.4°\,\mathrm{V}$$

2. △-△连接

例 6-2 在图 6-10 所示电路中，$\dot{U}_{\mathrm{A}} = 380\angle 30°\,\mathrm{V}$，$Z_{\mathrm{A}} = Z_{\mathrm{B}} = Z_{\mathrm{C}} = (3-\mathrm{j}4)\,\Omega$。求各线电流和负载端各相电流。

解 取 A 相计算，负载端 A 相电流为

$$\dot{I}_{\mathrm{a}} = \frac{\dot{U}_{\mathrm{A}}}{Z_{\mathrm{A}}} = \frac{380\angle 30°}{3-\mathrm{j}4} = 76\angle 83.1°\,\mathrm{A}$$

由 $\dot{I}_{\mathrm{a}}$ 推出其他两相的相电流为

$$\dot{I}_{\mathrm{b}} = 76\angle -36.9°\,\mathrm{A}$$

$$\dot{I}_{\mathrm{c}} = 76\angle -156.9°\,\mathrm{A}$$

参照图 6-8 相量图写出线电流为

$$\dot{I}_A = \sqrt{3}\,\dot{I}_a\angle -30° = 131.64\angle 53.1°\,\mathrm{A}$$

$$\dot{I}_B = \sqrt{3}\,\dot{I}_b\angle -30° = 131.64\angle -66.9°\,\mathrm{A}$$

$$\dot{I}_C = \sqrt{3}\,\dot{I}_c\angle -30° = 131.64\angle 173.1°\,\mathrm{A}$$

3. Y-△连接和△-Y连接

这两种形式的连接，根据具体情况及简化计算，可以转化为 Y-Y 连接进行计算，也可以转化为△-△连接进行计算。

例 6-3 如图 6-13 所示的 Y-△对称三相电路中，已知 $\dot{U}_A = 220\angle 0°\,\mathrm{V}$，$Z = (4+j3)$ Ω，求负载端的相电流。

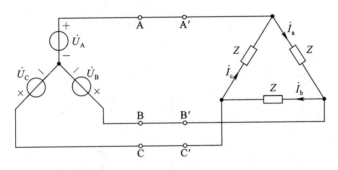

图 6-13 例 6-3 图

解 本例可以将三角形负载等效为星形负载，从而将电路转化为 Y-Y 连接进行求解。由于题目要求的是负载端相电流，所以更简单的处理方法是将电路转化为△-△连接。

将电源等效为三角形连接（图略），取 A 相计算。

$$\dot{U}_{AB} = \sqrt{3}\,\dot{U}_A\angle 30° = 380\angle 30°\,\mathrm{V}$$

负载端 A 相电流为

$$\dot{I}_a = \frac{\dot{U}_{AB}}{Z} = \frac{380\angle 30°}{4+j3} = 76\angle -6.9°\,\mathrm{A}$$

推出其他两相电流为

$$\dot{I}_b = 76\angle -126.9°\,\mathrm{A}$$

$$\dot{I}_c = 76\angle 113.1°\,\mathrm{A}$$

练习 6-1 已知平衡三相电路中，负载阻抗 $Z = 6+j8$，$u_{AB}(t) = 380\sqrt{2}\cos(\omega t + 30°)$ V，求三相各电流相量。

练习 6-1

4. 复杂对称三相电路计算举例

在复杂对称三相电路中，电源一般只有一组，而负载端有多组负载，而且负载的连接可能既有星形连接，也有三角形连接。对于这类电路，通常做法是将三角形负载等效为星形连接，等效后的所有星形负载的中点电位都相等，而且都等于电源端的中点电位。这样电路就可以转化为 Y-Y 连接，取其一相求得相电压(流)，再返回至原电路求解。

例 6 - 4　如图 6 - 14(a)所示电路中，已知端线阻抗为 $Z_1 = 1\,\Omega$，星形负载阻抗为 $Z_1 = j5\,\Omega$，三角形负载阻抗为 $Z_2 = 15\,\Omega$，电源端相电压 $\dot{U}_A = 220\angle -30°\,\text{V}$，求 $\dot{U}_{A'N'}$、$\dot{I}_1$、$\dot{I}_2$、$\dot{I}_3$ 及 $\dot{I}_A$。

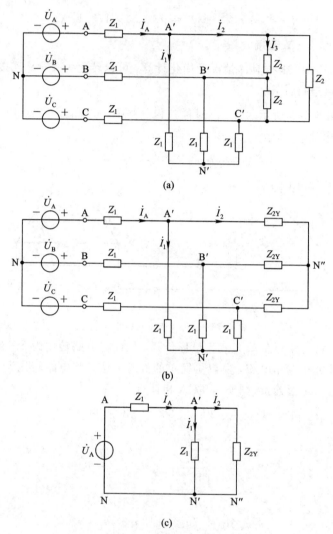

图 6 - 14　例 6 - 4 图

解　将三角形负载等效变换为星形连接，如图 6 - 14(b)所示，有

$$Z_{2Y} = \frac{Z_2}{3} = 5\,\Omega$$

注意：三个中点 N、N′、N″的电位相等。

取 A 相计算，如图 6 - 14(c)所示。

由节点法，得

$$\dot{U}_{A'N'} = \frac{\dot{U}_{AN}/Z_1}{\dfrac{1}{Z_1} + \dfrac{1}{Z_1} + \dfrac{1}{Z_{2Y}}} = 180.1\angle -20.5°\,\text{V}$$

负载端的线电压为

$$\dot{U}_{A'B'} = \sqrt{3}\,\dot{U}_{A'N'}\angle 30° = 312\angle 9.5°\ \mathrm{V}$$

有

$$\dot{I}_1 = \frac{\dot{U}_{A'N'}}{Z_1} = \frac{180.1\angle -20.5°}{\mathrm{j}5} = 36\angle -110.5°\ \mathrm{A}$$

$$\dot{I}_2 = \frac{\dot{U}_{A'N'}}{Z_{2Y}} = \frac{180.1\angle -20.5°}{5} = 36\angle -20.5°\ \mathrm{A}$$

在图 6-14(a)中，有

$$\dot{I}_A = \dot{I}_1 + \dot{I}_2 = 50.88\angle -65.5°\ \mathrm{A}$$

$$\dot{I}_3 = \frac{\dot{U}_{A'B'}}{Z_2} = \frac{312\angle 9.5°}{15} = 20.8\angle 9.5°\ \mathrm{A}$$

6.3 不对称三相电路的概念

我们已经知道对称三相电路是指三相电源对称、三相负载对称、端线阻抗相等。只要这三部分有一部分不对称，那么就是不对称三相电路。不对称三相电路，由于电源端中点电位和负载端中点电位不相等，一般不能化为单相进行计算。因此，不对称三相电路只能按一般正弦稳态电路来分析。但是，对于星形连接的三相四线制的三相电路，若连接中点的中线阻抗为零，则强迫两个中点电位相等，此时各相组成独立回路，每相电流可以单独计算，互不影响。

下面通过例子来说明不对称三相电路的一些特点。

例 6-5 如图 6-15(a)所示的三相三线制不对称三相电路中，$\dot{U}_A = 220\angle 0°\ \mathrm{V}$，$R_1 = 5\ \Omega$，$R_2 = 10\ \Omega$，$R_3 = 20\ \Omega$，求负载流过的电流及负载的各电压。

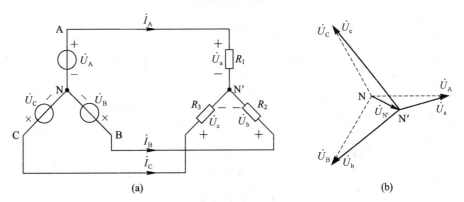

(a) (b)

图 6-15 例 6-5 图

解 设电源端中点为参考节点，求得负载端中点电位为

$$\dot{U}_{N'} = \frac{\dfrac{220\angle 0°}{5} + \dfrac{220\angle -120°}{10} + \dfrac{220\angle 120°}{20}}{\dfrac{1}{5} + \dfrac{1}{10} + \dfrac{1}{20}} = 83.15\angle -19.1°\ \mathrm{V}$$

分别求出各相电流为

$$\dot{I}_A = \frac{\dot{U}_A - \dot{U}_{N'}}{R_1} = \frac{220\angle 0° - 83.15\angle -19.1°}{5} = 28.8\angle 10.9° \text{A}$$

$$\dot{I}_B = \frac{\dot{U}_B - \dot{U}_{N'}}{R_2} = \frac{220\angle -120° - 83.15\angle -19.1°}{10} = 24.94\angle -139.1° \text{A}$$

$$\dot{I}_C = \frac{\dot{U}_C - \dot{U}_{N'}}{R_3} = \frac{220\angle 120° - 83.15\angle -19.1°}{20} = 14.4\angle 130.9° \text{A}$$

分别求出负载各相的电压为

$$\dot{U}_a = \dot{I}_A Z_1 = 144\angle 10.9° \text{V}$$

$$\dot{U}_b = \dot{I}_B Z_2 = 249.4\angle -139.1° \text{V}$$

$$\dot{U}_c = \dot{I}_C Z_3 = 288\angle 130.9° \text{V}$$

画出相量图，如图 6-15(b)所示。

由以上计算结果我们得到不对称三相电路非常重要的特点，由于负载不对称，使得电源端中点电位和负载端中点电位不再相等，称为负载端中点电位发生位移，此时，三个负载相电压和流过的电流不再对称，负载端有的相电压有效值高于电源相电压有效值（如本例 B、C 相），可能导致负载过压烧坏，而有的相电压有效值低于电源电压有效值（本例 A 相），导致负载欠压不能正常工作。在实际中，不对称三相电路一般不采用三相三线制，而采用 Y-Y 连接的三相四线制，在电源端中点和负载端中点用无阻抗导线相连，使两个中点电位相等，这样，无论三相负载对称与否，负载端的相电压都等于电源相电压，从而使负载正常工作。在实际中，中线上不允许加保险丝和开关，以防中线电流过大，烧断保险丝，使中线失去作用。另外，在安排负载时，应尽量使各相负载阻抗相等。

例 6-6 在例 6-5 中，将电源端和负载端用一根导线相连，如图 6-16 所示，其他条件不变，求负载端相电流。

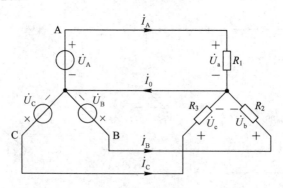

图 6-16 例 6-6 图

解 从图 6-16 中看出，由于中线的存在，负载端相电压等于电源端相电压，即三个负载两端电压有效值都为 220 V。另外，各相负载与电源构成独立回路，可以独立计算。

相电流为

$$\dot{I}_A = \frac{\dot{U}_A}{R_1} = \frac{220\angle 0°}{5} = 44\angle 0° \text{A}$$

$$\dot{I}_{\mathrm{B}} = \frac{\dot{U}_{\mathrm{B}}}{R_2} = \frac{220\angle-120°}{10} = 22\angle-120°\,\mathrm{A}$$

$$\dot{I}_{\mathrm{C}} = \frac{\dot{U}_{\mathrm{C}}}{R_3} = \frac{220\angle120°}{20} = 11\angle120°\,\mathrm{A}$$

显然中线电流不等于零，中线电流为

$$\dot{I}_0 = \dot{I}_{\mathrm{A}} + \dot{I}_{\mathrm{B}} + \dot{I}_{\mathrm{C}} = 29.1\angle-19.1°\,\mathrm{A}$$

6.4 三相电路的功率及测量

1. 对称三相电路的功率

1) 对称三相电路的瞬时功率

设 A 相的电压和电流分别为

三相电路的功率

$$u_{\mathrm{A}} = \sqrt{2}U_{\mathrm{P}}\cos(\omega t)$$

$$i_{\mathrm{A}} = \sqrt{2}I_{\mathrm{P}}\cos(\omega t + \varphi)$$

其中 φ 为每相相电压和相电流的相位差，则各相的瞬时功率为

$$\begin{aligned}
p_{\mathrm{A}} &= u_{\mathrm{A}}i_{\mathrm{A}} = \sqrt{2}U_{\mathrm{P}}\cos(\omega t) \times \sqrt{2}I_{\mathrm{P}}\cos(\omega t + \varphi) \\
&= U_{\mathrm{P}}I_{\mathrm{P}}\cos\varphi + U_{\mathrm{P}}I_{\mathrm{P}}\cos(2\omega t + \varphi)
\end{aligned}$$

$$\begin{aligned}
p_{\mathrm{B}} &= u_{\mathrm{B}}i_{\mathrm{B}} = \sqrt{2}U_{\mathrm{P}}\cos(\omega t - 120°) \times \sqrt{2}I_{\mathrm{P}}\cos(\omega t + \varphi - 120°) \\
&= U_{\mathrm{P}}I_{\mathrm{P}}\cos\varphi + U_{\mathrm{P}}I_{\mathrm{P}}\cos(2\omega t + \varphi + 120°)
\end{aligned}$$

$$\begin{aligned}
p_{\mathrm{C}} &= u_{\mathrm{C}}i_{\mathrm{C}} = \sqrt{2}U_{\mathrm{P}}\cos(\omega t + 120°) \times \sqrt{2}I_{\mathrm{P}}\cos(\omega t + \varphi + 120°) \\
&= U_{\mathrm{P}}I_{\mathrm{P}}\cos\varphi + U_{\mathrm{P}}I_{\mathrm{P}}\cos(2\omega t + \varphi - 120°)
\end{aligned}$$

总的瞬时功率：

$$P = p_{\mathrm{A}} + p_{\mathrm{B}} + p_{\mathrm{C}} = 3U_{\mathrm{P}}I_{\mathrm{P}}\cos\varphi \tag{6-4}$$

对称三相电路每相的瞬时功率都由两部分构成，一部分是常量，另一部分是以两倍频率变化的正弦量，显然总瞬时功率为一常量。这是三相对称电路的一个优点。单相电动机在运转时，瞬时功率总是变化的，从而产生振动。对于三相电动机，由于它的瞬时功率恒定，所以在运转时不会产生振动。

2) 对称三相电路的平均功率

对称三相电路每相的平均（有功）功率相等，且为

$$P_{\mathrm{A}} = P_{\mathrm{B}} = P_{\mathrm{C}} = \frac{1}{T}\int_0^T p_{\mathrm{A}}\mathrm{d}t = U_{\mathrm{P}}I_{\mathrm{P}}\cos\varphi \tag{6-5}$$

总平均功率为

$$P = P_{\mathrm{A}} + P_{\mathrm{B}} + P_{\mathrm{C}} = 3U_{\mathrm{P}}I_{\mathrm{P}}\cos\varphi \tag{6-6}$$

即对称三相电路总有功功率等于一相有功功率的三倍，也等于总瞬时功率。式中的 $\cos\varphi$ 为任何一相的功率因数，称为对称三相电路的功率因数。φ 是任一相的功率因数角，对三相负载而言，也是任一相的阻抗角。

式(6-6)是用相电压和相电流有效值表示的。下面讨论用线电压和线电流有效值表示

的公式。

对星形连接，$U_l=\sqrt{3}U_P$，$I_l=I_P$，代入式(6-6)，有

$$P=\sqrt{3}U_lI_l\cos\varphi$$

对三角形连接，$U_l=U_P$，$I_l=\sqrt{3}I_P$，代入式(6-6)，有

$$P=\sqrt{3}U_lI_l\cos\varphi \qquad\qquad (6-7)$$

这表明，无论是星形连接还是三角形连接，平均功率可用式(6-7)计算，式中的 $\cos\varphi$ 仍然为任何一相的功率因数。把计算平均功率的两个公式重写如下：

$$\left.\begin{array}{l} P=\sqrt{3}U_lI_l\cos\varphi \\ P=3U_PI_P\cos\varphi \end{array}\right\} \qquad\qquad (6-8)$$

3）对称三相电路的无功功率

对称三相电路每一相的无功功率为

$$Q_A=Q_B=Q_C=U_PI_P\sin\varphi$$

总无功功率为

$$Q=3U_PI_P\sin\varphi \qquad\qquad (6-9)$$

若用线电压和线电流有效值表示，则无功功率的计算公式为

$$Q=\sqrt{3}U_lI_l\sin\varphi \qquad\qquad (6-10)$$

4）对称三相电路的视在功率

对称三相电路的视在功率为

$$S=\sqrt{P^2+Q^2}=3U_PI_P=\sqrt{3}U_lI_l \qquad\qquad (6-11)$$

例 6-7　有一三相负载，每相的阻抗为 $(29+j21.8)\Omega$，试求下列两种情况下的有功功率、无功功率和视在功率：(1)星形连接在线电压 $U_l=380\text{ V}$ 的电源上；(2)三角形连接在线电压 $U_l=380\text{ V}$ 的电源上。

解　(1)星形连接时，用相电压和相电流求功率。

功率因数：$\cos\varphi=\dfrac{29}{\sqrt{29^2+21.8^2}}=0.8$

相电压：$U_P=\dfrac{U_l}{\sqrt{3}}=\dfrac{380}{\sqrt{3}}=220\text{ V}$

相电流：$I_P=\dfrac{U_P}{|Z|}=\dfrac{220}{\sqrt{29^2+21.8^2}}=6.064\text{ A}$

有功功率：$P=3U_PI_P\cos\varphi=3\times220\times6.064\times0.8=3201.8\text{ W}$

无功功率：$Q=3U_PI_P\sin\varphi=3\times220\times6.064\times0.6=2401\text{ Var}$

视在功率：$S=3U_PI_P=3\times220\times6.064=4002\text{ VA}$

(2)三角形连接时，用线电压和线电流求功率。

相电流：$I_P=\dfrac{U_l}{|Z|}=\dfrac{380}{\sqrt{29^2+21.8^2}}=10.474\text{ A}$

线电流：$I_l=\sqrt{3}I_P=\sqrt{3}\times10.474=18.14\text{ A}$

有功功率：$P=\sqrt{3}U_lI_l\cos\varphi=\sqrt{3}\times380\times18.14\times0.8=9551.5\text{ W}$

无功功率：$Q=\sqrt{3}U_1I_1\sin\varphi=\sqrt{3}\times380\times18.14\times0.6=7163.6\,\mathrm{Var}$

视在功率：$S=\sqrt{3}U_1I_1=\sqrt{3}\times380\times18.14=11\,939.4\,\mathrm{VA}$

2. 不对称三相电路的功率

在不对称三相电路中，由于各相电流不对称，使得总瞬时功率不再为一常量，求平均功率、无功功率和视在功率的公式与对称三相电路的公式有很大区别。下面对平均功率、无功功率和视在功率的求解方法作一简要说明。

1）不对称三相电路的平均功率

平均功率的计算公式如下：

$$P = P_A + P_B + P_C = U_{PA}I_{PA}\cos\varphi_A + U_{PB}I_{PB}\cos\varphi_B + U_{PC}I_{PC}\cos\varphi_C \qquad (6-12)$$

式中各项分别表示各相的平均功率，所以在求不对称三相电路平均功率时，只能把各相的平均功率求出后相加。

2）不对称三相电路的无功功率

无功功率的计算同样也是将每相的无功功率求出后相加，公式如下：

$$Q = Q_A + Q_B + Q_C = U_{PA}I_{PA}\sin\varphi_A + U_{PB}I_{PB}\sin\varphi_B + U_{PC}I_{PC}\sin\varphi_C \qquad (6-13)$$

3）不对称三相电路的视在功率

求出平均功率和无功功率后，可以用下面的公式计算视在功率：

$$S = \sqrt{P^2 + Q^2} \qquad (6-14)$$

3. 三相电路平均功率的测量

1）三相四线制平均功率的测量

三相四线制三相电路只有 Y－Y 一种连接形式，即电源和负载均为星形连接，而且有中线。在三线四线制三线电路中，无论负载对称与否，都可用三表法测量功率，测量电路如图 6-17 所示。

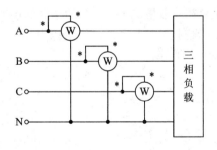

图 6-17 三表法功率测量电路

三相电路平均
功率的测量

从电路接法可知，每个功率表电流线圈流过电流是该相负载的电流，而电压线圈两端的电压是该相负载的电压，三个功率表的读数是三个相负载所吸收的平均功率，它们的和就是三相负载所吸收的总平均功率。

2）三相三线制平均功率的测量

在三相三线制电路中，负载可以是星形连接，也可以是三角形连接，无论负载对称与否，都可用两表法测量功率，测量电路如图 6-18 所示。

下面证明两个功率表的读数代数和为三相负载所吸收的平均功率。

假设三相负载为星形连接，两个功率表的读数为 P_1 和 P_2，有

$$P_1 = \mathrm{Re}[\dot{U}_{AC}\,\dot{I}_A^*],\ P_2 = \mathrm{Re}[\dot{U}_{BC}\,\dot{I}_B^*]$$

所以，两个功率表的读数之和为

$$P_1 + P_2 = \mathrm{Re}[\dot{U}_{AC}\,\dot{I}_A^* + \dot{U}_{BC}\,\dot{I}_B^*]$$

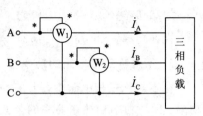

图 6-18　两表法功率测量电路

负载吸收的平均功率为

$$P = \mathrm{Re}[\dot{U}_A\,\dot{I}_A^* + \dot{U}_B\,\dot{I}_B^* + \dot{U}_C\,\dot{I}_C^*] \tag{6-15}$$

因为

$$\dot{I}_C = -\dot{I}_A - \dot{I}_B$$

所以有

$$\dot{I}_C^* = -\dot{I}_A^* - \dot{I}_B^*$$

代入式(6-15)，得

$$
\begin{aligned}
P &= \mathrm{Re}[\dot{U}_A\,\dot{I}_A^* + \dot{U}_B\,\dot{I}_B^* - \dot{U}_C\,\dot{I}_A^* - \dot{U}_C\,\dot{I}_B^*]\\
&= \mathrm{Re}[(\dot{U}_A - \dot{U}_C)\,\dot{I}_A^* + (\dot{U}_B - \dot{U}_C)\,\dot{I}_B^*]\\
&= \mathrm{Re}[\dot{U}_{AC}\,\dot{I}_A^* + \dot{U}_{BC}\,\dot{I}_B^*] = P_1 + P_2
\end{aligned}
$$

若负载为三角形连接，用类似的方法可以证明两个功率表读数之和为负载吸收的总平均功率。

需要说明的是，两表法测量功率只能用在三相三线制和三相四线制对称负载中，而且两个功率表的电压线圈要接在同一根端线上(该端线未接功率表电流线圈)。另外，有时某个功率表的指针可能会反向偏转，此时，将该功率表的电流线圈的两个端换接，该功率表的读数在求两个功率表代数时取为负值。在一般情况下，一个功率表的读数是没有意义的。

例 6-8　在图 6-18 中，负载为星形连接的对称负载，线电压为 380 V，求下列两种情况下每个功率表的读数和负载吸收的总平均功率：

(1) $Z = 4 + \mathrm{j}3\ \Omega$；

(2) $Z = 2 + \mathrm{j}4\ \Omega$。

解　设 $\dot{U}_A = 220\angle 0°\ \mathrm{V}$。

(1) 每相的功率因数角为

$$\varphi = \arctan\left(\frac{3}{4}\right) = 36.9°$$

故

$$\dot{I}_A = \frac{\dot{U}_A}{Z} = \frac{220\angle 0°}{4 + \mathrm{j}3} = 44\angle -36.9°\ \mathrm{A}$$

可推导出以下电压和电流相量：

$$\dot{I}_B = 44\angle -156.9°\ \mathrm{A}$$

$$\dot{U}_{AC} = 380\angle -30°\,\text{V}$$

$$\dot{U}_{BC} = 380\angle -90°\,\text{V}$$

两个功率表的读数分别为

$$P_1 = U_{AC}I_A\cos(-30°+36.9°) = 380\times 44\times\cos 6.9° = 16\,598.9\,\text{W}$$

$$P_2 = U_{BC}I_B\cos(-90°+156.9°) = 380\times 44\times\cos 66.9° = 6559.9\,\text{W}$$

负载吸收的总平均功率为

$$P = P_1 + P_2 = 23\,158.8\,\text{W}$$

（2）每相的功率因数角为

$$\varphi = \arctan\left(\frac{4}{2}\right) = 63.43°$$

故

$$\dot{I}_A = \frac{\dot{U}_A}{Z} = \frac{220\angle 0°}{2+\text{j}4} = 49.2\angle -63.43°\,\text{A}$$

可推导出以下电压和电流相量：

$$\dot{I}_B = 49.2\angle 176.57°\,\text{A}$$

$$\dot{U}_{AC} = 380\angle -30°\,\text{V}$$

$$\dot{U}_{BC} = 380\angle -90°\,\text{V}$$

两个功率表的读数分别为

$$P_1 = U_{AC}I_A\cos(-30°+63.43°) = 380\times 49.2\times\cos 33.43°) = 15\,602.9\,\text{W}$$

$$P_2 = U_{BC}I_B\cos(-90°-176.57°) = 380\times 49.2\times\cos(-266.57°) = -1118.6\,\text{W}$$

负载吸收的总平均功率为

$$P = P_1 + P_2 = 14\,484.3\,\text{W}$$

练习 6-2 如图 6-19 所示，功率为 $2.5\,\text{kW}$，$\cos\varphi = 0.866$ 的电动机 M 接到线电压 $380\,\text{V}$ 的对称三相电路中，求各功率表读数。

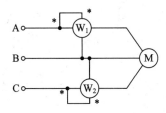

图 6-19 练习 6-2 图   练习 6-2

习　题　6

1. 已知对称三相电源线电压为 $380\,\text{V}$，对称负载每相的阻抗为 $Z = 10\angle 53.1°\,\Omega$，求负载为星形连接和三角形连接时的线电流和相电流。

2. 如图 6-20 所示电路，已知线电压为 $380\,\text{V}$，三角形负载每相阻抗为 $Z = (19.2 +$

j14.4)Ω，端线阻抗为 $Z_1=(3+j4)$ Ω，求负载的相电压和相电流。

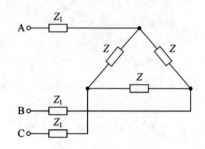

图 6-20　习题 2 图

3．三相四线制三相电路，电源端线电压为 380 V，不对称负载分别为 220 V、100 W 灯泡一个、两个和三个，如果断开中线，问各相电压为多少？

4．如图 6-21 所示电路，已知端线阻抗为 $Z_1=-j55$ Ω，负载端线电压为 380 V，对称三相感性负载吸收的平均功率为 1.4 kW，功率因数为 0.866，求电源端线电压。

5．如图 6-22 所示三相电路，已知 $\dot{U}_{CB}=173.2\angle90°$V，$\dot{I}_C=2\angle180°$A，求三相负载吸收的平均功功率、无功功率和视在功率。

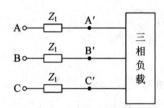

图 6-21　习题 4 图

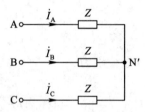

图 6-22　习题 5 图

6．如图 6-23 所示电路，端线阻抗 $Z_1=(1+j3)$ Ω，三角形阻抗 $Z=(18+j6)$ Ω，电源频率为 $f=50$ Hz，欲使电源输出的无功功率得到全补偿，求电容 C 的值。

7．如图 6-24 所示电路是一种测定相序的原理图，R 是两个相同的灯泡，与电容组成星形负载，接到星形对称三相电源上，设计时令 $R=\dfrac{1}{\omega C}$，试说明如何根据灯泡的亮度确定电源的相序。

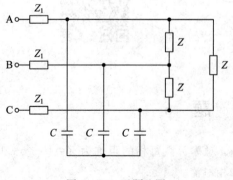

图 6-23　习题 6 图

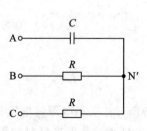

图 6-24　习题 7 图

8. 如图 6-25 所示电路，开关闭合时各电流表读数均为 I_1，求开关打开后各电流表的读数。

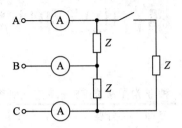

图 6-25　习题 8 图

9. 一组对称三相负载接在线电压为 400 V 的对称三相电源上。当负载接成星形时，其消耗的平均功率为 19 200 W，当接成三角形时，线电流为 $80\sqrt{3}A$，求每相阻抗 $Z=R+jX$。

10 如图 6-26 电路所示，三角形感性负载的功率为 10 kW、功率因数为 0.8，星形感性负载的平均功率为 10 kW、功率因数为 0.866，端线阻抗为 $Z_1=(0.1+j0.2)\Omega$。欲使负载端的线电压保持 380 V，求电源线电压。

11. 如图 6-27 所示电路，已知 $U_{AB}=380$ V，$Z=(27.5+j47.64)\Omega$，求三相负载吸收的平均功率及两个功率表的读数。

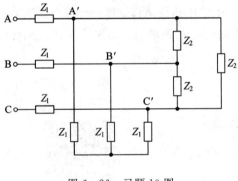

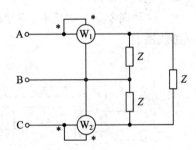

图 6-26　习题 10 图　　　　　　　　　图 6-27　习题 11 图

第7章　耦合电感和理想变压器

在工程实际中,磁耦合是一种非常重要的物理现象。研究磁耦合的意义一方面在于它在实际中有着广泛的应用;另一方面,在有些情况下,要尽量消除磁耦合。本章主要介绍耦合电感元件和理想变压器元件以及它们的伏安关系,介绍含耦合电感和理想变压器的电路的分析方法。

7.1　耦合电感元件及其伏安关系

1. 磁耦合现象与互感线圈

如图 7-1 所示,两个线圈绕在同一个磁性材料骨架上。线圈 1 通过的电流 i_1 产生的磁通为 ϕ_{11},ϕ_{11} 不仅与线圈 1 交链,还有一部分通过骨架与线圈 2 交链,称之为 ϕ_{21}。同样,线圈 2 的电流产生的磁通 ϕ_{22} 也有一部分与线圈 1 交链,称之为 ϕ_{12}。如果 ϕ_{21} 变化,会在线圈 2 中产生感应电压;如果 ϕ_{12} 变化,也会在线圈 1 中产生感应电压。显然,两个线圈通过磁通相互影响,这种现象称为磁耦合。若两个线圈之间存在磁耦合,则该线圈称为耦合电感线圈或互感线圈。

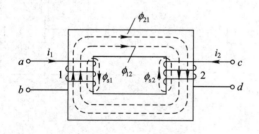

图 7-1　互感线圈

耦合电感

2. 自磁通(链)、互磁通(链)和漏磁通(链)

在图 7-1 所示的耦合电感线圈中,假设骨架以及周围介质都为非铁磁性物质,线圈 1 的匝数为 N_1,线圈 2 的匝数为 N_2。在讨论耦合电感时,各变量用两个数字作下标,如 ϕ_{22}、ψ_{12}、u_{21} 等,其中第一个数字表示该变量所在线圈的编号,第二个数字表示产生该变量的那个变量所在线圈的编号。

对于线圈 1,ϕ_{11} 是由 i_1 产生的,称为线圈 1 的自磁通,它全部与线圈 1 交链。ϕ_{11} 由两部分构成,一部分为 ϕ_{s1},它只与线圈 1 交链,称为线圈 1 的漏磁通;另一部分与线圈 2 交链,称为线圈 1 对线圈 2 的互磁通,用 ϕ_{21} 表示。故有

$$\phi_{11} = \phi_{s1} + \phi_{21}$$

那么,线圈 1 的自磁链为

$$\psi_{11} = N_1 \phi_{11}$$

线圈 1 对线圈 2 的互磁链为

$$\psi_{21} = N_2 \phi_{21}$$

对于线圈 2，它的自磁通为 ϕ_{22}，漏磁通为 ϕ_{s2}，线圈 2 对线圈 1 的互磁通为 ϕ_{12}，有

$$\phi_{22} = \phi_{s2} + \phi_{12}$$

线圈 2 的自磁链为

$$\psi_{22} = N_2 \phi_{22}$$

线圈 2 对线圈 1 的互磁链为

$$\psi_{12} = N_1 \phi_{12}$$

通过以上分析，图 7-1 所示的互感线圈 1 和线圈 2 的磁通分别为

$$\phi_1 = \phi_{11} + \phi_{12} \qquad (7-1a)$$
$$\phi_2 = \phi_{22} + \phi_{21} \qquad (7-1b)$$

线圈 1 和 2 的磁链分别为

$$\psi_1 = N_1 \phi_1 = \psi_{11} + \psi_{12} \qquad (7-2a)$$
$$\psi_2 = N_2 \phi_2 = \psi_{21} + \psi_{22} \qquad (7-2b)$$

3. 互感系数和耦合系数

1) 互感系数

对于线性互感线圈，线圈 1 和线圈 2 的自感分别定义为

$$L_1 = \frac{\psi_{11}}{i_1} \qquad L_2 = \frac{\psi_{22}}{i_2}$$

类似地，这里定义互感系数为

$$M_{21} = \frac{\psi_{21}}{i_1} \qquad M_{12} = \frac{\psi_{12}}{i_2}$$

可以证明：$M_{21} = M_{12} = M$。M 为线圈 1 和线圈 2 的互感系数，定量地反映了两个线圈的耦合程度，它的物理意义是，在一个线圈通以 1 A 的电流，在另一个线圈产生磁链的数值，耦合系数的单位为亨（H）、毫亨（mH）、微亨（μH）。

那么，式(7-2)可以写成以下形式：

$$\psi_1 = L_1 i_1 + M i_2 \qquad (7-3)$$
$$\psi_2 = M i_1 + L_2 i_2$$

2) 耦合系数

两个线圈匝数尺寸一定的情况下，它们之间的耦合程度与二者相对位置有关。为了表征两个线圈的耦合程度，这里引入耦合系数，用 K 表示。

耦合系数定义为

$$K = \sqrt{\frac{\phi_{21}}{\phi_{11}} \frac{\phi_{12}}{\phi_{22}}} \qquad (7-4)$$

由于互磁通只是自磁通的一部分，必有 $0 \leqslant \frac{\phi_{21}}{\phi_{11}} \leqslant 1$，$0 \leqslant \frac{\phi_{12}}{\phi_{22}} \leqslant 1$。这两个比值反映了两个

线圈的耦合程度,用它们的几何平均值表示耦合系数,耦合系数更能准确地表征两个线圈的耦合程度。耦合系数的取值范围为 $0 \leqslant K \leqslant 1$,如果 $K = 0$,则两个线圈不存在耦合;如果 $K = 1$,则两线圈为全耦合。

由式(7-4),有

$$K^2 = \frac{\phi_{21}}{\phi_{11}} \cdot \frac{\phi_{12}}{\phi_{22}} = \frac{N_2 \phi_{21}}{N_1 \phi_{11}} \cdot \frac{N_1 \phi_{12}}{N_2 \phi_{22}} = \frac{\psi_{21}}{\psi_{11}} \cdot \frac{\psi_{12}}{\psi_{22}} = \frac{M i_1}{L_1 i_1} \frac{M i_2}{L_2 i_2} = \frac{M^2}{L_1 L_2}$$

即

$$K = \frac{M}{\sqrt{L_1 L_2}} \tag{7-5}$$

或

$$M = K \sqrt{L_1 L_2} \tag{7-6}$$

显然,有

$$0 \leqslant M \leqslant \sqrt{L_1 L_2}$$

4. 同名端

在图7-1中,两个线圈中的磁链用式(7-3)来表示,此时两个线圈电流产生的磁链是相互加强的。如图7-2所示,改变第二个线圈的绕线方向,此时两个线圈电流产生的磁链是相互减弱的。

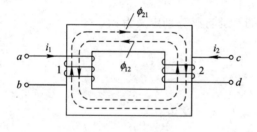

图7-2　互感线圈　　　　　　　　　　同名端

线圈1和线圈2的磁链分别为

$$\left. \begin{array}{l} \psi_1 = L_1 i_1 - M i_2 \\ \psi_2 = - M i_1 + L_2 i_2 \end{array} \right\} \tag{7-7}$$

实际上,两个电流产生的磁链是相互加强的还是相互减弱的,取决于电流的方向和线圈的绕线方向。画电路模型时,电流的方向容易表示,但线圈的绕行方向不便画出,另外在实际中,互感线圈大多采用封装结构,无法从外观上辨别出线圈的实际绕线方向,因此采用"同名端"表示两个线圈之间的耦合情况。

"同名端"的含义是:如果两个线圈的电流都是从同名端流入的,那么每个线圈中自磁链和互磁链是相互加强的,M 取正,即式(7-3);如果两个线圈的电流从非同名端(也叫异名端)流入,那么每个线圈中的自磁链和互磁链是相互减弱的,M 取负,即式(7-7)。两线圈的同名端用"＊"或"·"等符号表示。

在图7-1中,a 和 c 端是同名端,因为电流分别从 a 和 c 端流入时,两个线圈的自磁链和互磁链是相互加强的,显然 b 和 d 端也是同名端。在图7-2中,a 和 c 端是异名端,因为

电流分别从 a 和 c 端流入时，两个线圈的自磁链和互磁链是相互减弱的，显然 a 和 d 端是同名端。同名端标注方法如图 7-3(a)、(b)所示。

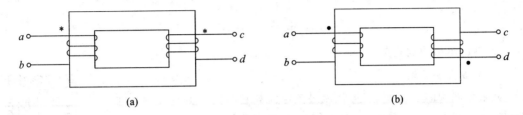

图 7-3　同名端标注方法

需要说明的是，同名端只取决于线圈的绕线方向和相对位置，与外加电流无关。另外，在图 7-3(a)中，a 和 c 端是同名端，若两个电流不是同时流入同名端，如从 a 端流入电流，从 c 端流出电流，不难理解，两个线圈中的自磁链和互磁链是相互减弱的。

5. 耦合电感元件电路符号

引入同名端和互感 M 后，就可以给出耦合电感的电路符号，如图 7-4 所示。图中，L_1 和 L_2 表示两个线圈的自感系数，M 表示互感系数，双向箭头表示两个线圈之间存在耦合，"·"代表同名端。耦合电感是一个四端元件，而且是多参数元件。

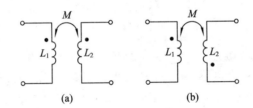

图 7-4　耦合电感电路符号

前面我们根据图 7-1 和图 7-2 写出了两个线圈的磁链表达式，如果给出耦合电感的电路模型及电流的参考方向，那么也可以直接写出两个线圈的磁链表达式。

例 7-1　写出图 7-5 所示耦合电感两个线圈的磁链表达式。

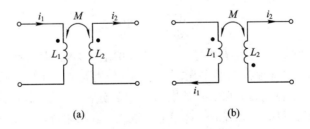

图 7-5　例 7-1 图

解　图 7-5(a)中，两个电流不是同时流入同名端，那么，各线圈自磁链和互磁链是相互减弱的，所以 M 取负，即

$$\psi_1 = L_1 i_1 - M i_2$$
$$\psi_2 = - M i_1 + L_2 i_2$$

图 7 - 5(b)中，两个电流同时流出同名端，也同时流入同名端，各线圈自磁链和互磁链是相互加强的，所以 M 取正，即

$$\psi_1 = L_1 i_1 + M i_2$$
$$\psi_2 = M i_1 + L_2 i_2$$

6. 耦合电感的伏安关系

1) 时域伏安关系

如果线圈中的磁链为 ψ，那么流过的电流和它两端的电压对线圈而言参考方向是关联的，由电磁感应定律可知，其端电压为

$$u = \frac{\mathrm{d}\psi}{\mathrm{d}t}$$

耦合电感的
伏安关系

图 7 - 6 给出了不同情况下耦合电感元件的电路符号图，下面分别讨论它们的伏安关系。

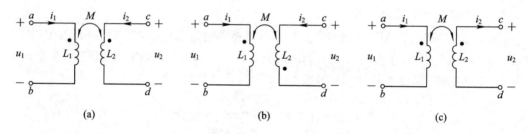

(a)　　　　　　　　　(b)　　　　　　　　　(c)

图 7 - 6　列写耦合电感元件伏安关系用图

对图 7 - 6(a)所示的耦合电感，u_2、i_1 的参考方向对 L_1 是关联的，u_2、i_2 的参考方向对 L_2 也是关联的，先列出磁链方程：

$$\psi_1 = L_1 i_1 + M i_2$$
$$\psi_2 = M i_1 + L_2 i_2$$

所以电压方程为

$$\left.\begin{aligned}
u_1 &= \frac{\mathrm{d}\psi_1}{\mathrm{d}t} = L_1 \frac{\mathrm{d}i_1}{\mathrm{d}t} + M \frac{\mathrm{d}i_2}{\mathrm{d}t} = u_{\mathrm{L1}} + u_{\mathrm{M1}} \\
u_2 &= \frac{\mathrm{d}\psi_2}{\mathrm{d}t} = M \frac{\mathrm{d}i_1}{\mathrm{d}t} + L_2 \frac{\mathrm{d}i_2}{\mathrm{d}t} = u_{\mathrm{M2}} + u_{\mathrm{L2}}
\end{aligned}\right\} \tag{7 - 8}$$

式中，u_{M1} 为电感 L_2 中的电流 i_2 在电感 L_1 中产生的电压，u_{M2} 为电感 L_1 中的电流 i_1 在电感 L_2 中产生的电压，二者称为互感电压。u_{L1} 和 u_{L2} 分别是 L_1 和 L_2 中的自感电压。所以，如果两个电感中都有电流流过，那么其端电压由两部分构成。如果电感电流和端电压的参考方向是关联的，那么写电压方程时，自感电压取正，否则取负，而互感电压可能为正，也可能为负。下面讨论互感电压在电压方程中取正还是取负的问题。

（1）两个电感电流和它们的端电压参考方向都为关联。

如果两个电流都流入同名端，即端电压的"＋"都在同名端，由式(7 - 8)可见，互感电压取正，互感电压与端电压方向相同，那么此时可以理解为，电流流入同名端，产生的互感电压的"＋"在同名端。如 i_1 从 a 端流入，它产生的互感电压的"＋"在 a 的同名端 c 端；i_2 从 c 端流入，它产生的互感电压的"＋"在 c 的同名端 a 端。

如果两个电流流入异名端，端电压的"＋"在异名端，如图 7－6(b)所示，其磁链方程为

$$\left.\begin{array}{l} \psi_1 = L_1 i_1 - M i_2 \\ \psi_2 = -M i_1 + L_2 i_2 \end{array}\right\} \tag{7-9}$$

电压方程为

$$\left.\begin{array}{l} u_1 = \dfrac{\mathrm{d}\psi_1}{\mathrm{d}t} = L_1 \dfrac{\mathrm{d}i_1}{\mathrm{d}t} - M \dfrac{\mathrm{d}i_2}{\mathrm{d}t} = u_{L1} - u_{M1} \\[3mm] u_2 = \dfrac{\mathrm{d}\psi_2}{\mathrm{d}t} = -M \dfrac{\mathrm{d}i_1}{\mathrm{d}t} + L_2 \dfrac{\mathrm{d}i_2}{\mathrm{d}t} = -u_{M2} + u_{L2} \end{array}\right\} \tag{7-10}$$

互感电压取负，互感电压与端电压方向相反，可以理解为电流从某端流入，产生的互感电压的"＋"在该端的同名端。如 i_1 从 a 端流入，它产生的互感电压的"＋"在 a 的同名端 d 端；i_2 从 c 端流入，它产生的互感电压的"＋"在 c 的同名端 b 端。

(2) 电感电流与端电压参考方向出现非关联。

如图 7－6(c)所示，L_2 中的电流和其端电压参考方向非关联，磁链方程仍为式(7－9)，而电压方程为

$$\left.\begin{array}{l} u_1 = \dfrac{\mathrm{d}\psi_1}{\mathrm{d}t} = L_1 \dfrac{\mathrm{d}i_1}{\mathrm{d}t} - M \dfrac{\mathrm{d}i_2}{\mathrm{d}t} = u_{L1} - u_{M1} \\[3mm] u_2 = -\dfrac{\mathrm{d}\psi_2}{\mathrm{d}t} = M \dfrac{\mathrm{d}i_1}{\mathrm{d}t} - L_2 \dfrac{\mathrm{d}i_2}{\mathrm{d}t} = u_{M2} - u_{L2} \end{array}\right\} \tag{7-11}$$

u_1 中的互感电压取负，即互感电压的"＋"在 b 端，而产生该互感电压的电流是从 b 的同名端 d 流入的；u_2 中的互感电压取正，即互感电压的"＋"在 c 端，而产生该互感电压的电流是从 c 的同名端 a 流入的。

综上所述，无论电感电流与端电压的参考方向是否关联，写电压方程时，首先判定互感电压的"＋"在哪一端，原则是：电流流入某端，产生互感电压的"＋"在该端的同名端。

例 7－2　如图 7－7 所示的耦合电感，直接列写其伏安关系。

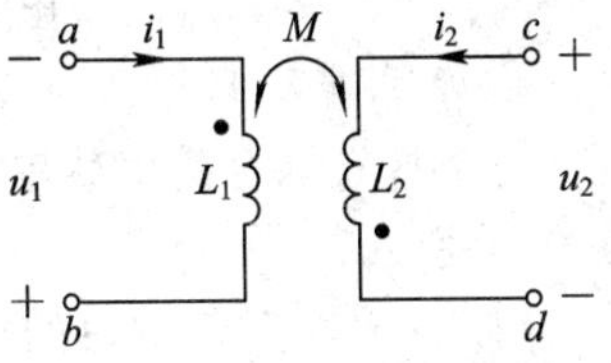

解　i_1 是从 a 端流入，它产生的互感电压的"＋"在 a 的同名端 d 端；i_2 是从 c 端流入的，它产生的互感电压的"＋"在 c 的同名端 b 端，所以电压方程为

$$\left.\begin{array}{l} u_1 = -L_1 \dfrac{\mathrm{d}i_1}{\mathrm{d}t} + M \dfrac{\mathrm{d}i_2}{\mathrm{d}t} \\[3mm] u_2 = -M \dfrac{\mathrm{d}i_1}{\mathrm{d}t} + L_2 \dfrac{\mathrm{d}i_2}{\mathrm{d}t} \end{array}\right\}$$

图 7－7　例 7－2 图

2）频域伏安关系及频域模型

由式(7－8)得到图 7－6(a)所示耦合电感的频域伏安关系为

$$\left.\begin{array}{l} \dot{U}_1 = \mathrm{j}\omega L_1 \dot{I}_1 + \mathrm{j}\omega M \dot{I}_2 \\ \dot{U}_2 = \mathrm{j}\omega M \dot{I}_1 + \mathrm{j}\omega L_2 \dot{I}_2 \end{array}\right\} \tag{7-12}$$

画出它的频域模型，如图 7－8 所示。

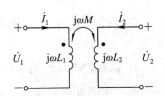

图 7－8　耦合电感频域模型

7.2　耦合电感的去耦等效电路

电路中，几个电感之间存在耦合，可用无耦合的电路进行等效，这种电路称为去耦等效电路。去耦后，可以使电路计算更加简便。

1. 耦合电感元件的串联

1) 同向串联

两个具有耦合的电感串联时，将它们的异名端相连就为同向串联，又称为顺接，如图 7 - 9(a)所示。

图 7 - 9(a)所示端口的伏安关系为

耦合电感的
串联与并联

$$\dot U = \dot U_{L1} + \dot U_{L2} = (\mathrm{j}\omega L_1\,\dot I + \mathrm{j}\omega M\,\dot I) + (\mathrm{j}\omega M\,\dot I + \mathrm{j}\omega L_2\,\dot I)$$

$$= \mathrm{j}\omega(L_1 + L_2 + 2M)\dot I = \mathrm{j}\omega L\,\dot I$$

式中：

$$L = L_1 + L_2 + 2M \qquad\qquad (7-13)$$

顺接时，耦合电感可用一个电感等效，等效电感的值大于两个电感之和。去耦等效电路如图 7 - 9(c)所示。

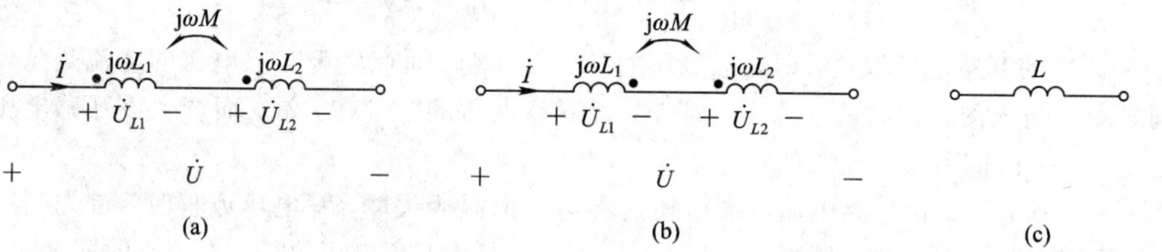

图 7-9 耦合电感的顺接和反接及其等效电路

2) 反向串联

两个具有耦合的电感串联时，将它们的同名端相连就为反向串联，又称为反接，如图 7 - 9(b)所示。

图 7 - 9(b)所示端口的伏安关系为

$$\dot U = \dot U_{L1} + \dot U_{L2} = (\mathrm{j}\omega L_1\,\dot I - \mathrm{j}\omega M\,\dot I) + (-\mathrm{j}\omega M\,\dot I + \mathrm{j}\omega L_2\,\dot I)$$

$$= \mathrm{j}\omega(L_1 + L_2 - 2M)\,\dot I = \mathrm{j}\omega L\,\dot I$$

式中：

$$L = L_1 + L_2 - 2M \qquad\qquad (7-14)$$

反接时，耦合电感可用一电感等效，等效电感的值小于两个电感之和。去耦等效电路如图 7 - 9(c)所示。

2. 耦合电感元件的并联

两个电感并联时也有两种情况：同名端相连和异名端相连，如图 7 - 10(a)、(b)所示。

1) 同名端相连时的并联

如图 7 - 10(a)所示，写出端口伏安关系为

$$\left.\begin{array}{l} \dot{U} = j\omega L_1 \dot{I}_{L1} + j\omega M \dot{I}_{L2} \\ \dot{U} = j\omega M \dot{I}_{L1} + j\omega L_2 \dot{I}_{L2} \end{array}\right\}$$

又

$$\dot{I} = \dot{I}_{L1} + \dot{I}_{L2}$$

联立求解，得

$$\dot{I} = \frac{\dot{U}}{j\omega \dfrac{L_1 L_2 - M^2}{L_1 + L_2 - 2M}} = \frac{\dot{U}}{j\omega L}$$

其中：

$$L = \frac{L_1 L_2 - M^2}{L_1 + L_2 - 2M} \qquad (7-15)$$

耦合电感两电感元件并联时，可用一电感等效，等效电感值由式(7-15)确定，等效电路如图 7-10(c)所示。

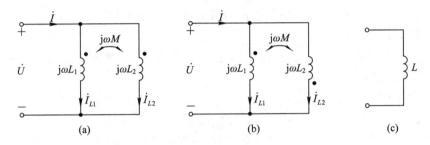

图 7-10 耦合电感的并联及其等效电路

2) 异名端相连时的并联

用与同名端相连时的并联同样的推导方法，可以得到异名端相连时并联的等效电感值为

$$L = \frac{L_1 L_2 - M^2}{L_1 + L_2 + 2M} \qquad (7-16)$$

3. 有一公共连接点的耦合电感

如图 7-11 所示电路，耦合电感对外有三个端相连，其中 1 端称为公共端，两电感有一端与公共端相连，两电感的另外一端为 2 和 3 端，从而形成一个三端网络。该电路也可以用一个无耦合的三端网络等效，分两种情况：同名端连于公共端和异名端连于公共端。

耦合电感的
T 形连接

1) 同名端连于公共端

如图 7-11(a)所示电路，列方程：

$$\left.\begin{array}{l} \dot{U}_1 = j\omega L_1 \dot{I}_1 + j\omega M \dot{I}_2 \\ \dot{U}_2 = j\omega M \dot{I}_1 + j\omega L_2 \dot{I}_2 \\ \dot{I} = \dot{I}_1 + \dot{I}_2 \end{array}\right\} \qquad (7-17)$$

将 $\dot{I}_2 = \dot{I} - \dot{I}_1$ 和 $\dot{I}_1 = \dot{I} - \dot{I}_2$ 分别代入 $\dot{U}_1$ 和 $\dot{U}_2$ 中，并整理得

$$
\left.\begin{array}{l}
\dot{U}_1 = j\omega(L_1 - M)\,\dot{I}_1 + j\omega M\,\dot{I} \\
\dot{U}_2 = j\omega(L_2 - M)\,\dot{I}_2 + j\omega M\,\dot{I}
\end{array}\right\} \qquad (7-18)
$$

由式(7-18)画出对应的等效电路，如图 7-11(b)所示，电路中已无耦合。时域去耦等效电路如图 7-11(c)所示。

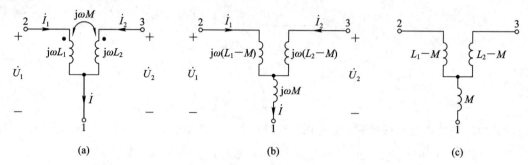

图 7-11　同名端连于公共端的耦合电感及其等效电路

　2）异名端连于公共端

　　如图 7-12(a)所示电路，两电感异名端连于公共端上，按上面类似的方法画出频域和时域等效电路，如图 7-12(b)、(c)所示。

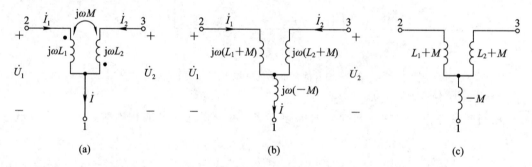

图 7-12　异名端连于公共端的耦合电感及其等效电路

　3）无公共端耦合电感去耦说明

　　在实际电路图中，耦合电感经常画成如图 7-13(a)所示的电路形式，这是一个四端电路。对于这种画法的耦合电感去耦方法介绍如下。

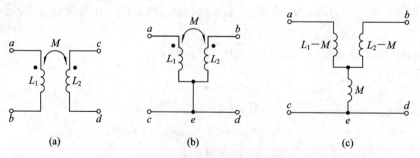

图 7-13　无公共点的耦合电感及其等效电路

　　首先将图 7 - 13(a)所示电路等效为图 7 - 13(b)所示电路，再用上面的去耦方法画图 7 - 13(b)所示电路中 a、b、e 三端网络的等效电路，从而得到去耦等效电路，如图 7 - 12(c)所示。

　　另外需要说明的是，并联耦合电感的去耦，可以参照本节介绍的方法，而不用记忆式 (7 - 15)和式(7 - 16)。

　　例 7 - 3　如图 7 - 14 所示电路，两耦合线圈串联接在正弦电压 $U=100\,\text{V}$ 上，两线圈参数为 $R_1=3\,\Omega$，$R_2=5\,\Omega$，$\omega L_1=4\,\Omega$，$\omega L_2=5\,\Omega$，$\omega M=1.5\,\Omega$。求：(1) 耦合系数；(2) 两线圈端电压；(3) 整个电路吸收的复功率。

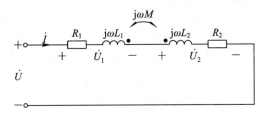

图 7 - 14　例 7 - 3 图

　　解　(1) 耦合系数为

$$K=\frac{M}{\sqrt{L_1 L_2}}=\frac{\omega M}{\sqrt{\omega L_1 \omega L_2}}=\frac{1.5}{\sqrt{4\times 5}}=0.335$$

　　(2) 设 $\dot U=100\angle 0°\,\text{V}$，该电路属于耦合电感串联反接，求得输入阻抗为

$$Z=R_1+R_2+\text{j}(\omega L_1+\omega L_2-2\omega M)$$
$$=3+5+\text{j}(4+5-2\times 1.5)=(8+\text{j}6)\,\Omega$$

电流为

$$\dot I=\frac{\dot U}{Z}=\frac{100\angle 0°}{8+\text{j}6}=10\angle -36.9°\,\text{A}$$

两线圈端电压分别为

$$\dot U_1=(R_1+\text{j}\omega L_1)\dot I-\text{j}\omega M \dot I=(3+\text{j}4-\text{j}1.5)\times 10\angle -36.9°$$
$$=39.1\angle 2.9°\,\text{V}$$

$$\dot U_2=(R_2+\text{j}\omega L_2)\dot I-\text{j}\omega M \dot I=(5+\text{j}5-\text{j}1.5)\times 10\angle -36.9°$$
$$=61\angle -1.9°\,\text{V}$$

　　(3) 电路吸收的复功率为

$$\overline S=I^2 Z=10^2\times(8+\text{j}6)=(800+\text{j}600)\,\text{VA}$$

　　例 7 - 4　用 7.2 节介绍的方法计算如图 7 - 15(a)、(b)所示耦合电感并联的等效电感值。

　　解　耦合电感并联的等效电感值的计算可以利用式(7 - 15)和式(7 - 16)求得。这里用 7.2 节的方法画出去耦电路然后求解。

　　图 7 - 15(a)所示的去耦等效电路如图 7 - 15(c)所示，可以求得等效电感为

$$L=M+\frac{(L_1-M)(L_2-M)}{L_1+L_2-2M}=\frac{L_1 L_2-M^2}{L_1+L_2-2M}$$

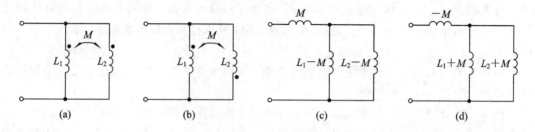

图 7-15　例 7-4 图

图 7-15(b)所示的去耦等效电路如图 7-15(d)所示，可以求得等效电感为

$$L = -M + \frac{(L_1 + M)(L_2 + M)}{L_1 + L_2 + 2M} = \frac{L_1 L_2 - M^2}{L_1 + L_2 + 2M}$$

显然，与式(7-15)和式(7-16)相同，所以在求耦合电感并联时，不必记忆这两个公式。

练习 7-1　如图 7-16 所示，两个耦合线圈，接 220 V、50 Hz 正弦电压。顺接时 $I = 2.7\,\text{A}$，$P = 218.7\,\text{W}$；反接时 $I = 7\,\text{A}$。求互感 $M = ?$

练习 7-1

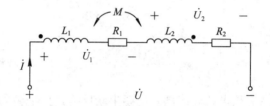

图 7-16　练习 7-1 图

7.3　含耦合电感的电路分析

含耦合电感电路分析，如果不去耦，则通常采用支路法和回路法。一般选支路电流或回路电流为变量列写方程，在列写方程时，关键是正确地表示耦合电感的每个电感两端的电压。这里需特别注意两点，一是不要漏掉互感电压项，二是不要搞错互感电压的符号。

一般来讲，去耦后的电路计算会更加简单，所以，如果电路中的耦合电感能够去耦，分析计算时可以首先去耦，画出去耦等效电路，此时不但可以用支路法和回路法，而且可以用节点法等。下面通过一些例子来说明。

例 7-5　求图 7-17 所示电路的等效阻抗。

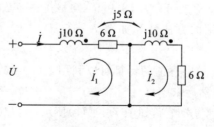

图 7-17　例 7-5 图

解　采用网孔法求解。设网孔电流 $\dot{I}_1$、$\dot{I}_2$ 参考方向如图中所示，列网孔方程：

$$\left.\begin{array}{l}(\text{j}10+6)\,\dot{I}_1+\text{j}5\times\dot{I}_2=\dot{U}\\[2mm]\text{j}5\times\dot{I}_1+(\text{j}10+6)\,\dot{I}_2=0\end{array}\right\}$$

求得电流 $\dot{I}_1$ 为

$$\dot{I}_1=\frac{6+\text{j}10}{(6+\text{j}10)^2-(\text{j}5)^2}\dot{U}$$

所以输入阻抗为

$$Z=\frac{\dot{U}}{\dot{I}}=\frac{\dot{U}}{\dot{I}_1}=(7.1+\text{j}8.2)\,\Omega=10.8\angle 49°\,\Omega$$

例 7 - 6　如图 7 - 18(a)所示电路，已知 $R_1=R_2=6\,\Omega$，$\omega L_1=\omega L_2=10\,\Omega$，$\omega M=5\,\Omega$，$\dot{U}=60\angle 0°\text{V}$，求 Z 为何值时获得最大功率，并计算出最大功率。

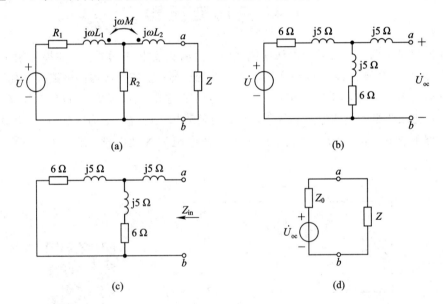

图 7 - 18　例 7 - 6 图

解　本例应首先求出 a - b 以左电路的戴维南等效电路，在求开路电压和内阻抗时可以用回路法或支路法，这里用去耦的方法求解。

求开路电压和内阻抗的去耦等效电路如图 7 - 18(b)和(c)所示。

开路电压为

$$\dot{U}_\text{oc}=\frac{6+\text{j}5}{6+\text{j}5+6+\text{j}5}\times 60\angle 0°=30\angle 0°\text{V}$$

内阻抗为

$$Z_0=Z_\text{in}=\text{j}5+\frac{6+\text{j}5}{2}=(3+\text{j}7.5)\,\Omega$$

原电路的等效电路如图 7 - 18(c)所示，由最大功率传输定理可知，当 $Z=\overset{*}{Z}_\text{in}=$（3－j7.5）$\Omega$ 时，获得最大功率，且最大功率为

$$P_\mathrm{m} = \frac{U_\mathrm{oc}^2}{4R_0} = \frac{30^2}{4 \times 3} = 75\,\mathrm{W}$$

练习 7 - 2　图 7 - 19 所示电路，$\omega = 10\,\mathrm{rad/s}$。分别求 $K = 0.5$ 和 $K = 1$ 时，电路中的电流 $\dot{I}_1$ 和 $\dot{I}_2$ 以及电阻 $R = 10\,\Omega$ 时的吸收功率。

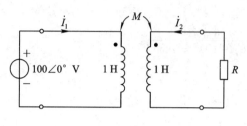

练习 7 - 2

图 7 - 19　练习 7 - 2 图

7.4　空芯变压器

变压器就是将两个具有耦合的线圈绕在同一个骨架上制成的器件，如果骨架是非铁磁性物质（一般用非金属材料），则该变压器为空芯变压器。空芯变压器的电路模型如图 7 - 20 所示虚框内的部分电路，与电源相连的绕组称为初级绕组（初级线圈），也称变压器的原边，R_1 和 L_1 是初级绕组的等效电阻和等效电感；与负载相连的绕组称为次级绕组（次级线圈），也称变压器的副边，R_2 和 L_2 是次级绕组的等效电阻和等效电感。$Z_\mathrm{L} = R_\mathrm{L} + \mathrm{j}X_\mathrm{L}$ 为负载阻抗。

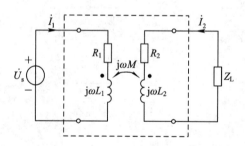

空芯变压器

图 7 - 20　空芯变压器电路

在正弦激励下，列网孔方程，有

$$(R_1 + \mathrm{j}\omega L_1)\,\dot{I}_1 + \mathrm{j}\omega M\,\dot{I}_2 = \dot{U}_\mathrm{s}$$

$$\mathrm{j}\omega M\,\dot{I}_1 + (R_2 + \mathrm{j}\omega L_2 + Z_\mathrm{L})\,\dot{I}_2 = 0$$

设 $Z_{11} = R_1 + \mathrm{j}\omega L_1$，为原边回路的自阻抗，$Z_{22} = R_2 + \mathrm{j}\omega L_2 + Z_\mathrm{L}$，为副边回路的自阻抗，由上列方程求得

$$\dot{I}_1 = \frac{\dot{U}_\mathrm{s}}{Z_{11} + (\omega M)^2 Y_{22}} \tag{7 - 19}$$

$$\dot{I}_2 = \frac{-\mathrm{j}\omega M Y_{11}\,\dot{U}_\mathrm{s}}{Z_{22} + (\omega M)^2 Y_{11}} = \frac{-\mathrm{j}\omega M Y_{11}\,\dot{U}_\mathrm{s}}{Z_\mathrm{L} + [R_2 + \mathrm{j}\omega L_2 + (\omega M)^2 Y_{11}]} \tag{7 - 20}$$

其中 $Y_{11} = \dfrac{1}{Z_{11}}$，$Y_{22} = \dfrac{1}{Z_{22}}$。

$\dot{I}_1$ 的分母 $Z_{11} + (\omega M)^2 Y_{22}$ 是原边电源两端向右的输入阻抗，$(\omega M)^2 Y_{22}$ 为副边反映到原边的阻抗，称为反射（映）阻抗。原边等效电路如图 7-21(a)所示。

$\dot{I}_2$ 的分子是负载阻抗两端向左的电路的开路电压，其分母中 $R_2 + j\omega L_2 + (\omega M)^2 Y_{11}$ 部分是负载两端向左的电路的输出阻抗。副边等效电路如图 7-21(b)所示。

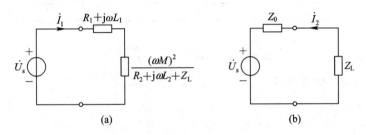

图 7-21　空芯变压器原、副边等效电路

如果将图 7-20 所示电路中的同名端位置调换，只将次级线圈的"·"画到下面，其他不变，在式(7-19)和式(7-20)中，将互感 M 的一次项取负，二次项不变，则可得到同名端调换的初、次级回路的电流表达式。可以发现，同名端位置改变后，$\dot{I}_1$ 没有任何改变，$\dot{I}_2$ 大小也没有发生改变，但相位反相。也就是说，若将负载阻抗的两个端对调，流过它的电流即反相。

今后在计算空芯变压器原、副边响应时，可以直接采用本节介绍的等效电路，而不必列写方程求解。

7.5　理想变压器

在工程中，铁芯变压器也是非常常用的器件，主要用于能量传递、电压转换和阻抗变换。它与空芯变压器最大的不同点是将初、次级绕组绕在同一个磁导率很高的骨架上，耦合系数接近于 1，而且尽量加大两线圈的自感系数。在一定条件下，铁芯变压器可以用理想变压器作为它的电路模型。下面介绍理想变压器及其阻抗变换作用。

理想变压器

1. 理想变压器的定义及电路符号

如图 7-22 所示的铁芯变压器，忽略变压器的非线性。原、副边线圈匝数分别为 N_1 和 N_2，定义变比 $n = N_1/N_2$。如果满足以下理想条件，那么这种铁芯变压器就称为理想变压器。理想条件是：

(1) 全耦合，耦合系数 $K = 1$；

(2) 每个线圈的电感系数为无穷大（$L_1 = L_2 \to \infty$），但保持 $\sqrt{\dfrac{L_1}{L_2}} = n$；

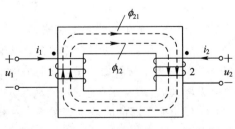

图 7-22　铁芯变压器

（3）变压器本身无损耗，吸收的瞬时功率为零。

理想变压器的时域和频域电路符号分别如图 7 - 23(a)、(b)所示。

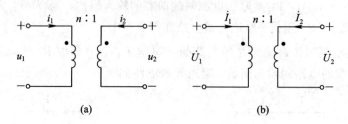

图 7 - 23　理想变压器的电路符号

2. 理想变压器的伏安关系

1）伏安关系

在以上理想条件下，忽略非线性，由图 7 - 22 所示的铁芯变压器，有

$$u_1 = \frac{\mathrm{d}\psi}{\mathrm{d}t} = N_1 \frac{\mathrm{d}\phi}{\mathrm{d}t}$$

$$u_2 = \frac{\mathrm{d}\psi}{\mathrm{d}t} = N_2 \frac{\mathrm{d}\phi}{\mathrm{d}t}$$

故有

$$\frac{u_1}{u_2} = \frac{N_1}{N_2} = n \tag{7-21}$$

又因为理想变压器吸收的瞬时功率为零，所以有

$$u_1 i_1 + u_2 i_2 = 0$$

得

$$\frac{i_1}{i_2} = -\frac{u_2}{u_1} = -\frac{1}{n} \tag{7-22}$$

重新整理式(7 - 21)和式(7 - 22)，得到图 7 - 23 所示理想变压器的时域伏安关系为

$$\left. \frac{u_1}{u_2} = \frac{N_1}{N_2} \text{ 或 } u_1 = nu_2 \right\} \tag{7-23a}$$

$$\left. N i_1 + N i_2 = 0 \text{ 或 } i_1 = -\frac{1}{n} i_2 \right\} \tag{7-23b}$$

频域伏安关系为

$$\left. \begin{array}{l} \dot{U}_1 = n \dot{U}_2 \\ \dot{I}_1 = -\frac{1}{n} \dot{I}_2 \end{array} \right\} \tag{7-24}$$

2）关于理想变压器的几点说明

（1）理想变压器是铁芯变压器的理想化模型，工程上为了近似获得理想变压器的特性，通常采用高磁导率材料做芯子，而且在保证变比不变的情况下，尽量增加原、副边线圈的匝数，以增大 L_1、L_2 和互感 M。

（2）理想变压器的时域伏安关系是一组代数方程，它是一种静态元件，不存储能量，也不消耗能量，无记忆特性。对于任何频率的电压和电流，式(7 - 23)都成立；而耦合电感的工作原理是电磁感应定律，它是一种动态元件，能够存储能量，不能传递直流信号。

　　(3) 理想变压器的唯一参数是变比 n。凡是能够满足式(7-23)的四端网络都可以看成理想变压器。实际中，理想变压器经常用电路元件实现。

　　(4) 在列写理想变压器的伏安关系时，应掌握以下原则：写电压方程只看原、副边电压的参考方向，与电流无关，如果原、副边电压参考方向的"+"都在同名端，则电压方程为式(7-23a)，否则，加上负号；写电流方程时也只看原、副边电流的参考方向，与电压无关，如果原、副边电流参考方向都流入同名端，则电流方程为式(7-23b)，否则，去掉负号。

3. 理想变压器的阻抗变换作用

1) 阻抗变换

如图 7-24(a)所示电路，副边接一阻抗 Z_L，原边的输入阻抗为

$$Z_{in} = \frac{\dot{U}_1}{\dot{I}_1} = \frac{n\dot{U}_2}{-\frac{1}{n}\dot{I}_2} = n^2 Z_L \qquad (7-25)$$

等效电路如图 7-24(b)所示。

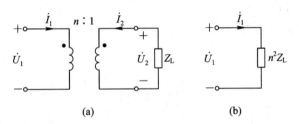

图 7-24　理想变压器从副边到原边的阻抗变换

如图 7-25(a)所示电路，原边接一阻抗 Z_s，副边的输入阻抗为

$$Z_{in} = \frac{\dot{U}_2}{\dot{I}_2} = \frac{\frac{1}{n}\dot{U}_1}{-n\dot{I}_1} = \frac{1}{n^2} Z_s \qquad (7-26)$$

等效电路如图 7-25(b)所示。

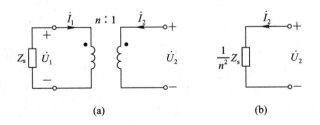

图 7-25　理想变压器从原边到副边的阻抗变换

2) 理想变压器阻抗变换的几点说明

　　(1) 由于变比 n 是实数，所以，阻抗经变换后，性质不会发生改变，如感性阻抗变换后仍然为感性的。

　　(2) 阻抗变换与同名端无关，读者可以自行验证。

　　(3) 计算中经常用到两种阻抗的变换，一是理想变压器一边开路，等效到另一边也是

开路的；二是理想变压器一边短路，等效到另一边也是短路的。

7.6 含理想变压器的电路分析

含理想变压器的电路分析通常用到的方法是回路法、节点法以及理想变压器的变量变换。在分析计算时，需特别注意两点，一是不要搞错伏安关系中的正负号；二是弄清变比的含义，各教材定义的变比可能不尽相同。如果图中标以 $n:1$，就表示 $N_1/N_2=n$；如果图中标以 $1:n$，就表示 $N_1/N_2=1/n$。

例 7 - 7 如图 7 - 26 所示电路，已知 $\dot{U}_s=15\angle0°\text{V}$，试求 $\dot{I}_1$、$\dot{I}_2$。

解 设理想变压器初级和次级电压如图 7 - 26所示。网孔方程为

$$(2+1)\dot{I}_1 -1\times\dot{I}_2+\dot{U}_1=\dot{U}_s=15\angle0° \Big\}$$
$$-1\times\dot{I}_1+(1+4)\dot{I}_2-\dot{U}_2=0$$

理想变压器的伏安关系为

$$\dot{U}_1=2\dot{U}_2 \Big\}$$
$$\dot{I}_1=\frac{1}{2}\dot{I}_2$$

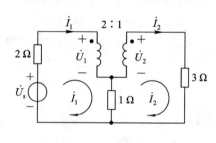

图 7 - 26 例 7 - 7 图

联立求解，得 $\dot{I}_1=1\angle0°\text{A}$，$\dot{I}_2=7\angle0°\text{A}$。

例 7 - 8 如图 7 - 27(a)所示电路，已知 $\dot{U}_s=20\angle0°\text{V}$，求 $\dot{I}_1$、$\dot{I}_2$。

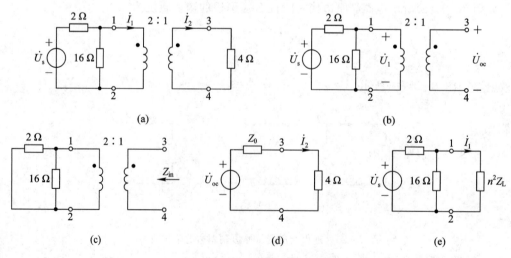

(a)

(b)

(c)

(d)

(e)

图 7 - 27 例 7 - 8 图

解 这里用两种求解方法。

方法一：先求出 3 - 4 端以左的戴维南等效电路，求开路电压电路，如图 7 - 27(b)所示。

由于 3 - 4 端开路，所以 1 - 2 端也开路，有

$$\dot{U}_1 = \frac{16}{16+2}\dot{U}_s = \frac{16}{16+2} \times 20\angle0° = \frac{160}{9}\angle0° \text{ V}$$

由理想变压器的伏安关系的电压方程求得开路电压为

$$\dot{U}_{oc} = \frac{1}{2}\dot{U}_1 = \frac{80}{9}\angle0° \text{ V}$$

求内阻抗的电路如图 7 - 27(c)所示。利用理想变压器的阻抗变换作用，可得

$$Z_0 = Z_{in} = \frac{1}{n^2} \times \frac{2 \times 16}{2+16} = \frac{4}{9}\ \Omega$$

求 $\dot{I}_2$ 的电路如图 7 - 27(d)所示，可得

$$\dot{I}_2 = \frac{\dot{U}_{oc}}{Z_0 + 4} = \frac{\frac{80}{9}\angle0°}{\frac{4}{9}+4} = 2\angle0° \text{ A}$$

由理想变压器的伏安关系的电流方程可求得

$$\dot{I}_1 = \frac{1}{2}\dot{I}_2 = 1\angle0° \text{ A}$$

方法二：利用理想变压器的阻抗变换性，求出 1 - 2 端以右的等效阻抗为

$$Z_{12} = n^2 R_L = 2^2 \times 4 = 16\ \Omega$$

等效电路如图 7 - 27(e)所示。可求得

$$\dot{I}_1 = \frac{1}{2} \times \frac{\dot{U}_s}{2+8} = 1\angle0° \text{ A}$$

由理想变压器的伏安关系的电流方程可求得

$$\dot{I}_2 = n\dot{I}_1 = 2\angle0° \text{ A}$$

练习 7 - 3　如图 7 - 28 所示电路，求电压 $\dot{U}_2$。

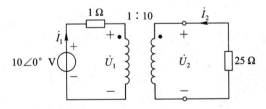

图 7 - 28　练习 7 - 3 图　　　　　　　　　练习 7 - 3

习　题　7

1. 试确定图 7 - 29 所示耦合线圈的同名端。

2. 如图 7 - 30 所示电路，输出端开路，已知 $i_s = (10 + 10\cos t + 5\cos2t) \text{ A}$，求耦合系数及 u_1 和 u_2。

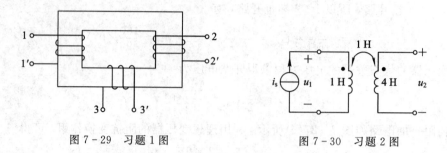

图 7-29　习题 1 图　　　　　　　　图 7-30　习题 2 图

3. 如图 7-31 所示电路，求端口的等效电感值。

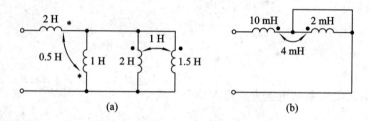

(a)　　　　　　　　　　　(b)

图 7-31　习题 3 图

4. 如图 7-32 所示电路，已知 $L_1 = 1$ H，$L_2 = 2$ H，$M = 0.5$ H，$R_1 = R_2 = 1$ kΩ，$u_s = 100\cos 1000t$ V，求耦合系数及电压源发出的平均功率。

5. 如图 7-33 所示电路，已知 $\dot{U} = 100\angle 0°$ V，求 $\dot{I}_1$ 和 $\dot{I}_2$。

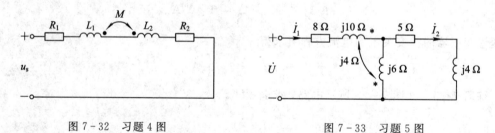

图 7-32　习题 4 图　　　　　　　　图 7-33　习题 5 图

6. 如图 7-34 所示电路，用去耦的方法求负载 Z_L 为何值时获得最大功率。

7. 如图 7-35 所示电路，写出 u_1 和 u_2 的表达式。

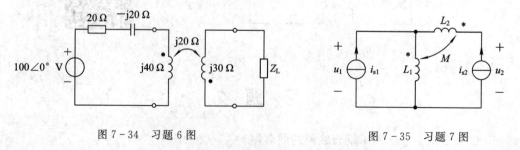

图 7-34　习题 6 图　　　　　　　　图 7-35　习题 7 图

8. 如图 7-36 所示电路，已知 $\dot{U} = 50\angle 0°$ V，不去耦，列写网孔方程。

9. 如图 7-37 所示电路，已知 $u = \cos\omega t$ V，$i = \cos\omega t$ A，求两个电源发出的平均功率。

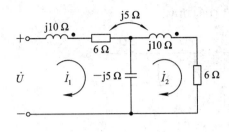

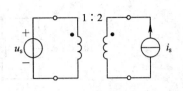

图 7 - 36　习题 8 图　　　　　　　　　　图 7 - 37　习题 9 图

10. 求图 7 - 38 所示单口网络的输入阻抗。

11. 如图 7 - 39 所示电路，求 $\dot{I}_1$ 和 $\dot{I}_2$ 及电路消耗的总功率。

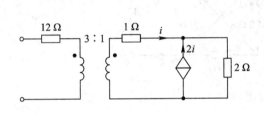

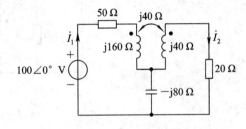

图 7 - 38　习题 10 图　　　　　　　　　　图 7 - 39　习题 11 图

12. 如图 7 - 40 所示电路，若负载 Z_L 获得最大功率，求 Z_L 的值。

13. 如图 7 - 41 所示电路，试分别画出将副边折合至原边以及将原边折合至副边的等效电路。

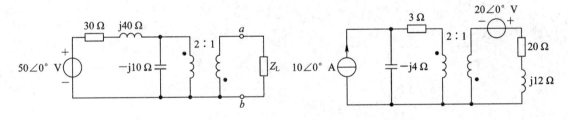

图 7 - 40　习题 12 图　　　　　　　　　　图 7 - 41　习题 13 图

14. 如图 7 - 42 所示电路，求 5 Ω 电阻吸收的功率。

15. 如图 7 - 43 所示电路，求输入阻抗。

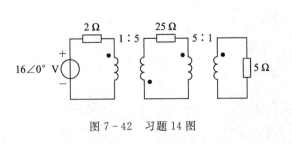

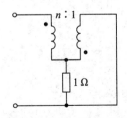

图 7 - 42　习题 14 图　　　　　　　　　　图 7 - 43　习题 15 图

16. 求图 7-44 所示电路中的 $\dot{U}_2$ 及 $R=1\,\Omega$ 的功率。

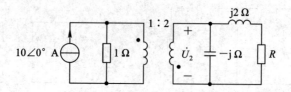

图 7-44　习题 16 图

17. 如图 7-45 所示电路,求 Z 为何值时获得最大功率,并求该最大功率。

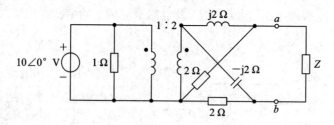

图 7-45　习题 17 图

第 8 章　谐 振 电 路

由电感 L 和电容 C 组成的,可以在一个或若干个频率上发生谐振现象的电路,统称为谐振电路。在电子工程中,经常要从许多电信号中选取出我们所需要的电信号,而同时把不需要的电信号加以抑制或滤除,为此就需要一个选择电路,即谐振电路。另外,在电力工程中有可能由于电路中出现谐振而产生某些危害,例如过电压或过电流。所以,对谐振电路的研究,无论是从利用方面,或是从限制其危害方面来看,都有重要意义。

8.1　串联谐振电路

1. 谐振与谐振条件

由电感 L 和电容 C 串联而组成的谐振电路,称为串联谐振电路,如图 8-1 所示。其中 $\dot{U}_s$ 为电压源电压,ω 为电源角频率。该电路的输入阻抗为

$$Z = |Z| e^{j\varphi} = R + jX = \sqrt{R^2 + X^2} e^{j\arctan\frac{X}{R}}$$

其中,$X = \omega L - \dfrac{1}{\omega C}$。故得 Z 的模和辐角分别为

$$|Z| = \sqrt{R^2 + X^2} = \sqrt{R^2 + \left(\omega L - \frac{1}{\omega C}\right)^2} \tag{8-1}$$

$$\varphi = \varphi_u - \varphi_i = \arctan\frac{X}{R} = \arctan\frac{\omega L - \dfrac{1}{\omega C}}{R} \tag{8-2}$$

由式(8-2)可见,当 $X = \omega L - \dfrac{1}{\omega C} = 0$ 时,有 $\varphi = 0$,即 $\dot{I}$ 与 $\dot{U}_s$ 同相。此时我们就说电路发生了谐振,而电路达到谐振的条件为

$$X = \omega L - \frac{1}{\omega C} = 0 \tag{8-3}$$

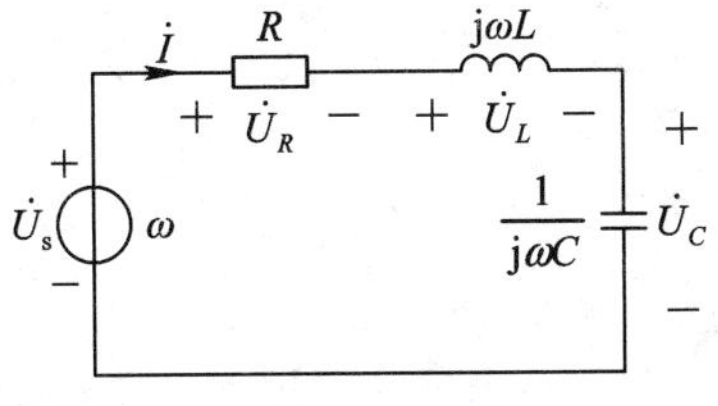

图 8-1　串联谐振电路　　　　　　　　串联谐振电路

2. 电路的固有谐振频率

由式(8-3)可得

$$\omega = \omega_0 = \frac{1}{\sqrt{LC}} \tag{8-4}$$

式中，$\omega_0 = 1/\sqrt{LC}$，称为电路的固有谐振角频率，简称谐振角频率，它只由电路本身的参数 L、C 所决定。电路的谐振频率为

$$f_0 = \frac{\omega_0}{2\pi} = \frac{1}{2\pi\sqrt{LC}} \tag{8-5}$$

式(8-4)表明，当电源的角频率 ω 与电路的固有谐振角频率 ω_0 相等时，电路即发生谐振。由式(8-4)和式(8-5)可见，L 和 C 的值愈小，则 f_0 和 ω_0 的值就愈高。

3. 谐振阻抗、特征阻抗与品质因数

电路在谐振时的输入阻抗称为谐振阻抗，用 Z_0 表示。由于谐振时的电抗 $X = 0$，故由式(8-1)得谐振阻抗为

$$Z_0 = R$$

可见，Z_0 为纯电阻，且其值为最小。

谐振时的感抗 X_{L0} 和容抗 X_{C0} 称为电路的特征阻抗，用 ρ 表示，即

$$\rho = X_{L0} = \omega_0 L = \frac{1}{\sqrt{LC}}L = \sqrt{\frac{L}{C}}$$

$$\rho = X_{C0} = \frac{1}{\omega_0 C} = \sqrt{\frac{L}{C}}$$

可见，ρ 只与电路参数 L、C 有关，而与 ω 无关，且有 $X_{L0} = X_{C0}$。

品质因数用 Q 表示，定义为特征阻抗 ρ 与电路的总电阻 R 之比，即

$$Q = \frac{\rho}{R} = \frac{X_{L0}}{R} = \frac{X_{C0}}{R} \tag{8-6}$$

在电子工程中，Q 值一般在 $10 \sim 500$ 之间。由式(8-6)可得

$$\rho = X_{L0} = X_{C0} = QR$$

故可得谐振阻抗的又一表示式为

$$Z_0 = R = \frac{\rho}{Q}$$

在电路分析中，一般多采用电路元件的品质因数。电感元件与电容元件的品质因数分别定义为

$$Q_L = \frac{\omega_0 L}{R_L} = \frac{X_{L0}}{R_L}$$

$$Q_C = \frac{\frac{1}{\omega_0 C}}{R_C} = \frac{X_{C0}}{R_C}$$

因在实际中有 $R_C \approx 0$，故有

$$Q = \frac{X_{L0}}{R} = \frac{X_{L0}}{R_L + R_C} \approx \frac{X_{L0}}{R_L} = Q_L$$

即电路的品质因数 Q 实际上可认为就是电感元件的品质因数 Q_L。以后若提到品质因数 Q，均是指 Q_L。

4. 谐振时电路的特性

串联谐振电路在谐振时具有下列特性：

(1) 谐振阻抗 Z_0 为纯电阻，其值为最小，即 $Z_0 = R$。

(2) 电流 $\dot{I}$ 与电源电压 $\dot{U}_s$ 同相位，即 $\varphi = \varphi_u - \varphi_i = 0$。

(3) 电流 $\dot{I}$ 的模达到最大值，即 $I = I_0 = U_s/R$，I_0 称为谐振电流。

(4) L 和 C 两端均可能出现高电压，即

$$U_{L0} = I_0 X_{L0} = \frac{U_s}{R} X_{L0} = Q U_s \qquad (8-7)$$

$$U_{C0} = I_0 X_{C0} = \frac{U_s}{R} X_{C0} = Q U_s \qquad (8-8)$$

可见，当 $Q \geqslant 1$ 时，即有 $U_{L0} = U_{C0} \geqslant U_s$，故串联谐振又称为电压谐振。这种出现高电压的现象，在无线电和电子工程中极为有用，但在电力工程中却表现为有害，应予防止。

由式(8-7)和式(8-8)，我们又可得到 Q 的另一表示式和物理意义，即

$$Q = \frac{U_{L0}}{U_s} = \frac{U_{C0}}{U_s}$$

即品质因数 Q 也可理解为谐振时 L 两端或 C 两端的电压($U_{L0} = U_{C0}$)比电源电压 U_s 大的倍数。

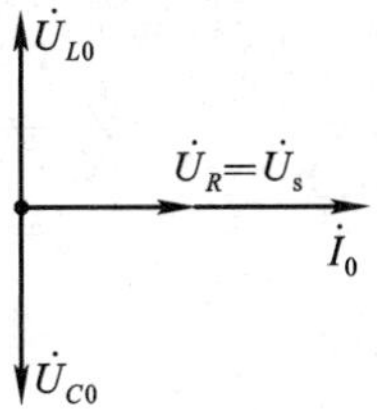

(5) 谐振时电路的相量图如图 8-2 所示。由图可见，L 和 C 两端的电压 $\dot{U}_{L0}$ 和 $\dot{U}_{C0}$ 大小相等、相位相反，互相抵消了，故有 $\dot{U}_s = \dot{U}_R$。

图 8-2　串联电路谐振时的相量图

例 8-1　一半导体收音机的输入电路为 R、L、C 串联电路，$L = 300\,\mu H$，$R = 10\,\Omega$。当收听频率 $f = 540\,kHz$ 的电台广播时，输入信号电压的有效值 $U_s = 100\,\mu V$，求可变电容 C 的值、电路的 Q 值和输出电压 U_{L0} 的值。

例题 8-1

解　$C = \dfrac{1}{(2\pi f)^2 L} = \dfrac{1}{(2 \times 3.14 \times 540 \times 10^3)^2 \times 300 \times 10^{-6}} = 2.9 \times 10^{-10}\,F$
$= 290\,pF$

$Q = \dfrac{\omega_0 L}{R} = \dfrac{2\pi f L}{R} = \dfrac{2 \times 3.14 \times 540 \times 10^3 \times 300 \times 10^{-6}}{10} = 101.7$

$U_{L0} = Q U_s = 106.8 \times 100 \times 10^{-6} = 10.68\,mV$

例 8-2　R、L、C 串联电路中，已知 $R = 5\,\Omega$，$L = 100\,\mu H$，$C = 400\,pF$，$U_s = 10\,\mu V$，求 ω_0、Z_0、ρ、Q、U_{C0}、I_0 和功率 P。

解

$$\omega_0 = \frac{1}{\sqrt{LC}} = \frac{1}{\sqrt{100 \times 10^{-6} \times 400 \times 10^{-12}}} = 5 \times 10^6\,rad/s$$

$$Z_0 = R = 5\,\Omega$$

$$\rho = X_{L0} = \omega_0 L = 5 \times 10^6 \times 100 \times 10^{-6} = 500\,\Omega$$

$$Q = \frac{\rho}{R} = \frac{500}{5} = 100$$

$$U_{C0} = Q U_s = 100 \times 10 = 1000\,\mu V$$

$$I_0 = \frac{U_s}{R} = \frac{10}{5} = 2\,\mu A$$

$$P = I_0^2 R = (2 \times 10^{-6})^2 \times 5 = 2 \times 10^{-11} \text{ W}$$

5. 电路的频率特性

电路的各物理量随电源频率 ω 而变化的函数关系，称为电路的频率特性。研究电路频率特性的目的是为了进一步研究谐振电路的选择性与通频带问题。

1）阻抗的模频特性与相频特性

电路的感抗 X_L、容抗 X_C、电抗 X、阻抗的模 $|Z|$ 分别为

$$X_L = \omega L$$

$$X_C = \frac{1}{\omega C}$$

电路的频率特性

$$X = X_L - X_C = \omega L - \frac{1}{\omega C}$$

$$\begin{aligned}|Z| &= \sqrt{R^2 + X^2} \\ &= \sqrt{R^2 + (X_L - X_C)^2} \\ &= \sqrt{R^2 + \left(\omega L - \frac{1}{\omega C}\right)^2}\end{aligned}$$

它们的频率特性如图 8-3(a)所示，统称为阻抗的模频特性。由图可见，当 $\omega = 0$ 时，$|Z| = \infty$；当 $0 < \omega < \omega_0$ 时，$X < 0$，电路呈电容性；当 $\omega = \omega_0$ 时，$X = 0$，电路呈纯电阻性，$|Z| = R$；当 $\omega_0 < \omega < \infty$ 时，$X > 0$，电路呈电感性；当 $\omega \to \infty$ 时，$|Z| = \infty$。

阻抗的相频特性就是阻抗角 φ 随 ω 的变化关系，即

$$\varphi = \arctan \frac{X}{R} = \arctan \frac{\omega L - \frac{1}{\omega C}}{R}$$

当 $\omega = 0$ 时，$\varphi = -\frac{\pi}{2}$；当 $\omega = \omega_0$ 时，$\varphi = 0$；当 $\omega = \infty$ 时，$\varphi = \frac{\pi}{2}$。其曲线如图 8-3(b)所示。

2）电流频率特性

$$I = \frac{U_s}{|Z|} = \frac{U_s}{\sqrt{R^2 + \left(\omega L - \frac{1}{\omega C}\right)^2}} \quad (8-9)$$

当 $\omega = 0$ 时，$I = 0$；当 $\omega = \omega_0$ 时，$I = I_0 = \frac{U_s}{R}$；当 $\omega = \infty$ 时，$I = 0$。其曲线如图 8-3(c)所示，称为电流频率特性。

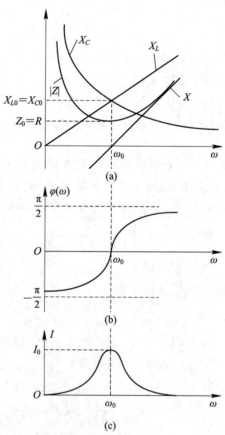

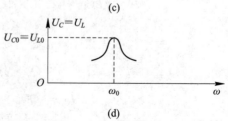

图 8-3　串联谐振电路的频率特性

3）电压频率特性

电容和电感的电压有效值分别为

$$U_C = I\frac{1}{\omega C}$$

$$U_L = I\omega L$$

在电子工程中，总有 $Q \geqslant 1$，ω_0 值很高，且 ω 又在 ω_0 附近变化，因此有 $\frac{1}{\omega C} \approx \frac{1}{\omega_0 C}$，$\omega L \approx \omega_0 L$。故上两式可写为

$$U_C = U_L \approx I\frac{1}{\omega_0 C} = I\omega_0 L$$

即 U_C 和 U_L 均近似与电流 I 成正比。U_C、U_L 的频率特性与电流 I 的频率特性相似，如图 8-3(d) 所示。图中 $U_{L0}=U_{C0}=I_0 X_{L0}=I_0 X_{C0}$。

4）相对频率特性

由式(8-9)看出，电流 I 不仅与 R、L、C 有关，还与 U_s 有关，这使我们难以确切地比较电路参数对电路频率特性曲线的影响。为此先来研究相对电流频率特性。

$$I = \frac{U_s}{\sqrt{R^2+\left(\omega L-\frac{1}{\omega C}\right)^2}} = \frac{U_s}{R\sqrt{1+\frac{1}{R^2}\left(\omega L-\frac{1}{\omega C}\right)^2}} = \frac{I_0}{\sqrt{1+\left(\frac{1}{R}\left(\frac{\omega_0 \omega L}{\omega_0}-\frac{\omega_0}{\omega_0 \omega C}\right)\right)^2}}$$

故有

$$\frac{I}{I_0} = \frac{1}{\sqrt{1+\left[\frac{\omega_0 L}{R}\left(\frac{\omega}{\omega_0}-\frac{\omega_0}{\omega}\right)\right]^2}} = \frac{1}{\sqrt{1+Q^2\left(\frac{\omega}{\omega_0}-\frac{\omega_0}{\omega}\right)^2}} = \frac{1}{\sqrt{1+Q^2\left(\frac{f}{f_0}-\frac{f_0}{f}\right)^2}}$$

$$(8-10)$$

式(8-10)所描述的相对电流值 $\frac{I}{I_0}$ 与 $\frac{\omega}{\omega_0}$（或 $\frac{f}{f_0}$）的函数关系，即为相对电流频率特性。可见 (8-10) 右端已与 U_s 无关，相对频率特性如图 8-4 所示。

5）Q 值与频率特性的关系

根据式(8-10)可画出不同 Q 值时的相对电流频率特性曲线，如图 8-5 所示。从图中看出，Q 值高，曲线就尖锐；Q 值低，曲线就平坦，即曲线的锐度与 Q 值成正比。

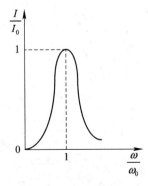

图 8-4　相对频率特性

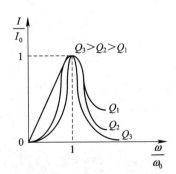

图 8-5　Q 值与相对电流频率特性的关系

6. 选择性与通频带

1）选择性

谐振电路的选择性就是选择有用电信号的能力。如图 8-6 所示，当 R、L、C 串联电路中接入许多不同频率的电压信号时，如调节电路的固有谐振频率（在此是调节电容 C），就能使我们所需要的频率信号（例如 ω_2）与电路达到谐振，亦即使 $\omega_0 = \omega_2$，从而电路中的电流达到最大值（谐振电流），当电路的 Q 值很高时，从 C 两端（或 L 两端）输出的电压 U_C（或 U_L）也就最大；而我们不需要的电信号（例如 ω_1 和 ω_2 的电压）在电路中产生的电流很小，其输出电压当然也小。这就达到了选择有用电信号 ω_2 的目的。显然，电路的 Q 值越高，频率特性就越尖锐，因而选择性就越好。

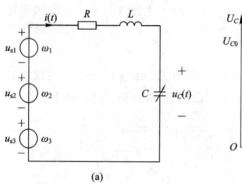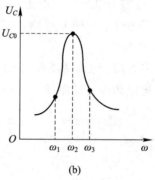

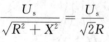

图 8-6　串联谐振电路的选择性

2）通频带

（1）定义。当电源的 ω（或 f）变化时，能使电流 $I \geqslant \dfrac{I_0}{\sqrt{2}}$（或使 $U_C \geqslant \dfrac{U_{C0}}{\sqrt{2}}$）的频率范围定义为电路的通频带，如图 8-7 所示。通频带用 $\Delta\omega$ 或 Δf 表示，即

$$\Delta\omega = \omega_2 - \omega_1$$
$$\Delta f = f_2 - f_1$$

（2）计算公式。

令

$$I = \frac{I_0}{\sqrt{2}}$$

即

$$\frac{U_s}{\sqrt{R^2 + X^2}} = \frac{U_s}{\sqrt{2}R}$$

有

$$\sqrt{R^2 + X^2} = \sqrt{2}R$$

故

$$X = \pm R$$

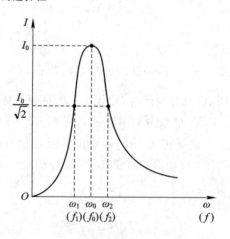

图 8-7　电路通频带的定义

即

$$\omega L - \frac{1}{\omega C} = \pm R$$

当 $\omega = \omega_2$ 时，有

$$\omega_2 L - \frac{1}{\omega_2 C} = R$$

当 $\omega = \omega_1$ 时，有

$$\omega_1 L - \frac{1}{\omega_1 C} = -R$$

上两式联立求解得

$$\Delta\omega = \omega_2 - \omega_1 = \frac{R}{L} = \frac{\omega_0 R}{\omega_0 L} = \frac{\omega_0}{\frac{\omega_0 L}{R}} = \frac{\omega_0}{Q}$$

或

$$\Delta f = f_2 - f_1 = \frac{f_0}{Q}$$

可见，$\Delta\omega$（或 Δf）与 Q 值成反比，亦即与选择性相矛盾。

定义相对通频带为

$$\frac{\Delta\omega}{\omega_0} = \frac{\Delta f}{f_0} = \frac{1}{Q}$$

（3）半功率点功率。我们称 f_1（或 ω_1）为下边界频率，f_2（或 ω_2）为上边界频率。由于谐振时电路中消耗的功率为 $P_0 = I_0^2 R$，而当频率为 f_1 和 f_2 时，电路中消耗的功率为

$$P_1 = P_2 = I^2 R = \left(\frac{I_0}{\sqrt{2}}\right)^2 R = \frac{1}{2} I_0^2 R = \frac{1}{2} P_0$$

可见，在上、下边界频率 f_1 和 f_2 处，电路中消耗的功率等于 P_0 的一半，故又称上、下边界频率为半功率点频率。

例 8-3 R、L、C 串联电路中，已知 $R = 10\,\Omega$，$L = 160\,\mu H$，$C = 250\,pF$，电压源电压有效值 $U_s = 1\,V$，求 f_0、Q、Δf、I_0、U_{L0}、U_{C0}。

解

$$f_0 = \frac{1}{2\pi \sqrt{LC}} = \frac{1}{2 \times 3.14 \times \sqrt{160 \times 10^{-6} \times 250 \times 10^{12}}}$$

$$= 796\,Hz = 0.796\,MHz$$

例 8-3

$$Q = \frac{2\pi f_0 L}{R} = \frac{2 \times 3.14 \times 796 \times 160 \times 10^{-6}}{10} = 0.08$$

$$\Delta f = \frac{f_0}{Q} = \frac{796}{0.08} = 9950\,Hz = 9.95\,kHz$$

$$I_0 = \frac{U_s}{R} = \frac{1}{10} = 0.1\,A$$

$$U_{L0} = U_{C0} = Q U_s = 0.08 \times 1 = 0.08\,V$$

8.2 并联谐振电路

由 L 和 C 并联即可构成并联谐振电路，如图 8-8 所示。其中 R 为电感线圈的电阻，$\dot{U}$ 为输出电压，$\dot{I}_s$ 为电流源的电流。

1. 谐振条件与固有谐振频率

电路的输入阻抗为

$$Z = \frac{(R + j\omega L)\dfrac{1}{j\omega C}}{R + j\left(\omega L - \dfrac{1}{\omega C}\right)}$$

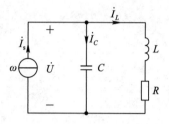

图 8-8　并联谐振电路

并联谐振电路

在电子工程中，总有 $Q \gg 1$（即 R 十分小），ω_0 值很高，且 ω 在 ω_0 附近变化，故有 $\omega L \gg R$。因此上式可写为

$$Z = \frac{j\omega L \dfrac{1}{j\omega C}}{R + j\left(\omega L - \dfrac{1}{\omega C}\right)} = \frac{\dfrac{L}{C}}{R + jX} = \frac{\rho^2}{R + jX} \tag{8-11}$$

其中，$X = \omega L - \dfrac{1}{\omega C}$，为并联回路的总电抗；$\rho = \sqrt{\dfrac{L}{C}}$，为并联回路的特征阻抗。

由式(8-11)可见，当

$$X = \omega L - \frac{1}{\omega C} = 0 \tag{8-12}$$

时，有

$$Z = Z_0 = \frac{\rho^2}{R} = Q\rho = Q^2 R \tag{8-13}$$

其中，$Q = \dfrac{\rho}{R} = \dfrac{\sqrt{L/C}}{R}$，为并联回路的品质因数。由式(8-13)可见，$Z_0$ 为一纯电阻，亦即 $\dot{I}_s$ 与 $\dot{U}$ 同相，电路达到了谐振，而式(8-12)即为电路达到谐振的条件。可见，并联谐振电路与串联谐振电路的谐振条件完全相同，Z_0 称为谐振阻抗。

由式(8-12)可求得谐振角频率和频率为

$$\omega_0 = \frac{1}{\sqrt{LC}}$$

$$f_0 = \frac{1}{2\pi\sqrt{LC}}$$

故特征阻抗、品质因数与谐振阻抗又可写为

$$\rho = \sqrt{\frac{L}{C}} = \omega_0 L = \frac{1}{\omega_0 C}$$

$$Q = \frac{\rho}{R} = \frac{\omega_0 L}{R} = \frac{\dfrac{1}{\omega_0 C}}{R}$$

$$Z_0 = \frac{\rho^2}{R} = \frac{(\omega_0 L)^2}{R} = \frac{\left(\frac{1}{\omega_0 C}\right)^2}{R}$$

可见,并联谐振电路中 ω_0、ρ、Q、Z_0 的定义均与串联谐振电路的相同,但两者 Z_0 的计算公式不同。

2. 谐振时电路的特性

并联谐振电路在谐振时具有下列特性:

(1) 输入阻抗 Z 达到最大值,且为纯电阻,即 $Z=Z_0$。

(2) $\dot{I}_s$ 与 $\dot{U}$ 近似同相。

(3) 输出电压 U 达到最大值 U_0,即

$$U_0 = I_s Z_0 = I_s Q \rho$$

可得

$$QI_s = \frac{U_0}{\rho} = \frac{U_0}{\omega_0 L} = \frac{U_0}{\frac{1}{\omega_0 C}}$$

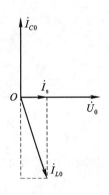

(4) 电感与电容支路中的电流 I_{C0} 和 I_{L0} 均为 I_s 的 Q 倍,即

$$I_{L0} = \frac{U_0}{\sqrt{R^2 + (\omega_0 L)^2}} \approx \frac{U_0}{\omega_0 L} = QI_s$$

$$I_{C0} = \frac{U_0}{\frac{1}{\omega_0 C}} = QI_s$$

可见有 $I_{L0} = I_{C0} = QI_s$。故当 $Q \gg 1$ 时,有 $I_{L0} = I_{C0} \gg I_s$。因此并联谐振又称为电流谐振。

图 8-9　并联谐振电路谐振时的相量图

(5) 并联谐振时电路的相量图如图 8-9 所示。可见此时 $\dot{I}_{L0}$ 与 $\dot{I}_{C0}$,近似大小相等、相位相反,而 $\dot{I}_s$ 与 $\dot{U}$ 同相。

例 8-4　如图 8-10 所示电路,$L=100\,\mu\text{H}$,$C=100\,\text{pF}$,并联回路本身的 $Q=50$,$\dot{U}_s = 150\angle 0° \text{V}$,$R_i = 250\,\text{k}\Omega$,电路已达谐振。求 $\dot{I}$、$\dot{I}_{C0}$、$\dot{I}_{L0}$、$\dot{U}_0$、P。

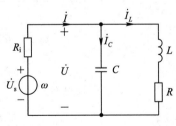

解　因电路已达谐振,且 $Q=50 \gg 1$,故有

$$Z_0 = Q\rho = Q\sqrt{\frac{L}{C}} = 50 \times \sqrt{\frac{100 \times 10^{-6}}{100 \times 10^{-12}}} = 50\,000\,\Omega = 50\,\text{k}\Omega$$

图 8-10　例 8-4 图

$$\dot{I} = \frac{\dot{U}_s}{R_i + Z_0} = \frac{150\angle 0°}{250 \times 10^3 + 50 \times 10^3} = 5 \times 10^{-4} \angle 0° \text{A}$$

$$\dot{I}_{L0} = -jQ\dot{I} = -j50 \times 5 \times 10^{-4} = j0.025\,\text{A}$$

$$\dot{I}_{C0} = jQ\dot{I} = j50 \times 5 \times 10^{-4} = j0.025\,\text{A}$$

$$\dot{U}_0 = Z_0\dot{I} = 50 \times 10^3 \times 5 \times 10^{-4} = 25\angle 0° \text{A}$$

$$P = I^2 Z_0 = (5 \times 10^{-4})^2 \times 50 \times 10^3 = 0.0125\,\text{W}$$

或　　　$$P = I_{L0}^2 R = I_{L0}^2 \frac{\rho}{Q} = (0.025)^2 \times \frac{\sqrt{\dfrac{100 \times 10^{-6}}{100 \times 10^{-12}}}}{50} = 0.0125 \text{ W}$$

3. 频率特性

1）阻抗的模频特性

$$Z = \frac{L/C}{R + \mathrm{j}\left(\omega L - \dfrac{1}{\omega C}\right)} = \frac{\dfrac{\rho^2}{R}}{1 + \mathrm{j}\,\dfrac{1}{R}\left(\omega L - \dfrac{1}{\omega C}\right)}$$

$$= \frac{Z_0}{1 + \mathrm{j}\,\dfrac{\omega_0 L}{R}\left(\dfrac{\omega}{\omega_0} - \dfrac{\omega_0}{\omega}\right)} = \frac{Z_0}{1 + \mathrm{j}Q\left(\dfrac{\omega}{\omega_0} - \dfrac{\omega_0}{\omega}\right)}$$

故得

$$|Z| = \frac{Z_0}{\sqrt{1 + Q^2\left(\dfrac{\omega}{\omega_0} - \dfrac{\omega_0}{\omega}\right)^2}} = \frac{Z_0}{\sqrt{1 + Q^2\left(\dfrac{f}{f_0} - \dfrac{f_0}{f}\right)^2}}$$

或

$$\frac{|Z|}{Z_0} = \frac{1}{\sqrt{1 + Q^2\left(\dfrac{\omega}{\omega_0} - \dfrac{\omega_0}{\omega}\right)^2}} = \frac{1}{\sqrt{1 + Q^2\left(\dfrac{f}{f_0} - \dfrac{f_0}{f}\right)^2}}$$

根据此两式即可画出阻抗的模频特性曲线，如图 8-11 所示。

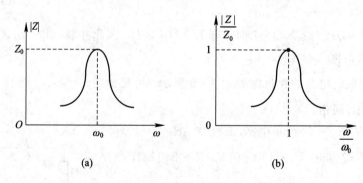

(a)　　　　　　　　　　　　(b)

图 8-11　并联谐振电路的阻抗模频特性

2）输出电压频率特性

$$U = I_s |Z| = I_s \frac{Z_0}{\sqrt{1 + Q^2\left(\dfrac{\omega}{\omega_0} - \dfrac{\omega_0}{\omega}\right)^2}} = \frac{U_0}{\sqrt{1 + Q^2\left(\dfrac{\omega}{\omega_0} - \dfrac{\omega_0}{\omega}\right)^2}} = \frac{U_0}{\sqrt{1 + Q^2\left(\dfrac{f}{f_0} - \dfrac{f_0}{f}\right)^2}}$$

或

$$\frac{U}{U_0} = \frac{1}{\sqrt{1 + Q^2\left(\dfrac{\omega}{\omega_0} - \dfrac{\omega_0}{\omega}\right)^2}} = \frac{1}{\sqrt{1 + Q^2\left(\dfrac{f}{f_0} - \dfrac{f_0}{f}\right)^2}}$$

其中，$U_0 = I_s Z_0$，为谐振时的输出电压。根据上两式可画出其电压频率特性，如图 8-12 所示。它们都与阻抗的模频特性相似。

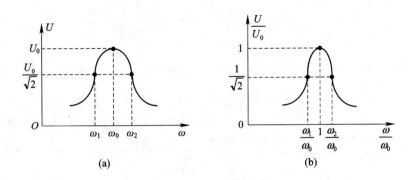

图 8-12 输出电压频率特性

3）Q 值与频率特性的关系

与串联谐振电路的结论完全相同，这里不再重复。

4. 选择性与通频带

由于谐振时输出电压 U 的值为最大值 U_0，故并联谐振电路也具有选择性，而且电路的 Q 值越高，选择性就越好。

并联谐振电路通频带的定义与串联谐振电路通频带的定义相同，即使输出电压 $U \geqslant U_0/\sqrt{2}$ 的频率范围 $\Delta\omega = \omega_2 - \omega_1$，如图 8-12(a)所示。即令

$$U = \frac{U_0}{\sqrt{1 + Q^2 \left(\dfrac{\omega}{\omega_0} - \dfrac{\omega_0}{\omega}\right)^2}} = \frac{U_0}{\sqrt{2}}$$

由此式可求得通频带为

$$\Delta\omega = \omega_2 - \omega_1 = \frac{\omega_0}{Q} \quad 或 \quad \Delta f = f_2 - f_1 = \frac{f_0}{Q}$$

可见，并联谐振电路与串联谐振电路求通频带的公式也完全相同。

5. 等效电路

图 8-13(a)所示并联谐振电路的输入导纳为

$$Y = \frac{1}{R + j\omega L} + j\omega C = \frac{R}{R^2 + (\omega L)^2} - j\frac{\omega L}{R^2 + (\omega L)^2} + j\omega C$$

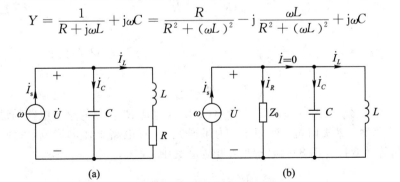

图 8-13 并联谐振电路的等效电路

在电子工程中，由于 $Q \gg 1$，ω_0 值很高，且 ω 在 ω_0 附近变化，因此一定有 $(\omega L)^2 \gg R^2$，$\omega L \approx \omega_0 L$。故有

$$Y \approx \frac{1}{\dfrac{(\omega_0 L)^2}{R}} + \frac{1}{j\omega L} + j\omega C = \frac{1}{Z_0} + \frac{1}{j\omega L} + j\omega C$$

其中，$Z_0 = \dfrac{(\omega_0 L)^2}{R} = \dfrac{L}{RC}$，为电路的谐振阻抗。根据此式可作出等效电路，如图 8 - 13(b)所示。可见，等效电路中三个元件的值是很容易求得的，其中 L、C 值即为图 8 - 13(a)中的 L、C 值，Z_0 即为图 8 - 13(a)所示电路中的谐振阻抗。也可进行相反的变换，即用图 8 - 13(a)所示电路来等效代替图 8 - 13(b)所示电路，此时 R 值为

$$R = \frac{L/C}{Z_0}$$

6. 电源内阻 R_i 的影响

若电流源有内电阻 R_i，如图 8 - 14(a)所示，则 R_i 将对电路的品质因数、谐振阻抗、通频带产生影响。下面将研究这些问题。

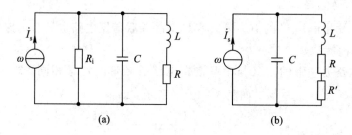

(a)　　　　　　　　　　(b)

图 8 - 14　电源内阻 R_i 的影响

图 8 - 14(a)所示的并联谐振回路，其 5 个物理量的求解公式已推导出，即

$$\omega_0 = \frac{1}{\sqrt{LC}}$$

$$\rho = \sqrt{L/C} = \omega_0 L = \frac{1}{\omega_0 C}$$

$$Q = \frac{\sqrt{L/C}}{R} = \frac{\omega_0 L}{R} = \frac{\dfrac{1}{\omega_0 C}}{R}$$

$$Z_0 = \frac{L/C}{R} = \frac{(\omega_0 L)^2}{R} = \frac{\left(\dfrac{1}{\omega_0 C}\right)^2}{R} = Q\rho$$

$$\Delta\omega = \frac{\omega_0}{Q}$$

今用 ω_{0e}、ρ_e、Q_e、Z_{0e}、$(\Delta\omega)_e$ 表示图 8 - 14(a)所示包括 R_i 在内的整个电路的谐振频率、特征阻抗、品质因数、谐振阻抗、通频带。为了研究 R_i 对电路工作的影响，我们将图 8 - 14(a)所示电路等效变换为图 8 - 14(b)所示电路。其中：

$$R' = \frac{L/C}{R_i} = \frac{L}{R_i C}$$

故对于图 8 - 14(b)而言，有

$$\omega_{0e} = \frac{1}{\sqrt{LC}} = \omega_0$$

$$\rho_e = \sqrt{\frac{L}{C}} = \rho$$

$$Q_e = \frac{\omega_0 L}{R + R'} = \frac{\omega_0 L}{R\left(1 + \dfrac{R'}{R}\right)} = \frac{Q}{1 + \dfrac{\dfrac{L}{R_i C}}{R}} = \frac{Q}{1 + \dfrac{Z_0}{R_i}}$$

$$Z_{0e} = Q_e \rho_e = \frac{Q}{1 + \dfrac{Z_0}{R_i}}\rho = \frac{Z_0}{1 + \dfrac{Z_0}{R_i}}$$

$$(\Delta\omega)_e = \frac{\omega_{0e}}{Q_e} = \frac{\omega_0}{\dfrac{Q}{1 + \dfrac{Z_0}{R_i}}} = \left(1 + \frac{Z_0}{R_i}\right)\Delta\omega$$

由以上结果可见，由于 $1 + \dfrac{Z_0}{R_i} \geqslant 1$，故必有 $Q_e \leqslant Q$，$Z_{0e} \leqslant Z_0$，$(\Delta\omega)_e \geqslant \Delta\omega$，亦即由于 R_i 的存在而使电路的品质因数和谐振阻抗值下降了，通频带加宽了。电子设备中就是利用这种方法来改变通频带的。

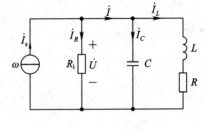

图 8 - 15 例 8 - 5 图

例 8 - 5 如图 8 - 15 所示电路，$L = 100\,\mu H$，$C = 100\,pF$，$R = 25\,\Omega$，$I_s = 1\,mA$，$R_i = 40\,k\Omega$。求：

(1) 回路的 ω_0、ρ、Q、Z_0、$\Delta\omega$；

(2) 包括 R_i 在内的 ω_{0e}、ρ_e、Q_e、Z_{0e}、$(\Delta\omega)_e$；

(3) 谐振时流过各个元件的电流和输出电压 U。

解 (1)
$$\omega_0 = \frac{1}{\sqrt{LC}} = \frac{1}{\sqrt{100 \times 10^{-6} \times 100 \times 10^{-12}}} = 10^7\,rad/s$$

$$\rho = \sqrt{\frac{L}{C}} = \sqrt{\frac{10^{-6}}{10^{-12}}} = 1000\,\Omega$$

$$Q = \frac{\rho}{R} = \frac{1000}{25} = 40$$

$$Z_0 = \frac{\rho^2}{R} = \frac{1000^2}{25} = 40\,k\Omega$$

$$\Delta\omega = \frac{\omega_0}{Q} = \frac{10^7}{40} = 2.5 \times 10^5\,rad/s$$

(2)
$$\omega_{0e} = \omega_0 = 10^7\,rad/s$$

$$\rho_e = \rho = 1000\,\Omega$$

$$Q_e = \frac{Q}{1 + \dfrac{Z_0}{R_i}} = \frac{40}{1 + \dfrac{40 \times 10^3}{40 \times 10^3}} = 20$$

$$Z_{0e} = \frac{Z_0}{1 + \dfrac{Z_0}{R_i}} = \frac{40}{1 + \dfrac{40}{40}} = 20\,k\Omega$$

$$(\Delta\omega)_e = \left(1 + \frac{Z_0}{R_i}\right)\Delta\omega = \frac{\omega_0}{Q} = \frac{10^7}{40} = 2.5 \times 10^5\,rad/s$$

（3）
$$U_0 = I_s Z_{0e} = 1 \times 10^{-3} \times 20 \times 10^3 = 20 \text{ V}$$

$$I_R = \frac{U_0}{R_i} = \frac{20}{40 \times 10^3} = 0.0005 \text{ A} = 0.5 \text{ mA}$$

$$I = \frac{U_0}{Z_0} = \frac{20}{40 \times 10^3} = 0.0005 \text{ A} = 0.5 \text{ mA}$$

或

$$I = I_s - I_R = 0.5 \text{ mA}$$

$$I_{L0} = I_{C0} = QI = 40 \times 0.5 = 20 \text{ mA}$$

例 8 - 6　图 8 - 16 所示的电路已达到谐振，$U_s = 200 \text{ V}$，$R_i = 100 \text{ k}\Omega$，$\omega_0 = 10^7 \text{ rad/s}$，谐振回路的 $Q = 100$，谐振时电源输出的功率最大，求 L、C、R、I_0、U_0、$P_{\max}$。

解　因 $Z_0 = Q\omega_0 L = Q\dfrac{1}{\omega_0 C} = R_i$

故得

$$L = \frac{R_i}{Q\omega_0} = \frac{100 \times 10^3}{100 \times 10^7} = 0.1 \text{ mH}$$

$$C = \frac{Q}{\omega_0 R_i} = \frac{100}{10^7 \times 100 \times 10^3} = 10^{-10} \text{ F} = 100 \text{ pF}$$

图 8 - 16　例 8 - 6 图

又由式 $Q = \dfrac{\omega_0 L}{R}$ 得

$$R = \frac{\omega_0 L}{Q} = \frac{10^7 \times 0.1 \times 10^{-3}}{100} = 10 \ \Omega$$

$$I_0 = \frac{U_s}{R_i + Z_0} = \frac{200}{100 \times 10^3 + 100 \times 10^3} = 10^{-3} \text{ A} = 1 \text{ mA}$$

$$U_0 = I_0 Z_0 = 10^{-3} \times 100 \times 10^3 = 100 \text{ V}$$

$$P_{\max} = I_0^2 Z_0 = (10^{-3})^2 \times 100 \times 10^3 = 0.1 \text{ W}$$

练习 8 - 1　如图 8 - 17 所示谐振电路，已知 $U_s = 12 \text{ V}$，求 f_0、ρ、Q、Δf、U、Z_0。

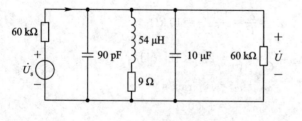

图 8 - 17　练习 8 - 1 图　　　　　　　练习 8 - 1

8.3　耦合谐振电路

　　两个或两个以上的单谐振电路，按一定方式相互耦合，即构成耦合谐振电路。图 8 - 18 (a)所示为互感耦合谐振电路，图 8 - 18(b)所示为电容耦合谐振电路，C_0 为耦合电容。与单谐振电路相比，耦合谐振电路具有更好的频率特性，能更好地解决选择性与传输均匀性之间的矛盾，还能进行阻抗变换。下面以图 8 - 18(a)所示的互感耦合谐振电路为例介绍其调谐与谐振特性。

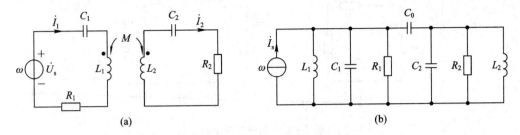

图 8 - 18 耦合谐振电路

1. 等效电路

1）初级等效电路

对于图 8 - 18(a)所示的互感耦合谐振电路，可列出两个独立的 KVL 方程为

$$\left.\begin{array}{l}\left[R_1+\mathrm{j}\left(\omega L_1-\dfrac{1}{\omega C_1}\right)\right]\dot{I}_1-\mathrm{j}\omega M\dot{I}_2=\dot{U}_\mathrm{s}\\[2mm]-\mathrm{j}\omega M\dot{I}_1+\left[R_2+\mathrm{j}\left(\omega L_2-\dfrac{1}{\omega C_2}\right)\right]\dot{I}_2=0\end{array}\right\} \tag{8-14}$$

令

$$X_1=\omega L_1-\frac{1}{\omega C_1},\quad X_2=\omega L_2-\frac{1}{\omega C_2},\quad X_M=\omega M$$

$$Z_1=R_1+\mathrm{j}X_1,\quad Z_2=R_2+\mathrm{j}X_2$$

代入式(8 - 14)有

$$\left.\begin{array}{l}Z_1\dot{I}_1-\mathrm{j}X_M\dot{I}_2=\dot{U}_\mathrm{s}\\[2mm]-\mathrm{j}X_M\dot{I}_1+Z_2\dot{I}_2=0\end{array}\right\}$$

联立求解得

$$\dot{I}_1=\frac{\dot{U}_\mathrm{s}}{Z_1+\dfrac{X_M^2}{Z_2}}=\frac{\dot{U}_\mathrm{s}}{Z_1+Z'_1} \tag{8-15}$$

$$\dot{I}_2=\frac{\mathrm{j}X_M\dot{I}_1}{Z_2} \tag{8-16}$$

其中：

$$Z'_1=\frac{X_M^2}{Z_2}=\frac{X_M^2}{R_2+\mathrm{j}X_2}=\frac{X_M^2}{R_2^2+X_2^2}R_2+\mathrm{j}\frac{-X_M^2}{R_2^2+X_2^2}X_2=R'_1+\mathrm{j}X'_1 \tag{8-17}$$

$$\left.\begin{array}{l}R'_1=\dfrac{X_M^2}{R_2^2+X_2^2}R_2\\[3mm]X'_1=-\mathrm{j}\dfrac{X_M^2}{R_2^2+X_2^2}X_2\end{array}\right\} \tag{8-18}$$

Z'_1、R'_1、X'_1 分别称为次级回路对初级回路的反射阻抗、反射电阻、反向电抗，X'_1 与 X_2 的

性质恒相反。根据式(8-15)即可画出初级等效电路，如图8-19所示。

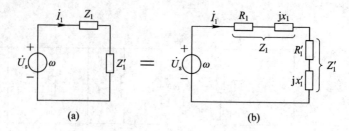

图 8-19　初级等效电路

在引入了 R'_1 和 X'_1 后，式(8-15)又可写为

$$\dot{I}_1 = \frac{\dot{U}_s}{R_1 + R'_1 + \mathrm{j}(X_1 + X'_1)} \tag{8-19}$$

有效值为

$$\dot{I}_1 = \frac{\dot{U}_s}{\sqrt{(R_1 + R'_1)^2 + (X_1 + X'_1)^2}} \tag{8-20}$$

次级回路电流的有效值可由式(8-16)求得

$$I_2 = \frac{X_M I_1}{|Z_2|} = \frac{\omega M I_1}{\sqrt{R_2^2 + X_2^2}} \tag{8-21}$$

次级回路消耗的功率为

$$P_2 = I_2^2 R_2 = \frac{(\omega M)^2 I_1^2}{R_2^2 + X_2^2} R_2 = I_1^2 R'_1$$

可见，R'_1 上消耗的功率即为 R_2 上消耗的功率 P_2。电源提供的功率为

$$P_s = I_1^2 (R_1 + R'_1)$$

故得电路的效率为

$$\eta = \frac{P_2}{P_s} = \frac{I_1^2 R'_1}{I_1^2 (R_1 + R'_1)} = \frac{R'_1}{R_1 + R'_1}$$

2）次级等效电路

将式(8-15)代入式(8-16)有

$$\dot{I}_2 = \frac{\mathrm{j}X_M \dot{I}_1}{Z_2} = \frac{\mathrm{j}X_M}{Z_2} \cdot \frac{\dot{U}_s}{Z_1 + Z'_1} = \frac{\mathrm{j}X_M \dot{U}_s}{Z_2 \left(Z_1 + \dfrac{X_M^2}{Z_2}\right)}$$

$$= \frac{\mathrm{j}X_M \dot{U}_s}{Z_2 Z_1 + X_M^2} = \frac{\mathrm{j}X_M \dot{U}_s}{Z_1} \cdot \frac{1}{Z_2 + \dfrac{X_M^2}{Z_1}} = \frac{\dot{U}'_s}{Z_2 + Z'_2} \tag{8-22}$$

其中：

$$\dot{U}'_s = \mathrm{j}X_M \frac{\dot{U}_s}{Z_1} \tag{8-23}$$

为次级回路的开路电压。

$$Z'_2 = \frac{X_M^2}{Z_1} = \frac{X_M^2}{R_1 + \mathrm{j}X_1} = \frac{X_M^2}{R_1^2 + X_1^2} R_1 + \mathrm{j}\frac{-X_M^2}{R_1^2 + X_1^2} X_1 = R'_2 + \mathrm{j}X'_2 \tag{8-24}$$

$$R'_2 = \frac{X_M^2}{R_1^2 + X_1^2} R_1 \tag{8-25}$$

$$X'_2 = -\frac{X_M^2}{R_1^2 + X_1^2} X_1 \tag{8-26}$$

Z'_2、R'_2、X'_2 分别称为初级回路对次级回路的反射阻抗、反射电阻、反向电抗。根据式 (8-22) 即可画出次级等效电路，如图 8-20 所示。

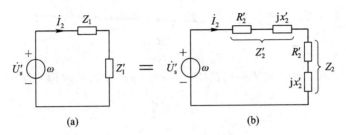

(a)　　　　　　　　　　　　　(b)

图 8-20　次级等效电路

2. 调谐与谐振

互感耦合谐振电路的谐振可分为三种情况。

1) 全谐振与最佳全谐振

若保持 M 不变而同时调节 C_1 和 C_2，使满足

$$X_1 = \omega L_1 - \frac{1}{\omega C_1} = 0$$

$$X_2 = \omega L_2 - \frac{1}{\omega C_2} = 0$$

则必有

$$X'_1 = -\frac{X_M^2}{R_1^2 + X_2^2} \cdot X_2 = 0$$

$$X'_2 = -\frac{X_M^2}{R_1^2 + X_1^2} \cdot X_1 = 0$$

进而有

$$X_1 + X'_1 = 0$$
$$X_2 + X'_2 = 0$$

即初、次级回路本身和初、次级等效电路都发生了谐振，故称为全谐振。此时初、次级回路电流的有效值根据式(8-20)和式(8-21)可求得

$$I_1 = \frac{U_s}{R_1 + R'_1} \tag{8-27}$$

$$I_2 = \frac{\omega M I_1}{R_2} = \frac{X_M U_s}{R_2 (R_1 + R'_1)} \tag{8-28}$$

根据式(8-18)，全谐振时的反射电阻 R'_1 求得

$$R'_1 = \frac{X_M^2}{R_2} = \frac{(\omega M)^2}{R_2} \tag{8-29}$$

若同时调节 C_1、C_2、M，并满足

$$X_1 = \omega L_1 - \frac{1}{\omega C_1} = 0$$

$$X_2 = \omega L_2 - \frac{1}{\omega C_2} = 0$$

$$R_1' = \frac{X_M^2}{R_2} = R_1$$

则电路的这种工作状态称为最佳全谐振。此时的互感值根据上式可求得

$$M = \frac{\sqrt{R_1 R_2}}{\omega}$$

最佳全谐振时电流的有效值根据式(8-27)和式(8-28)可求得

$$I_1 = \frac{U_s}{2R_1}$$

$$I_2 = I_{2m} = \frac{\omega M I_1}{R_2} = \frac{\sqrt{R_1 R_2}}{R_2} \cdot \frac{U_s}{2R_1} = \frac{U_s}{2\sqrt{R_1 R_2}} \tag{8-30}$$

2) 初级等效电路谐振与初级复谐振

若 $X_1 \neq 0$，$X_2 \neq 0$，但满足 $X_1 + X_1' = 0$，则初级等效电路发生谐振，称为初级部分谐振。若满足 $X_1 + X_1' = 0$，又满足

$$R_1' = \frac{(\omega M)^2}{R_2^2 + X_2^2} R_2 = R_1$$

则称为初级复谐振。此时的互感值可求得

$$M = \sqrt{\frac{R_1}{R_2}} \cdot \frac{\sqrt{R_2^2 + X_2^2}}{\omega} \tag{8-31}$$

次级电流的有效值根据式(8-21)并考虑到式(8-31)，可求得

$$I_2 = I_{2m} = \frac{\omega M I_1}{\sqrt{R_2^2 + X_2^2}} = \frac{\sqrt{\frac{R_1}{R_2}} \sqrt{R_2^2 + X_2^2}}{\sqrt{R_2^2 + X_2^2}} \cdot \frac{U_s}{2R_1} = \frac{U_s}{2\sqrt{R_1 R_2}} \tag{8-32}$$

3) 次级等效电路谐振与次级复谐振

若 $X_1 \neq 0$，$X_2 \neq 0$，又满足 $X_2 + X_2' = 0$，则次级等效电路发生谐振，称为次级部分谐振。若满足 $X_2 + X_2' = 0$ 的同时又满足

$$R_2' = \frac{(\omega M)^2}{R_1^2 + X_1^2} R_1 = R_2$$

则称为次级复谐振。此时的互感值可求得

$$M = \sqrt{\frac{R_2}{R_1}} \cdot \frac{\sqrt{R_1^2 + X_1^2}}{\omega} \tag{8-33}$$

次级电流的有效值根据式(8-22)并考虑到式(8-33)，可求得

$$I_2 = I_{2m} = \frac{U_s'}{2R_2} = \frac{1}{2R_2} \cdot \frac{X_M U_s}{|Z_1|}$$

$$= \frac{1}{2R_2} \cdot \frac{\omega \sqrt{\frac{R_2}{R_1}} \sqrt{\frac{R_1^2 + X_1^2}{\omega}} U_s}{\sqrt{R_1^2 + X_1^2}} = \frac{U_s}{2\sqrt{R_1 R_2}} \tag{8-34}$$

由式(8-30)、式(8-32)和式(8-34)可见，最佳全谐振、初级和次级复谐振时的次级电流均相等，且均为最大值 $I_{2\mathrm{m}}$。

例 8-7 如图 8-18 所示电路中，已知 $L_1=250\,\mu\mathrm{H}$，$L_2=100\,\mu\mathrm{H}$，$C_1=50\,\mathrm{pF}$，$C_2=80\,\mathrm{pF}$，$R_1=20\,\Omega$，$R_2=10\,\Omega$，$M=10\,\mu\mathrm{H}$，$U_s=10\,\mathrm{V}$，$\omega=10^7\,\mathrm{rad/s}$，求：

(1) 次级回路消耗的功率 P_2 和效率 η。

(2) 如调节 C_1 和 M 使 R_2 获得最大功率，则此时的 C_1 和 M 值为多大？次级回路消耗的功率 P_2 和效率 η 为多大？

(3) 若调节 C_1、C_2、M 使电路发生最佳全谐振，则此时的 C_1、C_2、M 值为多大？次级回路消耗的功率 P_2 和效率 η 为多大？

(4) 若在全谐振时把电路效率提高到 80%，则 M 值和 P_2 为多大？

解 (1)
$$X_1=\omega L_1-\frac{1}{\omega C_1}=10^7\times250\times10^{-6}-\frac{1}{10^7\times50\times10^{-12}}=500\,\Omega$$

$$X_2=\omega L_2-\frac{1}{\omega C_2}=10^7\times100\times10^{-6}-\frac{1}{10^7\times80\times10^{-12}}=-250\,\Omega$$

$$X_M=\omega M=10^7\times10\times10^{-6}=100\,\Omega$$

$$\frac{(\omega M)^2}{R_2^2+X_2^2}=\frac{(10^7\times10\times10^{-6})^2}{10^2+(-250)^2}=0.16$$

$$R_1'=\frac{(\omega M)^2}{R_2^2+X_2^2}R_2=0.16\times10=1.6\,\Omega$$

$$X_1'=-\frac{(\omega M)^2}{R_2^2+X_2^2}X_2=0.16\times(-250)=-40\,\Omega$$

$$I_1=\frac{U_s}{\sqrt{(R_1+R_1')^2+(X_1+X_1')^2}}=\frac{10}{\sqrt{(20+1.6)^2+(500-40)^2}}=0.0217\,\mathrm{A}=21.7\,\mathrm{mA}$$

$$P_2=I_1^2R_1'=0.0217^2\times1.6=0.000753\,\mathrm{W}=0.753\,\mathrm{mW}$$

$$\eta=\frac{R_1'}{R_1+R_1'}\times100\%=\frac{1.6}{20+1.6}\times100\%=7.41\%$$

可见，次级回路的功率 P_2 很小，效率也很低，这正是由于电路没有谐振。

(2) 可调元件为 C_1 和 M，欲使 P_2 为最大功率，就必须使初级等效电路发生复谐振，故

$$M=\sqrt{\frac{R_1}{R_2}}\cdot\frac{\sqrt{R_2^2+X_2^2}}{\omega}=\sqrt{\frac{20}{10}}\times\frac{\sqrt{10^2+(-250)^2}}{10^7}=3.54\times10^{-5}\,\mathrm{H}=35.4\,\mu\mathrm{H}$$

$$X_1+X_1'=\omega L_1-\frac{1}{\omega C_1}-\frac{(\omega M)^2}{R_2^2+X_2^2}X_2=0$$

将 $M=35.4\,\mu\mathrm{H}$ 代入上式并求解得

$$C_1=33.3\,\mathrm{pF}$$

$$I_{2\mathrm{m}}=\frac{U_s}{2\sqrt{R_1R_2}}=\frac{10}{2\sqrt{20\times10}}=0.35\,\mathrm{A}$$

$$P_2=I_2^2R_2=0.35^2\times10=1.225\,\mathrm{W}$$

$$\eta = \frac{R'_1}{R_1 + R'_1} \times 100\% = \frac{1.6}{20 + 1.6} \times 100\% = 7.41\%$$

（3）可调元件为 C_1、C_2、M，欲使 P_2 为最大功率，就必须使电路发生最佳全谐振，故

$$M = \frac{\sqrt{R_1 R_2}}{\omega} = \frac{\sqrt{20 \times 10}}{10^7} = 1.41 \times 10^{-6}\,\text{H} = 1.41\,\mu\text{H}$$

可见，此时的 M 值小于初级复谐振时的 M 值。又因为

$$X_1 = \omega L_1 - \frac{1}{\omega C_1} = 0$$

所以

$$C_1 = \frac{1}{\omega^2 L_1} = \frac{1}{(10^7)^2 \times 250 \times 10^{-6}} = 4 \times 10^{-11}\,\text{F} = 40\,\text{pF}$$

$$X_2 = \omega L_2 - \frac{1}{\omega C_2} = 0$$

$$C_2 = \frac{1}{\omega^2 L_2} = \frac{1}{(10^7)^2 \times 100 \times 10^{-6}} = 10^{10}\,\text{F} = 100\,\text{pF}$$

$$I_{2m} = \frac{U_s}{2\sqrt{R_1 R_2}} = \frac{10}{2 \times \sqrt{20 \times 10}} = 0.35\,\text{A}$$

$$P_2 = I_{2m}^2 R_2 = 0.35^2 \times 10 = 1.225\,\text{W}$$

$$\eta = \frac{R'_1}{R_1 + R'_1} \times 100\% = \frac{1.6}{20 + 1.6} \times 100\% = 7.41\%$$

（4）为了把电路效率提高到 80%，就必须使

$$\eta = \frac{R'_1}{R_1 + R'_1} = 0.8$$

故

$$R'_1 = 80\,\Omega$$

由式(8-29)可求得此时的互感值为

$$M = \frac{1}{\omega}\sqrt{R'_1 R_2} = \frac{1}{10^7} \times \sqrt{80 \times 10} = 2.83 \times 10^{-6}\,\text{H} = 2.83\,\mu\text{H}$$

$$I_1 = \frac{U_s}{R_1 + R'_1} = \frac{10}{20 + 80} = 0.1\,\text{A}$$

$$P_2 = I_1^2 R'_1 = 0.1^2 \times 80 = 0.8\,\text{W}$$

例8-8　如图8-21所示电路中，已知 $L_1 = L_2 = 50\,\mu\text{H}$，$R_1 = R_2 = 10\,\Omega$，$C_1 = C_2 = 50$ pF，$M = 0.5\,\mu\text{H}$，$U_s = 10\,\text{V}$，$\omega = 2 \times 10^7\,\text{rad/s}$，$R_s = 50\,\text{k}\Omega$，求：（1）$Z_{ab}$；（2）$I_1$、$I_2$；（3）$U_{C1}$、$U_{C2}$。

解　(1) $X_1 = \omega L_1 - \dfrac{1}{\omega C_1} = 2 \times 10^7 \times 50 \times 10^{-6} - \dfrac{1}{2 \times 10^7 \times 50 \times 10^{-12}} = 0$

$$X_2 = \omega L_2 - \frac{1}{\omega C_2} = 2 \times 10^7 \times 50 \times 10^{-6} - \frac{1}{2 \times 10^7 \times 50 \times 10^{-12}} = 0$$

$$R'_1 = \frac{(\omega M)^2}{R_2} = \frac{(2 \times 10^7 \times 0.5 \times 10^{-6})^2}{10} = 10\,\Omega = R_1$$

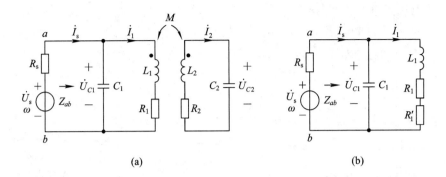

图 8 - 21 例 8 - 8 图

故电路为最佳全谐振状态。初级等效电路如图 8 - 21(b)所示。根据图 8 - 21(b)所示的并联谐振电路可求得谐振阻抗为

$$Z_{ab} = \frac{\dfrac{L_1}{C_1}}{R_1 + R_1'} = \frac{\dfrac{50 \times 10^{-6}}{50 \times 10^{-12}}}{10 + 10} = 5 \times 10^4 \ \Omega = 50 \ \text{k}\Omega$$

(2) $$\dot{I}_s = \frac{\dot{U}_s}{R_s + Z_{ab}} = \frac{10\angle 0°}{50 \times 10^3 + 50 \times 10^3} = 10^{-4}\angle 0° \ \text{A} = 0.1\angle 0° \ \text{mA}$$

图 8 - 21(b)电路的品质因数为

$$Q = \sqrt{\frac{L_1}{C_1}} \cdot \frac{1}{R_1 + R_1'} = \sqrt{\frac{50 \times 10^{-6}}{50 \times 10^{-12}}} \times \frac{1}{10 + 10} = 50$$

故

$$I_1 = QI_s = 50 \times 0.1 = 5 \ \text{mA}$$

$$I_2 = \frac{\omega M I_1}{R_2} = \frac{2 \times 10^7 \times 0.5 \times 10^{-6} \times 5 \times 10^{-3}}{10} = 5 \ \text{mA}$$

(3) $$U_{C1} = I_s Z_{ab} = 0.1 \times 10^{-3} \times 50 \times 10^3 = 5 \ \text{V}$$

$$U_{C2} = I_s \frac{1}{\omega C_2} = 0.1 \times 10^{-3} \times \frac{1}{2 \times 10^7 \times 50 \times 10^{-12}} = 0.1 \ \text{V}$$

习 题 8

1. 收音机磁性天线中，$L = 300 \ \mu\text{H}$ 的电感与一可变电容 C 组成串联电路。我们在中波段需要从 $550 \ \text{kHz}$ 调到 $1.6 \ \text{MHz}$。求可变电容 C 的数值范围。

2. R、L、C 串联电路中，电压电源 $u_s(t) = 10\sqrt{2}\cos(2500t + 15°) \ \text{V}$，当 $C = 8 \ \mu\text{F}$ 时，电路中吸收的功率最大，$P_{max} = 100 \ \text{W}$，求 L、Q，作相量图。

3. R、L、C 串联电路中，$L = 160 \ \mu\text{H}$，$C = 250 \ \text{pF}$，$R = 10 \ \Omega$，电源电压 $U_s = 1 \ \text{V}$，求 f_0、Q、Δf、I_0、U_{L0}、U_{C0}。

4. $R = 10 \ \Omega$ 的电阻与 $L = 1 \ \text{H}$ 的电感和 C 串联，接到电压 $U_s = 100 \ \text{V}$ 的正弦电压源上，电路谐振，此时电流 $I_0 = 10 \ \text{A}$。今把 R、L、C 并联，接到同一电压源上，求 R、L、C 中各

电流，已知电源频率 $f = 50\ \mathrm{Hz}$。

5. R、L、C 串联电路中，正弦电压电源 $U_s = 1\ \mathrm{V}$，频率 $f = 1\ \mathrm{MHz}$，谐振电流 $I_0 = 100\ \mathrm{mA}$，此时电容电压 $U_{C0} = 100\ \mathrm{V}$，求 R、L、C、Q 值。

6. 如图 8-22 所示电路已谐振，已知 $L = 40\ \mu\mathrm{H}$，$C = 40\ \mathrm{pF}$，$Q = 60$，$I_s = 0.5\ \mathrm{mA}$，求 U_0。

7. 如图 8-23 所示电路中，已知 $L = 0.02\ \mathrm{mH}$，$C = 200\ \mathrm{pF}$，$Z_0 = 10\ \mathrm{k\Omega}$，求 R 和 Q 值。

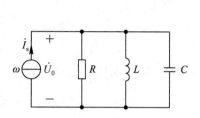

图 8-22　习题 6 图

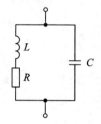

图 8-23　习题 7 图

8. 如图 8-24 所示电路中，已知 $L = 20\ \mathrm{mH}$，$C = 80\ \mathrm{pF}$，$R = 250\ \mathrm{k\Omega}$，求 f_0、Q、Δf。

9. 如图 8-25 所示电路中，已知 $R = 2.5\ \Omega$，$L = 25\ \mu\mathrm{H}$，$C = 400\ \mathrm{pF}$，$R_i = 25\ \mathrm{k\Omega}$，求：

(1) 整个电路的 Q 值和通频带；

(2) 若 R_i 增大，通频带将如何变化？

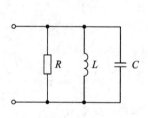

图 8-24　习题 8 图

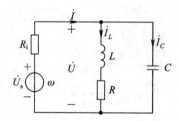

图 8-25　习题 9 图

10. 如图 8-25 所示电路中，$U_s = 10\ \mathrm{V}$，求 I、I_C、U。

11. 如图 8-26 所示的四个电路中，L 及 C 已知，求各电路的串联谐振角频率与并联谐振角频率。

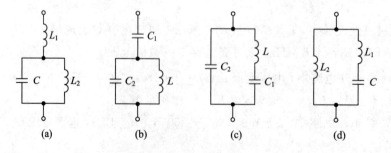

(a)　　　　　　(b)　　　　　　(c)　　　　　　(d)

图 8-26　习题 11 图

12. 如图 8-27 所示电路能否发生谐振？其谐振频率为多大？

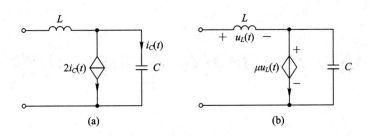

图 8 - 27　习题 12 图

13. 简单并联谐振电路，$R=5\,\Omega$，$Q=100$，$\Delta f=100\,\text{kHz}$，求：

(1) L、C 的值；

(2) 若 R、f_0 不变，Δf 减小为原来的 1/10，则 L、C 的值又为多大？

(3) f_0、C 不变，即与 (1) 相同，欲使 Δf 展宽 1 倍，应如何实现？

14. 如图 8 - 28 所示电路，已知电源角频率 $\omega=1\,\text{rad/s}$。求：

(1) 为使电路发生电压谐振，互感 M 应为多大？

(2) 谐振时 R_L 吸收的功率。

15. 如图 8 - 29 所示电路中，已知 $R=50\,\Omega$，$L_1=20\,\text{mH}$，$L_2=60\,\text{mH}$，$M=20\,\text{mH}$，$\dot U=200\angle0°\text{V}$，$\omega=10^4\,\text{rad/s}$，求当 C 为何值时，整个电路发生谐振，并求谐振时各支路电流。

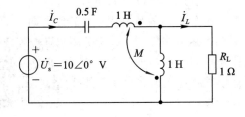

图 8 - 28　习题 14 图

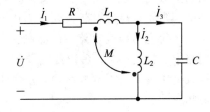

图 8 - 29　习题 15 图

16. 如图 8 - 30 所示电路中，已知 $L=R^2C$，试证明此电路为恒振电路。

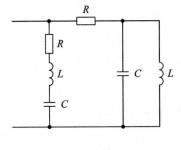

图 8 - 30　习题 16 图

第9章　非正弦周期电流电路

前面几章我们研究了正弦电流电路的分析计算方法，但在实际工程中大量存在的还有按非正弦周期规律变化的电压和电流，如图 9-1 所示，分别称为非正弦周期电压或电流。其中 T 称为周期；$f=1/T$，称为频率；$\omega_1=2\pi f=2\pi/T$，称为角频率；U 和 I 称为幅度，$u(t)$ 和 $i(t)$ 随时间变化的曲线称为波形。

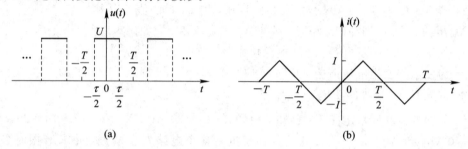

(a)　　　　　　　　　　　　　　　　　(b)

图 9-1　非正弦周期电压和电流举例

周期函数的一般定义是：设有一时间函数 $f(t)$，若满足 $f(t-nT)=f(t)$（$n=0$，±1，±2，…），则称 $f(t)$ 为周期函数，其中 T 为常数，称为 $f(t)$ 的重复周期，简称周期。

本章将研究当线性电路中的激励为非正弦周期电压或电流时，如何分析计算电路中的稳定响应。解决此问题的电路原理是叠加原理，即把非正弦周期电压或电流展开为傅立叶级数，分别计算直流分量和各次谐波分量作用于电路时响应的和。

非正弦周期
电压和电流

9.1　非正弦周期函数展开成傅立叶级数

1. 傅立叶级数的三角函数形式

设 $f(t)$ 为一非正弦周期函数，其周期为 T，频率和角频率分别为 f、ω_1。由于实际工程中的非正弦周期函数一般都满足狄里赫利条件，所以可以将它展开成傅立叶级数，即

非正弦周期函
数的傅立叶级
数展开

$$
\begin{aligned}
f(t)&=\frac{A_0}{2}+A_1\cos(\omega_1 t+\varphi_1)+A_2\cos(2\omega_1 t+\varphi_2)\\
&\quad+A_3\cos(3\omega_1 t+\varphi_3)+\cdots+A_n\cos(n\omega_1 t+\varphi_n)+\cdots\\
&=\frac{A_0}{2}+\sum_{n=1}^{\infty}A_n\cos(n\omega_1 t+\varphi_n)\ (n=1,2,3,\cdots)
\end{aligned}
\tag{9-1}
$$

其中，$A_0/2$ 称为直流分量或恒定分量；其余所有的项是具有不同振幅、不同初相角而角频率成整数倍关系的一些余弦量。$A_1\cos(\omega_1 t+\varphi_1)$ 项称为一次谐波或基波，A_1、φ_1 分别为其振幅和初相角；$A_2\cos(2\omega_1 t+\varphi_2)$ 项的角频率为基波角频率 ω_1 的 2 倍，称为二次谐波，A_2、

φ_2 分别为其振幅和初相角；其余的项分别称为三次谐波、四次谐波等。基波、三次谐波、五次谐波……统称为奇次谐波；二次谐波、四次谐波……统称为偶次谐波。除恒定分量和基波外，其余各项统称为高次谐波。式(9-1)说明一个非正弦周期函数可以表示成一个直流分量与一系列不同频率的余弦量的叠加。

式(9-1)可改写为如下形式：

$$f(t) = \frac{a_0}{2} + \sum_{n=1}^{\infty} A_n \left[\cos\varphi_n \cos n\omega_1 t - \sin\varphi_n \sin n\omega_1 t \right]$$

$$= \frac{a_0}{2} + \sum_{n=1}^{\infty} a_n \cos n\omega_1 t + \sum_{n=1}^{\infty} b_n \sin n\omega_1 t \qquad (9-2)$$

其中：

$$a_0 = A_0$$
$$a_n = A_n \cos\varphi_n$$
$$b_n = -A_n \sin\varphi_n$$

a_0、a_n、b_n 的求法为

$$\left.\begin{array}{l} a_0 = \dfrac{2}{T} \displaystyle\int_{-\frac{T}{2}}^{\frac{T}{2}} f(t)\,\mathrm{d}t \\[3mm] a_n = \dfrac{2}{T} \displaystyle\int_{-\frac{T}{2}}^{\frac{T}{2}} f(t)\cos n\omega_1 t\,\mathrm{d}t \\[3mm] b_n = \dfrac{2}{T} \displaystyle\int_{-\frac{T}{2}}^{\frac{T}{2}} f(t)\sin n\omega_1 t\,\mathrm{d}t \end{array}\right\} \qquad (9-3)$$

故可得

$$A_n = \sqrt{a_n^2 + b_n^2}$$

$$\varphi_n = \arctan \frac{-b_n}{a_n} = -\arctan \frac{b_n}{a_n}$$

当 A_0、A_n、φ_n 求得后，代入式(9-1)，即求得了非正弦周期函数 $f(t)$ 的傅立叶级数展开式。

把非正弦周期函数 $f(t)$ 展开成傅立叶级数也称为谐波分析。实际工程中所遇到的非正弦周期函数大约有十余种，它们的傅立叶级数展开式前人都已作出，可从各种数学书籍中直接查用。

从式(9-3)中看出，将 n 换成 $-n$ 后即可证明有

$$a_{-n} = a_n, \quad b_{-n} = -b_n, \quad A_{-n} = A_n, \quad \varphi_{-n} = -\varphi_n$$

即 a_n 和 A_n 是离散变量 n 的偶函数，b_n 和 φ_n 是 n 的奇函数。

2. 傅立叶级数的复指数形式

将式(9-2)改写为

$$f(t) = \frac{a_0}{2} + \sum_{n=1}^{\infty} \left[a_n \frac{\mathrm{e}^{\mathrm{j}n\omega_1 t} + \mathrm{e}^{-\mathrm{j}n\omega_1 t}}{2} + b_n \frac{\mathrm{e}^{\mathrm{j}n\omega_1 t} - \mathrm{e}^{-\mathrm{j}n\omega_1 t}}{2} \right]$$

$$= \frac{a_0}{2} + \frac{1}{2} \sum_{n=1}^{\infty} \left[(a_n - \mathrm{j}b_n)\mathrm{e}^{\mathrm{j}n\omega_1 t} + (a_n + \mathrm{j}b_n)\mathrm{e}^{-\mathrm{j}n\omega_1 t} \right] \qquad (9-4)$$

令

$$\dot{A}_n = a_n - \mathrm{j}b_n \qquad (9-5)$$

则又有

$$\dot{A}_{-n} = a_{-n} - \mathrm{j}b_{-n} = a_n + \mathrm{j}b_n = \dot{A}_n \qquad (9-6)$$

可见，$\dot{A}_{-n}$ 与 $\dot{A}_n$ 互为共轭复数，代入式(9-4)有

$$f(t) = \frac{\dot{A}_0}{2} + \frac{1}{2}\sum_{n=1}^{\infty}\dot{A}_n \mathrm{e}^{\mathrm{j}n\omega_1 t} + \frac{1}{2}\sum_{n=1}^{\infty}\dot{A}_{-n}\mathrm{e}^{-\mathrm{j}n\omega_1 t}$$

$$= \frac{1}{2}\sum_{n=-\infty}^{-1}\dot{A}_n\mathrm{e}^{\mathrm{j}n\omega_1 t} + \frac{1}{2}A_0\mathrm{e}^{\mathrm{j}0\omega_1 t} + \frac{1}{2}\sum_{n=1}^{\infty}\dot{A}_n\mathrm{e}^{\mathrm{j}n\omega_1 t}$$

$$= \frac{1}{2}\sum_{n=-\infty}^{\infty}\dot{A}_n\mathrm{e}^{\mathrm{j}n\omega_1 t} \qquad (9-7)$$

式(9-7)即为傅立叶级数的复指数形式。

下面对 $\dot{A}_n$ 和上式的物理意义予以说明。

由式(9-5)得 $\dot{A}_n$ 的模和辐角分别为

$$|\dot{A}_n| = A_n = \sqrt{a_n^2 + b_n^2}, \quad \varphi_n = \arctan\frac{-b_n}{a_n} = -\arctan\frac{b_n}{a_n}$$

可见，$\dot{A}_n$ 的模与辐角即分别为傅立叶级数第 n 次谐波的振幅 A_n 与初相角 φ_n，物理意义十分明确，故称 $\dot{A}_n$ 为第 n 次谐波的复数振幅。

$\dot{A}_n$ 的求法如下：将式(9-3)代入式(9-5)有

$$\dot{A}_n = \frac{2}{T}\int_{-\frac{T}{2}}^{\frac{T}{2}} f(t)\cos n\omega_1 t\,\mathrm{d}t - \mathrm{j}\frac{2}{T}\int_{-\frac{T}{2}}^{\frac{T}{2}} f(t)\sin n\omega_1 t\,\mathrm{d}t = \frac{2}{T}\int_{-\frac{T}{2}}^{\frac{T}{2}} f(t)\mathrm{e}^{-\mathrm{j}n\omega_1 t}\,\mathrm{d}t \quad (9-8)$$

式(9-8)即为从已知的 $f(t)$ 求得 $\dot{A}_n$ 的公式。这样我们就得到了一对可相互变换的式(9-8)与式(9-7)，通常用下列符号表示：

$$f(t) \leftrightarrow \dot{A}_n$$

即根据式(9-8)可由已知的 $f(t)$ 求得 $\dot{A}_n$，再将所得的 $\dot{A}_n$ 代入式(9-7)，即展开成复指数形式的傅立叶级数。

在式(9-7)中，由于离散变量 n 是从 $-\infty$ 取值的，从而出现了负频率 $-n\omega_1$。但实际工程中负频率是无意义的，负频率的出现只具有数学意义，负频率 $-n\omega_1$ 是与正频率 $n\omega_1$ 成对存在的，它们的和即构成了一个频率为 $n\omega_1$ 的正弦波分量，即

$$\frac{1}{2}\dot{A}_{-n}\mathrm{e}^{-\mathrm{j}n\omega_1 t} + \frac{1}{2}\dot{A}_n\mathrm{e}^{\mathrm{j}n\omega_1 t} = \frac{1}{2}\left[A_n\mathrm{e}^{-\mathrm{j}\varphi_n}\mathrm{e}^{-\mathrm{j}n\omega_1 t} + A_n\mathrm{e}^{\mathrm{j}\varphi_n}\mathrm{e}^{\mathrm{j}n\omega_1 t}\right] = A_n\cos(n\omega_1 t + \varphi_n)$$

引入了傅立叶级数复指数形式的好处有：① 复数振幅 $\dot{A}_n$ 同时描述了第 n 次谐波的振幅 A_n 和初相角 φ_n；② 为以后研究信号的频谱提供了途径和方便。

9.2　非正弦周期电量的有效值

设非正弦周期量为电流 $i(t)$，则其有效值的定义仍是

$$I = \sqrt{\frac{1}{T}\int_{-\frac{T}{2}}^{\frac{T}{2}}\left[i(t)\right]^2\mathrm{d}t} \qquad (9-9)$$

非正弦周期电量的有效值

设 $i(t)$ 的傅立叶级数展开式为

$$i(t) = I_0 + \sum_{n=1}^{\infty} I_{nm}\cos(n\omega_1 t + \varphi_n)$$

其中 I_0 和 I_{nm} 分别为直流分量与第 n 次谐波的振幅,代入式(9-9)并考虑到三角函数的正交性,经过运算即得

$$I = \sqrt{I_0^2 + \left(\frac{I_{1m}}{\sqrt{2}}\right)^2 + \left(\frac{I_{2m}}{\sqrt{2}}\right)^2 + \cdots + \left(\frac{I_{nm}}{\sqrt{2}}\right)^2} = \sqrt{I_0^2 + I_1^2 + I_2^2 + \cdots + I_n^2} \qquad (9-10)$$

其中 $I_n = \dfrac{I_{nm}}{\sqrt{2}}$ 为第 n 次谐波电流的有效值。可见,非正弦周期电流的有效值 I 等于直流分量和各次谐波电流有效值平方和的平方根。

同理可得,非正弦周期电压 $u(t)$ 的有效值为

$$U = \sqrt{U_0^2 + U_1^2 + U_2^2 + \cdots + U_n^2} \qquad (9-11)$$

其中 $U_n = \dfrac{U_{nm}}{\sqrt{2}}$ 为第 n 次谐波电压的有效值,U_0 为直流分量值。

用普通的电压表、电流表测量非正弦周期电流电路中的电压、电流,如无特别声明,均为其有效值。

例 9-1　已知电流 $i(t) = 5 + 14.14\cos t + 7.07\cos 2t$ A,求其有效值 I。

解　　　$I = \sqrt{I_0^2 + I_1^2 + I_2^2} = \sqrt{5^2 + \left(\dfrac{14.14}{\sqrt{2}}\right)^2 + \left(\dfrac{7.07}{\sqrt{2}}\right)^2} = 12.25$ A

例 9-2　求图 9-2 所示锯齿波电压 $u(t)$ 的有效值 U。

解 可用两种方法求解。一种是根据式(9-9)直接求,另一种是先将 $u(t)$ 展开成傅立叶级数,然后根据式(9-11)求解。显然,前者更简便。

$u(t)$ 在一个周期内的时间函数式为

图 9-2　例 9-2 图

$$u(t) = \frac{U_m}{T}t \quad (0 \leqslant t < T)$$

故得

$$U = \sqrt{\frac{1}{T}\int_0^T [u(t)]^2 \, dt} = \sqrt{\frac{1}{T}\int_0^T \left[\frac{U_m}{T}t\right]^2 dt} = \frac{U_m}{\sqrt{3}}$$

例 9-3　如图 9-3 所示电路中,已知 $i_1 = \sqrt{2} \times 2\cos\omega t$ A,求下列各情况下的 $i(t)$ 及其有效值 I:

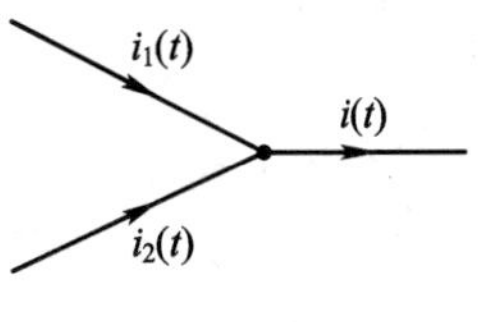

(1) $i_2(t) = 1$ A(直流);

(2) $i_2 = \sqrt{2} \times 2\cos(\omega t + 60°)$ A;

(3) $i_2 = \sqrt{2} \times 2\cos(3\omega t + 60°)$ A。

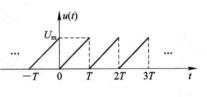

图 9-3　例 9-3 图

解　(1)　　　　　$i(t) = i_1(t) + i_2(t) = \left[\sqrt{2} \times 2\cos\omega t + 1\right]$ A

$$I = \sqrt{1^2 + 2^2} = 2.236 \text{ A}$$

（2）　　　　$i(t) = i_1(t) + i_2(t) = \sqrt{2} \times 2\cos\omega t + \sqrt{2} \times 2\cos(\omega t + 60°)$ A

因为 $i_1(t)$ 和 $i_2(t)$ 的角频率相同，所以可用相量法，即

$$\dot{I}_1 = 2\angle 0° = 2 + \text{j}0 \text{ A}$$

$$\dot{I}_2 = 2\angle 60° = 1 + \text{j}\sqrt{3} \text{ A}$$

$$\dot{I} = \dot{I}_1 + \dot{I}_2 = 2 + \text{j}0 + 1 + \text{j}\sqrt{3} = 2\sqrt{3}\angle 30° \text{ A}$$

故

$$i(t) = \sqrt{2} \times 2\sqrt{3}\cos(\omega t + 30°) \text{ A}$$

$$I = 2\sqrt{3} \text{ A}$$

注意：$I \neq \sqrt{I_1^2 + I_2^2} = \sqrt{2^2 + 2^2} = 2\sqrt{2}$ A。

（3）　　　　$i(t) = i_1(t) + i_2(t) = \sqrt{2} \times 2\cos\omega t + \sqrt{2} \times 2\cos(3\omega t + 60°)$ A

$$I = \sqrt{2^2 + 2^2} = 2\sqrt{2} \text{ A}$$

练习 9 - 1　如图 9-4 所示电压中，$T = 2\pi$，求 $u(t)$ 有效值。

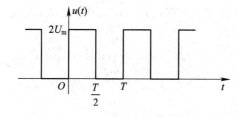

图 9-4　练习 9-1 图　　　　　　　　练习 9-1

9.3　非正弦周期电流电路稳态分析

线性非正弦周期电流电路稳态分析的一般步骤如下：

（1）将给定的激励源（如电压源 $u(t)$）展开成傅立叶级数，即

$$u(t) = U_0 + U_{1m}\cos(\omega t + \varphi_{u1}) + U_{2m}\cos(2\omega t + \varphi_{u2})$$
$$+ \cdots + U_{nm}\cos(n\omega t + \varphi_{un}) \text{ V}$$

这样，电压源 $u(t)$ 的作用，就与一个直流电压源 U_0 及许多具有不同频率的正弦电压源串联起来共同作用在电路中的情况相同，如图 9-5(a)、(b)所示。其中：

$$u_1(t) = U_{1m}\cos(\omega t + \varphi_{u1})$$
$$u_2(t) = U_{2m}\cos(2\omega t + \varphi_{u2})$$
$$\vdots$$
$$u_n(t) = U_{nm}\cos(n\omega t + \varphi_{un})$$

非正弦周期
电流电路
稳态分析

（2）根据叠加定理，可将图 9-5(b)分解成图 9-5(c)、(d)、(e)、(f)的叠加。

（3）根据图 9-5(c)、(d)、(e)、(f)，分别求直流分量 I_0 与正弦稳态响应电流 $i_1(t)$，$i_2(t)$，$\cdots$，$i_n(t)$。求解时可用相量法，其相应的频域电路（即相量模型）如图 9-5(g)、(h)、

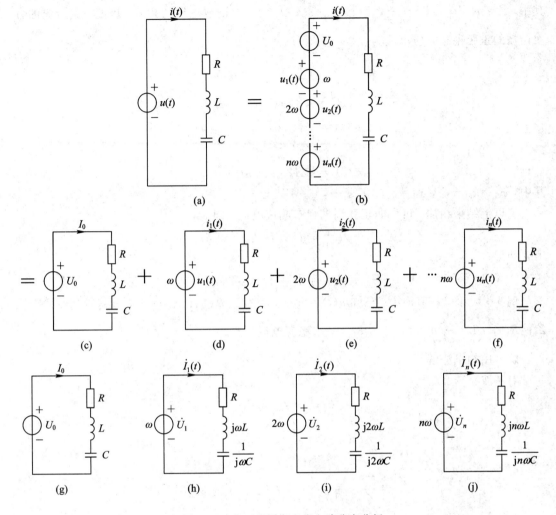

图 9 - 5　非正弦周期电流电路稳态分析

(i)、(j)所示。于是得

$$I_0 = \frac{U_0}{R} \quad (\text{若支路中有电容 } C, \text{则 } I_0 = 0)$$

$$\dot{I}_1 = I_1 \angle \varphi_{i1} = \frac{\dot{U}_1}{Z_1} = \frac{U_1 \angle \varphi_{u1}}{|Z_1| \angle \varphi_1} = \frac{U_1}{|Z_1|} \angle \varphi_{u1} - \varphi_1$$

其中，$Z_1 = R + j\left(\omega L - \dfrac{1}{\omega C}\right) = |Z_1| \angle \varphi_1$，$\dot{U}_1$ 为一次谐波电压的相量；

$$\dot{I}_2 = I_2 \angle \varphi_{i2} = \frac{\dot{U}_2}{Z_2} = \frac{U_2}{|Z_2|} \angle \varphi_{u2} - \varphi_2$$

其中，$Z_2 = R + j\left(2\omega L - \dfrac{1}{2\omega C}\right) = |Z_2| \angle \varphi_2$，$\dot{U}_2$ 为二次谐波电压的相量；

$$\dot{I}_n = I_n \angle \varphi_{in} = \frac{\dot{U}_n}{Z_n} = \frac{U_n}{|Z_n|} \angle \varphi_{un} - \varphi_n$$

其中，$Z_n = R + j\left(n\omega L - \dfrac{1}{n\omega C}\right) = |Z_n| \angle \varphi_n$，$\dot{U}_n$ 为 n 次谐波电压的相量。因此，其对应的各次谐波的正弦稳态响应电流为

$$I_0 = \frac{U_0}{R}$$

$$i_1(t) = \sqrt{2} I_1 \cos(\omega t + \varphi_{i1})$$

$$i_2(t) = \sqrt{2} I_2 \cos(2\omega t + \varphi_{i2})$$

$$\vdots$$

$$i_n(t) = \sqrt{2} I_n \cos(n\omega t + \varphi_{in})$$

其中，$\varphi_{i1} = \varphi_{u1} - \varphi_1$，$\varphi_{i2} = \varphi_{u2} - \varphi_2$，$\cdots$，$\varphi_{in} = \varphi_{un} - \varphi_n$。

将以上结果相加，可得非正弦周期稳态响应电流，即

$$i(t) = I_0 + i_1(t) + i_2(t) + \cdots + i_n(t)$$

但要切记：

$$\dot{I} \neq I_0 + \dot{I}_1 + \dot{I}_2 + \cdots + \dot{I}_n$$

例 9 - 4　图 9 - 5(a)中，已知 $u(t) = 50\cos\omega t + 25\cos(3\omega t + 60°)$ V，电路对基波的阻抗 $Z_1 = R + j\left(\omega L - \dfrac{1}{\omega C}\right) = 8 + j(2-8)$ Ω，求稳态电流 $i(t)$。

解　用相量法解。

对基波：

$$\dot{U}_1 = \frac{50}{\sqrt{2}} \angle 0° \text{ V}$$

$$Z_1 = 8 - j6 = 10 \angle -36.87° \text{ Ω}$$

$$\dot{I}_1 = \frac{\dot{U}_1}{Z_1} = \frac{\dfrac{50}{\sqrt{2}} \angle 0°}{10 \angle -36.87°} = \frac{5}{\sqrt{2}} \angle 36.87° \text{ A}$$

$$i_1(t) = 5\cos(\omega t + 36.87°) \text{ A}$$

对第三次谐波：

$$\dot{U}_3 = \frac{25}{\sqrt{2}} \angle 60° \text{ V}$$

$$Z_3 = 8 + j\left(3 \times 2 - \frac{8}{3}\right) = 8.67 \angle 22.62° \text{ Ω}$$

$$\dot{I}_3 = \frac{\dot{U}_3}{Z_3} = \frac{25 \angle 60°}{\sqrt{2} \times 8.67 \angle 22.62°} = \frac{2.89}{\sqrt{2}} \angle 37.4° \text{ A}$$

$$i_3(t) = 2.89\cos(3\omega t + 37.4°) \text{ A}$$

故

$$i(t) = i_1(t) + i_3(t) = 5\cos(\omega t + 36.87°) + 2.89\cos(3\omega t + 37.4°) \text{ A}$$

例 9 - 5　如图 9 - 6(a)所示电路中，已知 $R_1 = 2$ Ω，$R_2 = 3$ Ω，$\omega L_1 = \omega L_2 = 4$ Ω，$\omega M = 1$ Ω，$\dfrac{1}{\omega C} = 6$ Ω，$u(t) = 20 + 20\cos\omega t$ V，求两个电流表的读数和 $i_1(t)$、$i_2(t)$。

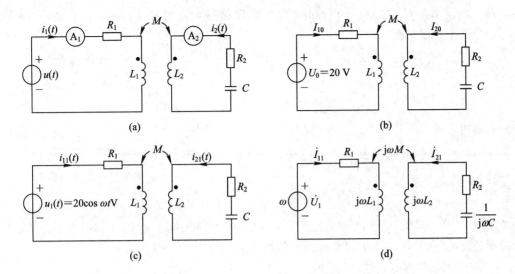

图 9-6　例 9-5 图

解　按图 9-6(b) 求直流分量，即

$$I_{10} = \frac{U_0}{R_1} = \frac{20}{2} = 10\text{ A}$$

$$I_{20} = 0$$

按图 9-6(c) 求一次谐波电流，其频域电路如图 9-6(d) 所示。设 $\dot{U}_1 = \dfrac{20}{\sqrt{2}} \angle 0°\text{ V}$，初、

次级电流分别为 $\dot{I}_{11}$、$\dot{I}_{21}$，则可列出 KVL 方程为

$$\begin{cases} (R_1 + \text{j}\omega L_1)\dot{I}_{11} + \text{j}\omega M \dot{I}_{21} = \dot{U}_1 \\ \text{j}\omega M \dot{I}_{11} + \left[R_2 + \text{j}\left(\omega L_2 - \dfrac{1}{\omega C}\right)\right]\dot{I}_{21} = 0 \end{cases}$$

代入数据解之得

$$\dot{I}_{11} = \frac{4.24}{\sqrt{2}} \angle -61.8°\text{ A}$$

$$\dot{I}_{21} = \frac{1.18}{\sqrt{2}} \angle -118.1° = 0.832 \angle -118.1°\text{ A}$$

故

$$I_1 = \sqrt{I_{10}^2 + I_{11}^2} = \sqrt{10^2 + \left(\frac{4.24}{\sqrt{2}}\right)^2} = 10.4\text{ A}$$

$$I_2 = \sqrt{I_{20}^2 + I_{21}^2} = I_{21} = 0.832\text{ A}$$

即电流表 A_1 的读数为 10.4 A，A_2 的读数为 0.832 A。其表达式为

$$i_1(t) = I_{10} + i_{11}(t) = 10 + 4.24\cos(\omega t - 61.8°)\text{ A}$$

$$i_2(t) = I_{20} + i_{21}(t) = 0 + 1.18\cos(\omega t - 118.1°)\text{ A}$$

例 9-6　图 9-7 电路中，已知 $u(t) = U_{1m}\cos(10^3 t + \varphi_1) + U_{3m}\cos(3 \times 10^3 t + \varphi_3)\text{ V}$，今

欲使 $u_2(t) = U_{1m}\cos(10^3 t + \varphi_1)\text{ V}$，求 L_1 和 C_1 值。

解　应使 L_1、C_1 对 $\omega = 10^3$ rad/s 发生串联谐振，同时使 L_1、C_1 和 C 对 $3\omega = 3 \times 10^3$ rad/s 发生并联谐振，故有

$$\begin{cases} \omega L_1 - \dfrac{1}{\omega C_1} = 0 \\ 3\omega L_1 - \dfrac{1}{3\omega C_1} - \dfrac{1}{3\omega C} = 0 \end{cases}$$

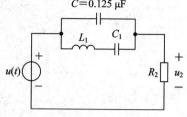

图 9-7　例 9-6 图

联立求解得

$$L_1 = \frac{1}{8\omega^2 C} = 1 \text{ H}$$

$$C_1 = \frac{1}{\omega^2 L_1} = 1 \text{ μF}$$

练习 9-2　如图 9-8 所示电路中，$u_s(t) = 40 + 180\cos\omega t + 60\cos(3\omega t + 45°) + 20\cos(5\omega t + 18°)$，$f = 50$ Hz，求 $i(t)$ 和电流有效值 I。

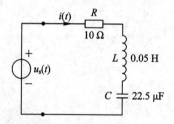

图 9-8　练习 9-2 图

练习 9-2

练习 9-3　如图 9-9 所示电路中，求电流 $i_1(t)$ 和 $i_2(t)$，并求两个电流表的读数。其中，$u(t) = 20 + 20\cos\omega t$ V，$\dfrac{1}{\omega C} = 6$ Ω，$\omega L_1 = \omega L_2 = 4$ Ω，$\omega M = 1$ Ω。

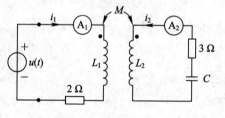

图 9-9　练习 9-3 图

练习 9-3

练习 9-4　如图 9-10 所示电路中，求各个电表的读数。已知激励：

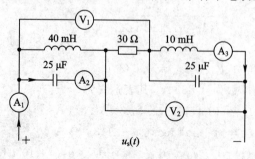

图 9-10　练习 9-4 图

练习 9-4

$$u_s(t) = 30 + 120\sin 10^3 t + 60\sin\left(2 \times 10^3 t + \frac{\pi}{4}\right) \text{V}$$

9.4　非正弦周期电流电路的平均功率

图 9-11 为一线性任意单口网络,其端电压 $u(t)$ 为非正弦周期函数,即

$$u(t) = U_0 + U_{1m}\cos(\omega t + \varphi_{u1}) + U_{2m}\cos(2\omega t + \varphi_{u2}) +$$
$$\cdots + U_{nm}\cos(n\omega t + \varphi_{un}) \tag{9-12}$$

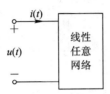

非正弦周期电流
电路的平均功率

图 9-11　线性任意单口网络

则其端电流的一般表示式为

$$i(t) = I_0 + I_{1m}\cos(\omega t + \varphi_{i1}) + I_{2m}\cos(2\omega t + \varphi_{i2}) +$$
$$\cdots + I_{nm}\cos(n\omega t + \varphi_{in}) \tag{9-13}$$

该单口网络吸收的平均功率(有效功率)为

$$P = \frac{1}{T}\int_{-\frac{T}{2}}^{\frac{T}{2}} u(t)i(t)\,\mathrm{d}t$$

将式(9-12)和式(9-13)代入上式并考虑三角函数的正交性,求得 P 的一般表示式为

$$P = U_0 I_0 + \frac{1}{2}U_{1m}I_{1m}\cos(\varphi_{u1} - \varphi_{i1})$$
$$+ \frac{1}{2}U_{2m}I_{2m}\cos(\varphi_{u2} - \varphi_{i2})$$
$$+ \cdots + \frac{1}{2}U_{nm}I_{nm}\cos(\varphi_{un} - \varphi_{in})$$

或

$$P = U_0 I_0 + U_1 I_1 \cos(\varphi_{u1} - \varphi_{i1}) + U_2 I_2 \cos(\varphi_{u2} - \varphi_{i2})$$
$$+ \cdots + U_n I_n \cos(\varphi_{un} - \varphi_{in})$$
$$= U_0 I_0 + \sum_{n=1}^{\infty} U_n I_n \cos(\varphi_{un} - \varphi_{in}) \tag{9-14}$$

即平均功率 P 等于恒定分量的功率 $U_0 I_0$ 与各次谐波分量单独作用时的平均功率的代数和。

若流过电阻 R 中的非正弦周期电流 $i(t)$ 的有效值为 I,则该电阻 R 消耗的平均功率可直接由下式求得,即

$$P = I^2 R$$

例9-7 图9-12(a)所示电路中，已知 $i_s(t)=5\cos10t$ A，$u_s(t)=10\cos(5t-90°)$ V，求：(1) $u_1(t)$ 和 $i_1(t)$；(2) 各电源发出的平均功率。

解 （1）由于两个电源 $i_s(t)$ 和 $u_s(t)$ 的频率不同，该电路属于非正弦电路，因此不能直接用相量法，而只能用叠加原理。

例9-7

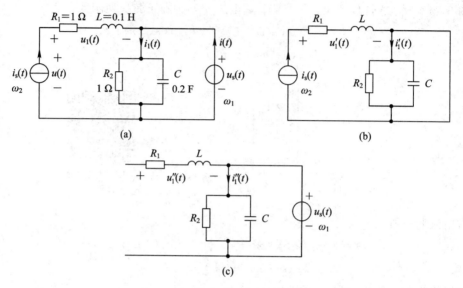

图9-12　例9-7图

$i_s(t)$ 单独作用时，其电路如图9-12(b)所示。

$$Z_1 = R_1 + j\omega_2 L = 1 + j10 \times 0.1 = \sqrt{2}\angle45° \ \Omega$$

$$\dot{I}_s = \frac{5}{\sqrt{2}}\angle0° \ A$$

$$\dot{U}'_1 = Z_1\dot{I}_s = \sqrt{2}\angle45° \times \frac{5}{\sqrt{2}}\angle0° = 5\angle45° \ V$$

故

$$u'_1(t) = \sqrt{2}\times5\cos(10t+45°) \ V$$
$$i'_1(t) = 0$$

$u_s(t)$ 单独作用时，其电路如图9-12(c)所示。

$$Z_2 = \frac{R_2\frac{1}{j\omega_1 C}}{R_2 + \frac{1}{j\omega_1 C}} = \frac{1\times\frac{1}{j5\times0.2}}{1+\frac{1}{j5\times0.2}} = \frac{1}{\sqrt{2}}\angle45° \ \Omega$$

$$\dot{U}_s = \frac{10}{\sqrt{2}}\angle-90° \ V$$

$$\dot{I}''_1 = \frac{\dot{U}_s}{Z_2} = 10\angle-45° \ A$$

故

$$i''_1(t) = \sqrt{2}\times10\cos(5t-45°) \ A$$

$$u''_1(t) = 0$$

故

$$i_1(t) = i'_1(t) + i''_1(t) = \sqrt{2} \times 10\cos(5t - 45°) \text{ A}$$

$$u_1(t) = u'_1(t) + u''_1(t) = \sqrt{2} \times 5\cos(10t + 45°) \text{ V}$$

（2）电流源的端电压为

$$u(t) = u_s(t) + u_1(t) = 10\cos(5t - 90°) + \sqrt{2} \times 5\cos(10t + 45°) \text{ V}$$

电流源的电流 $i_s(t) = 5\cos 10t$ A，故电流源发出的功率为

$$P_1 = \frac{1}{2} \times 10 \times 0 + \frac{1}{2} \times \sqrt{2} \times 5 \times 5\cos(45° - 0°) = 12.5 \text{ W}$$

电压源的电流为

$$i(t) = i_1(t) - i_s(t) = \sqrt{2} \times 10\cos(5t - 45°) - 5\cos 10t \text{ A}$$

电压源的电压 $u_s(t) = 10\cos(5t - 90°)$ V，故电压源发出的功率为

$$P_2 = \frac{1}{2} \times 10 \times \sqrt{2} \times 10\cos[(-90°) - (-45°)] = \frac{1}{2} \times 0 \times 5 = 50 \text{ W}$$

习　题　9

1. 已知 $i_1(t) = 10\cos\omega t + 5\cos(3\omega t - 30°) - 3\cos(5\omega t + 60°)$ A，$i_2(t) = 20\cos(3\omega t - 30°) + 10\cos(5\omega t + 45°)$ A，求 $i(t) = i_1(t) + i_2(t)$ 及 $i(t)$ 的有效值 I。

2. 如图 9 - 13 所示电路中，$u_1(t) = 400 + 100\cos 3 \times 314t - 20\cos 6 \times 314t$ V，求 $u_2(t)$ 及其有效值 U_2。

3. 如图 9 - 14 所示电路中，$R = 20\ \Omega$，$\omega L_1 = 0.625\ \Omega$，$\frac{1}{\omega C} = 45\ \Omega$，$\omega L_2 = 5\ \Omega$，$u(t) = 100 + 276\cos\omega t + 100\cos 3\omega t + 50\cos 9\omega t$ V，求 $i(t)$ 及其有效值 I。

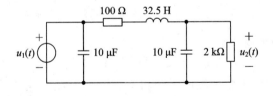

图 9 - 13　习题 2 图

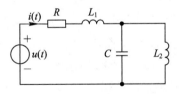

图 9 - 14　习题 3 图

4. 求图 9 - 15 所示电压 $u(t)$ 的有效值 U。

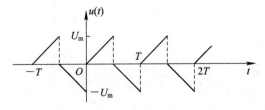

图 9 - 15　习题 4 图

· 186 ·

电路分析基础

5. 有效值为 100 V 的正弦电压加在电感 L 两端，得电流 10 A。当电压中还有三次谐波时，其有效值仍为 100 V，得电流为 8 A。求此电压的基波和三次谐波电压有效值。

6. 如图 9-16 所示电路中，$u(t)$ 的波形如图所示，$T=6.28\,\mu$s，求 $i(t)$ 和 $u_C(t)$。

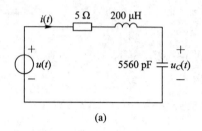 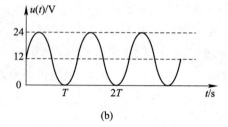

(a)   (b)

图 9-16   习题 6 图

7. 如图 9-17 所示为一滤波器电路，$u_1(t)=U_{1m}\cos\omega t+U_{3m}\cos3\omega t$ V，$L=0.12$ H，$\omega=314$ rad/s，欲使 $u_2(t)=U_{1m}\cos\omega t$ V，求 C_1、C_2 的值。

8. 如图 9-18 所示电路中，已知 $u(t)=U_{1m}\cos 10^3 t+U_{4m}\cos(4\times10^3 t+\varphi_4)$。欲使 $u_2(t)=U_{4m}\cos(4\times10^3 t+\varphi_4)$，求 L_1 和 L_2 的值。

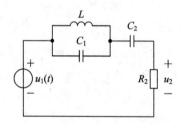 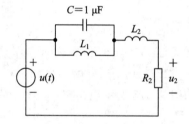

图 9-17   习题 7 图   图 9-18   习题 8 图

9. 如图 9-19 所示，单口网络 N 的端电压和端电流分别为 $u(t)=\cos\left(t+\dfrac{\pi}{2}\right)+\cos\left(2t-\dfrac{\pi}{4}\right)+\cos\left(3t-\dfrac{\pi}{3}\right)$ V，$i(t)=5\cos t+2\cos\left(2t+\dfrac{\pi}{4}\right)$ A，求：(1) 各分量频率作用时网络 N 的/输入阻抗；(2) 网络 N 吸收的平均功率 P。

10. 如图 9-20 所示电路中，$u_{s1}(t)=u_{s2}(t)=\cos t$ V，求：(1) $i(t)$ 及其有效值 I；(2) 电阻消耗的平均功率 P；(3) $u_{s1}(t)$ 单独作用时电阻消耗的平均功率 P_1；(4) $u_{s2}(t)$ 单独作用时电阻消耗的平均功率 P_2；(5) 由(2)、(3)、(4)的计算结果可得出什么结论？

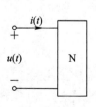 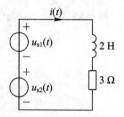

图 9-19   习题 9 图   图 9-20   习题 10 图

11. 续题 10，当 $u_{s2}(t)=\cos2t$ V 时，再求解各项，并讨论所得结果。

12. 如图 9-21 所示为稳态有源一端口网络，已知 $u_s(t)=10+3\cos t$ V，求该一端口网络向外电路所提供的最大功率 $P_{\max}$。

13. 如图 9-22 所示电路中，$u(t)=10+20\sqrt{2}\cos\omega t+10\sqrt{2}\cos3\omega t$ V，$T=0.02$ s，求 $i_1(t)$、$i_2(t)$。

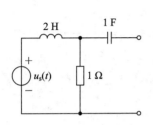

图 9-21　习题 12 图

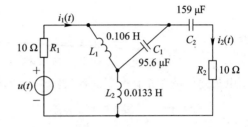

图 9-22　习题 13 图

14. 如图 9-23 所示电路中，非线性电阻的伏安特性为 $i_1(t)=0.3u+0.04u^2$，i_1 与 u 的单位分别为 mA 和 V；$u_s(t)=100\sin\omega t$ V，电流表的内阻抗可视为零，求 $i_2(t)$ 与电流表 A 的读数。（提示：理想变压器可以耦合直流分量）

15. 如图 9-24 所示电路中，$u_1(t)=30+80\cos2t+20\cos6t$ V，求 $u_2(t)$。

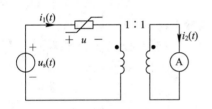

图 9-23　习题 14 图

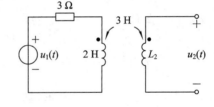

图 9-24　习题 15 图

16. 如图 9-25 所示电路中，$u(t)=\cos t$ V，$i(t)=1$ A，求 $i_1(t)$。

17. 一电感线圈接到电压为 4 V 的直流电源，流经的电流为 1 A，而接到电压为 10 V 的正弦电源时，电流为 2 A。同一线圈接到有效值为 50 V 的非正弦周期电压源上时，电流有效值为 9 A。已知该非正弦周期电压源只含有基波和三次谐波，且其周期与上述正弦电源的周期相等，求电源电压各谐波分量的有效值。

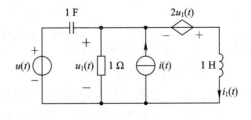

图 9-25　习题 16 图

第10章　二端口网络

　　二端口网络又称双口网络，是工程技术中常见的多端网络，如变压器、放大器及滤波器等。同单口网络的分析类似，对于二端口网络，不管网络内部多么复杂，通常仅对端口上的电压、电流之间的关系作分析。在实际中，用端口的观点分析二端口网络是非常有效的分析手段。

10.1　二端口网络

　　如图10-1所示的四端网络，方框内部是任意复杂的电路。在任何时刻，如果流入1端的电流等于流出1'端的电流，那么就称1-1'满足端口条件，1-1'构成一个端口；同理，在任何时刻，流入2端的电流等于流出2'端的电流，那么就称2-2'满足端口条件，2-2'构成一个端口。如果1-1'和2-2'同时满足端口条件，就形成两个端口，这种四端网络称为二端口网络。通常把接输入信号的端口称为输入端口，另一端口用于接负载，称为输出端口。一般情况下，输入信号接在1-1'端口，而2-2'端口用于接负载。

二端口网络的
基本概念

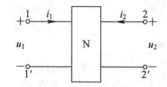

图10-1　二端口网络

　　在用二端口的观点分析电路时，首要的问题是确定端口变量之间的关系，也就是二端口的网络方程，或者称为端口特性。二端口网络共有4个端口变量：两个端口电压和两个端口电流。通常的做法是把任意两个端口变量作为函数，而另外两个变量作为自变量，就构成了二端口的网络方程。一组网络方程由两个方程组成，4个端口变量共组合成6组网络方程。对于不含独立源且仅由线性时不变元件构成的二端口网络，网络方程中的系数均为常数，这些参数共有6组，它们只取决于网络内部的结构、元件参数和电源的频率。

　　本书只讨论这种二端口：网络内部无能量储存，仅由线性时不变元件构成，不含独立源，而且规定端口电压和端口电流的参考方向如图10-1所示电路的参考方向。

10.2　二端口的网络方程及其参数

　　二端口共有6组方程，对应6组方程有6组参数，它们是 Z 参数、Y 参数、A 参数、B

参数、H 参数和 G 参数。下面分别对 Z、Y、A 和 H 参数作详细介绍。

1. Z 方程和 Z 参数

1）Z 方程及其矩阵形式

如图 10 - 2 所示的二端口网络，激励为正弦，电路处于稳态。选两个端口电压 $\dot U_1$、$\dot U_2$ 为函数，两个端口电流 $\dot I_1$、$\dot I_2$ 为自变量，利用替代定理将两个端口电流 $\dot I_1$、$\dot I_2$ 用独立电流源替代。由叠加定理可知，两个端口电压 $\dot U_1$、$\dot U_2$ 的形式为

$$\left.\begin{aligned}\dot U_1 &= z_{11}\,\dot I_1 + z_{12}\,\dot I_2 \\ \dot U_2 &= z_{21}\,\dot I_1 + z_{22}\,\dot I_2\end{aligned}\right\} \tag{10-1}$$

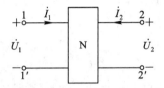

图 10 - 2　正弦稳态二端口网络　　　　　　　Z 方程和 Z 参数

此方程为二端口网络的阻抗方程，简称为 Z 方程，方程中的系数 z_{11}、z_{12}、z_{21}、z_{22} 称为二端口网络的阻抗参数，也称为 Z 参数。Z 参数都具有阻抗的量纲，只与网络内部元件参数、网络的连接形式以及外接激励的频率有关，能够用来描述二端口的端口特性。

Z 方程的矩阵形式为

$$\begin{bmatrix}\dot U_1 \\ \dot U_2\end{bmatrix} = \begin{bmatrix} z_{11} & z_{12} \\ z_{21} & z_{22}\end{bmatrix}\begin{bmatrix}\dot I_1 \\ \dot I_2\end{bmatrix} \tag{10-2}$$

或

$$\dot{\boldsymbol U} = \boldsymbol Z \dot{\boldsymbol I} \tag{10-3}$$

其中，$\boldsymbol Z = \begin{bmatrix} z_{11} & z_{12} \\ z_{21} & z_{22}\end{bmatrix}$ 称为 Z 参数矩阵。

2）Z 参数的物理意义及其求法

在式（10 - 1）中，令 $\dot I_2 = 0$，则有

$$z_{11} = \left.\frac{\dot U_1}{\dot I_1}\right|_{\dot I_2 = 0} \tag{10-4}$$

$$z_{21} = \left.\frac{\dot U_2}{\dot I_1}\right|_{\dot I_2 = 0} \tag{10-5}$$

式（10 - 4）表明，z_{11} 是输出端口开路时输入端口的电压和电流之比，也就是输出端口开路时输入端口的输入阻抗。z_{11} 可以用以下方法确定：令输出端口开路，在输入端口外加一电压源或电流源，求输入端口的电压与电流之比。图 10 - 3（a）是外加电压源求 z_{11} 的电路。式（10 - 5）表明 z_{21} 是输出端开路时输出端口的电压与输入端口的电流之比，称为输出端口开路时的转移阻抗。求 z_{21} 的方法是：令输出端口开路，在输入端口外加一电压源或电流源，求

输出端口的电压与输入端口的电流之比。图 10-3(b)是在输入端口外加电流源求 z_{21} 的电路。

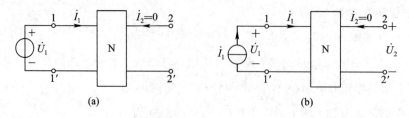

(a)   (b)

图 10-3 求 z_{11} 和 z_{21} 电路

在式(10-1)中，令 $\dot{I}_1 = 0$，则有

$$z_{12} = \left.\frac{\dot{U}_1}{\dot{I}_2}\right|_{i_1=0} \tag{10-6}$$

$$z_{22} = \left.\frac{\dot{U}_2}{\dot{I}_2}\right|_{i_1=0} \tag{10-7}$$

z_{12} 是输入端口开路时输入端口电压与输出端口电流之比，称为输入端口开路时的转移阻抗。z_{22} 是输入端口开路时输出端口的输入阻抗。z_{12} 和 z_{22} 的求法是在输出端口外加电压源或电流源，读者可以自己参照求 z_{11} 和 z_{21} 的方法画出具体电路。从以上分析可见，Z 参数都是在某一端口开路时确定的，因此 Z 参数又称为开路阻抗参数。

3）互易网络的 Z 参数

当二端口网络互易时，由互易定理，必有

$$\left.\frac{\dot{U}_1}{\dot{I}_2}\right|_{i_1=0} = \left.\frac{\dot{U}_2}{\dot{I}_1}\right|_{i_2=0}$$

即

$$z_{12} = z_{21}$$

说明二端口网络互易时，Z 参数只有三个是独立的，Z 参数矩阵是对称阵。利用这一条件可以判定二端口网络的互易性。对于不含独立源和受控源的二端口网络，$z_{12} = z_{21}$，二端口网络互易，含有受控源的网络一般不互易。

4）对称网络的 Z 参数

如果二端口网络同时满足

$$\left.\begin{array}{l} z_{12} = z_{21} \\ z_{11} = z_{22} \end{array}\right\} \tag{10-8}$$

那么，称为对称二端口网络，此时二端口网络的 Z 参数只有两个是独立的，$\boldsymbol{Z}$ 矩阵是交叉对称阵。这里的对称指的是二端口网络在电性能上的对称，其含义是，无论从哪个端口看进去，其电性能是相同的，也就是说把二端口的输入端口和输出端口位置互换后，外电路的响应不发生改变。

如图 10-4 所示二端口网络，这种网络的特点是在结构上对称，必然在电性能上对称，即式(10-8)成立。在电性能上对称的二端口网络，在结构上不一定对称。

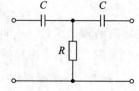

图 10-4 结构对称的二端口

例 10 - 1 求图 10 - 5(a)所示二端口的 Z 参数，判断互易性并写出 Z 方程。

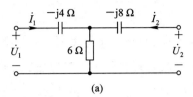

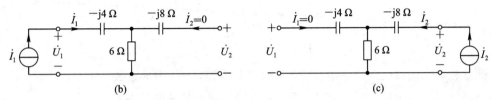

图 10 - 5 例 10 - 1 电路

解 如图 10 - 5(b)所示，将输出端口开路，在输入端口外加电流源，可得

$$z_{11} = \left.\frac{\dot{U}_1}{\dot{I}_1}\right|_{i_2=0} = (6-j4)\,\Omega, \quad z_{21} = \left.\frac{\dot{U}_2}{\dot{I}_1}\right|_{i_2=0} = 6\,\Omega$$

如图 10 - 5(c)所示，再将输入端口开路，在输出端口加一电流源，可得

$$z_{12} = \left.\frac{\dot{U}_1}{\dot{I}_2}\right|_{i_1=0} = 6\,\Omega, \quad z_{22} = \left.\frac{\dot{U}_2}{\dot{I}_2}\right|_{i_1=0} = (6-j8)\,\Omega$$

因为

$$z_{12} = z_{21} = 6\,\Omega$$

所以网络互易。

Z 方程为

$$\left.\begin{aligned}\dot{U}_1 &= (6-j4)\,\dot{I}_1 + 6\,\dot{I}_2 \\ \dot{U}_2 &= 6\,\dot{I}_1 + (6-j8)\,\dot{I}_2\end{aligned}\right\}$$

以上 Z 参数的求法是根据它的物理意义进行的。然而，在许多情况下，直接列写二端口网络的网络方程而得到相应的参数比根据定义求解更为简便。下面用此方法再求该例的 Z 参数。

如图 10 - 5(a)所示，写出 Z 方程：

$$\left.\begin{aligned}\dot{U}_1 &= -j4\,\dot{I}_1 + 6(\dot{I}_1 + \dot{I}_2) = (6-j4)\,\dot{I}_1 + 6\,\dot{I}_2 \\ \dot{U}_2 &= -j8\,\dot{I}_2 + 6(\dot{I}_1 + \dot{I}_2) = 6\,\dot{I}_1 + (6-j8)\,\dot{I}_2\end{aligned}\right\}$$

由此方程得到的 Z 参数矩阵为

$$\boldsymbol{Z} = \begin{bmatrix} 6-j4 & 6 \\ 6 & 6-j8 \end{bmatrix}\Omega$$

很显然，与根据定义求得的 Z 参数相同。

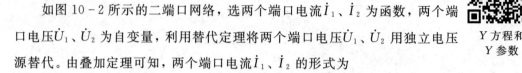

2. Y 方程和 Y 参数

1）Y 方程及其矩阵形式

如图 10-2 所示的二端口网络，选两个端口电流 $\dot{I}_1$、$\dot{I}_2$ 为函数，两个端口电压 $\dot{U}_1$、$\dot{U}_2$ 为自变量，利用替代定理将两个端口电压 $\dot{U}_1$、$\dot{U}_2$ 用独立电压源替代。由叠加定理可知，两个端口电流 $\dot{I}_1$、$\dot{I}_2$ 的形式为

$$\left. \begin{aligned} \dot{I}_1 &= y_{11}\dot{U}_1 + y_{12}\dot{U}_2 \\ \dot{I}_2 &= y_{21}\dot{U}_1 + y_{22}\dot{U}_2 \end{aligned} \right\} \tag{10-10}$$

此方程为二端口网络的导纳方程，简称为 Y 方程，方程中的系数 y_{11}、y_{12}、y_{21}、y_{22} 称为二端口网络的导纳参数，也称为 Y 参数。Y 参数都具有导纳的量纲。

Y 方程的矩阵形式为

$$\begin{bmatrix} \dot{I}_1 \\ \dot{I}_2 \end{bmatrix} = \begin{bmatrix} y_{11} & y_{12} \\ y_{21} & y_{22} \end{bmatrix} \begin{bmatrix} \dot{U}_1 \\ \dot{U}_2 \end{bmatrix} \tag{10-10}$$

或

$$\dot{I} = Y\dot{U} \tag{10-11}$$

其中，$Y = \begin{bmatrix} y_{11} & y_{12} \\ y_{21} & y_{22} \end{bmatrix}$ 称为 Y 参数矩阵。

比较式（10-3）与式（10-11），若矩阵 Z 的行列式值不为零，即二端口网络既存在 Z 参数，也存在 Y 参数，那么，Z 参数矩阵和 Y 参数矩阵互为逆阵，即

$$Y = Z^{-1} \quad 或 \quad Z = Y^{-1}$$

2）Y 参数的物理意义及其求法

按照确定 Z 参数类似的方法，在式（10-10）中，分别令 $\dot{U}_2 = 0$ 和 $\dot{U}_1 = 0$，则有

$$y_{11} = \left. \frac{\dot{I}_1}{\dot{U}_1} \right|_{\dot{U}_2=0} \tag{10-12}$$

$$y_{21} = \left. \frac{\dot{I}_2}{\dot{U}_1} \right|_{\dot{U}_2=0} \tag{10-13}$$

$$y_{12} = \left. \frac{\dot{I}_1}{\dot{U}_2} \right|_{\dot{U}_1=0} \tag{10-14}$$

$$y_{22} = \left. \frac{\dot{I}_2}{\dot{U}_2} \right|_{\dot{U}_1=0} \tag{10-15}$$

以上公式表明，y_{11} 是输出端口短路时输入端口的电流和电压之比，也就是输出端口短路时输入端口的输入导纳。y_{21} 是输出端口短路时输出端口的电流与输入端口的电压之比，称为输出端口短路时的转移导纳。y_{12} 是输入端口短路时输入端口电流与输出端口电压之比，称为输入端口短路时的转移导纳。y_{22} 是输入端口短路时输出端口的输入导纳。求 y_{11} 和

y_{21} 的电路如图 $10-6(a)$ 所示，求 y_{12} 和 y_{22} 的电路如图 $10-6(b)$ 所示。

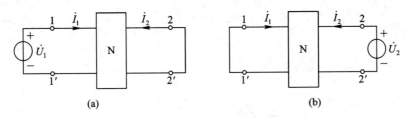

图 $10-6$　求 Y 参数电路

Y 参数都是在某一端口短路时确定的，因此 Y 参数又称为短路导纳参数。

3）互易网络和对称网络的 Y 参数

如果二端口互易，利用互易定理可以证明：$y_{12}=y_{21}$，此时 Y 参数只有三个是独立的，Y 参数矩阵是对称矩阵。

如果二端口对称，有 $y_{12}=y_{21}$ 和 $y_{11}=y_{22}$，此时 Y 参数只有两个是独立的，Y 参数矩阵是交叉对称阵。

例 $10-2$　如图 $10-7(a)$ 所示二端口，已知 $y_a=1\,\text{S}$，$y_b=2\,\text{S}$，$y_c=3\,\text{S}$，求 Y 参数矩阵，并写出 Y 方程，利用参数之间的关系求 Z 参数矩阵。

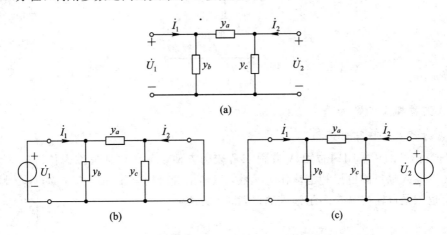

图 $10-7$　例 $10-2$ 图

解　这里根据 Y 参数的定义求 Y 参数。如图 $10-7(b)$ 所示，令输出端短路，有

$$y_{11}=\left.\frac{\dot{I}_1}{\dot{U}_1}\right|_{\dot{U}_2=0}=y_a+y_b=3\,\text{S}, \qquad y_{21}=\left.\frac{\dot{I}_2}{\dot{U}_1}\right|_{\dot{U}_2=0}=-y_a=-1\,\text{S}$$

如图 $10-7(c)$ 所示，令输入端短路，有

$$y_{12}=\left.\frac{\dot{I}_1}{\dot{U}_2}\right|_{\dot{U}_1=0}=-y_a=-1\,\text{S}, \qquad y_{22}=\left.\frac{\dot{I}_2}{\dot{U}_2}\right|_{\dot{U}_1=0}=y_a+y_c=4\,\text{S}$$

Y 参数矩阵为

$$\boldsymbol{Y}=\begin{bmatrix} y_a+y_b & -y_a \\ -y_a & y_a+y_c \end{bmatrix}=\begin{bmatrix} 3 & -1 \\ -1 & 4 \end{bmatrix}\text{S}$$

Y 方程可以根据 Y 参数写出，也可以由电路得到，这里根据 Y 参数写出，有

$$\left.\begin{array}{l}\dot{I}_1 = 3\dot{U}_1 - \dot{U}_2 \\ \dot{I}_2 = -\dot{U}_1 + 4\dot{U}_2\end{array}\right\}$$

利用 $\boldsymbol{Z} = \boldsymbol{Y}^{-1}$ 求得 Z 参数矩阵为

$$\boldsymbol{Z} = \begin{bmatrix} \dfrac{4}{11} & \dfrac{1}{11} \\ \dfrac{1}{11} & \dfrac{3}{11} \end{bmatrix}\Omega$$

该例中如果令 $y_b = y_c = 0$，y_a 不变，则 Y 参数矩阵为

$$\boldsymbol{Y} = \begin{bmatrix} y_a + y_b & -y_a \\ -y_a & y_a + y_c \end{bmatrix} = \begin{bmatrix} 1 & -1 \\ -1 & 1 \end{bmatrix}\text{S}$$

而该矩阵不存在逆阵，这说明此时二端口不存在 Z 参数，所以一个二端口并不一定同时存在各种参数。

练习 10 - 1　求图 10 - 8 所示 T 型二端口的 Z、Y 参数矩阵。

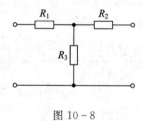

练习 10 - 1

图 10 - 8

3. A 方程和 A 参数

1）A 方程及其矩阵形式

当研究信号的传输问题时用 A 方程求解较为方便，A 参数又被称为传输参数。以输入端口的电压和电流作为函数，以输出端口的电压和电流作为自变量，也就是以输出端口表示输入端口，得到方程：

$$\left.\begin{array}{l}\dot{U}_1 = a_{11}\dot{U}_2 + a_{12}(-\dot{I}_2) \\ \dot{I}_1 = a_{21}\dot{U}_2 + a_{22}(-\dot{I}_2)\end{array}\right\} \qquad (10 - 16)$$

**A 方程和
A 参数**

此方程称为 A 参数方程，也称为传输参数方程，其中的系数 a_{11}、a_{12}、a_{21} 和 a_{22} 称为 A 参数，也称为传输参数。由于 $\dot{I}_2$ 的方向被规定为流入二端口网络，为了今后讨论问题的方便，所以方程中在 $\dot{I}_2$ 前面加一负号。

方程的矩阵形式为

$$\begin{bmatrix} \dot{U}_1 \\ \dot{I}_1 \end{bmatrix} = \begin{bmatrix} a_{11} & a_{12} \\ a_{21} & a_{22} \end{bmatrix} \begin{bmatrix} \dot{U}_2 \\ -\dot{I}_2 \end{bmatrix} \qquad (10 - 17)$$

其中，$\boldsymbol{A} = \begin{bmatrix} a_{11} & a_{12} \\ a_{21} & a_{22} \end{bmatrix}$，称为 A 参数矩阵，也称为传输参数矩阵。

2）A 参数的物理意义及其求法

在方程(10-16)中分别令 $\dot{I}_2 = 0$ 和 $\dot{U}_2 = 0$，得

$$a_{11} = \frac{\dot{U}_1}{\dot{U}_2}\bigg|_{\dot{I}_2=0} \tag{10-18}$$

$$a_{21} = \frac{\dot{I}_1}{\dot{U}_2}\bigg|_{\dot{I}_2=0} \tag{10-19}$$

$$a_{12} = \frac{\dot{U}_1}{-\dot{I}_2}\bigg|_{\dot{U}_2=0} \tag{10-20}$$

$$a_{22} = \frac{\dot{I}_1}{-\dot{I}_2}\bigg|_{\dot{U}_2=0} \tag{10-21}$$

a_{11} 是输出端开路时输入端与输出端电压之比，无量纲；a_{21} 是输出端开路时的转移导纳；a_{12} 是输出端短路时的转移阻抗；a_{22} 是输出端短路时输入端电流与输出端电流之比，无量纲。求解 a_{11}、a_{21} 的电路如图 10-9(a)所示，求解 a_{12}、a_{22} 的电路如图 10-9(b)所示。

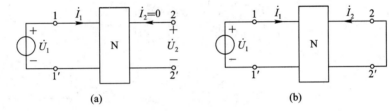

(a)　　　　　　　　　　(b)

图 10-9　求 A 参数电路

3）互易网络和对称网络的 A 参数

如果二端口互易，可以证明：$|\boldsymbol{A}| = a_{11}a_{22} - a_{12}a_{21} = 1$，此时 A 参数只有三个是独立的。

如果二端口对称，有 $|\boldsymbol{A}| = 1$ 和 $a_{11} = a_{22}$，此时 A 参数只有两个是独立的。

证明　由 Z 方程推导出 A 方程，得

$$\left.\begin{aligned} \dot{U}_1 &= \frac{z_{11}}{z_{21}}\dot{U}_2 + \frac{|\boldsymbol{Z}|}{z_{21}}(-\dot{I}_2) \\ \dot{I}_1 &= \frac{1}{z_{21}}\dot{U}_2 + \frac{z_{22}}{z_{21}}(-\dot{I}_2) \end{aligned}\right\}$$

由此方程得到 A 参数和 Z 参数之间的关系为

$$a_{11} = \frac{z_{11}}{z_{21}},\ a_{12} = \frac{|\boldsymbol{Z}|}{z_{21}},\ a_{21} = \frac{1}{z_{21}},\ a_{22} = \frac{z_{22}}{z_{21}}$$

对于互易二端口，A 参数矩阵行列式的值为

$$|\boldsymbol{A}| = a_{11}a_{22} - a_{12}a_{21} = \frac{z_{11}z_{22}}{z_{21}^2} - \frac{z_{11}z_{22} - z_{12}z_{21}}{z_{21}^2} = 1$$

对于对称二端口，有

$$|\boldsymbol{A}| = a_{11}a_{22} - a_{12}a_{21} = 1$$

以及

$$a_{11} = a_{22}$$

例 10 - 3　如图 10 - 10 所示理想变压器，求 A 参数矩阵，并判断其互易性。

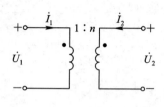

图 10 - 10　例 10 - 3 电路

解　根据 A 参数的定义来求解。这里用列写方程的方法。对于理想变压器，有

$$\left.\begin{array}{l} \dot{U}_1 = \dfrac{1}{n}\,\dot{U}_2 \\[2mm] \dot{I}_1 = -n\,\dot{I}_2 \end{array}\right\}$$

得到 A 方程为

$$\left.\begin{array}{l} \dot{U}_1 = \dfrac{1}{n}\,\dot{U}_2 \\[2mm] \dot{I}_1 = n(-\dot{I}_2) \end{array}\right\}$$

矩阵形式为

$$\begin{bmatrix} \dot{U}_1 \\[1mm] \dot{I}_1 \end{bmatrix} = \begin{bmatrix} \dfrac{1}{n} & 0 \\[2mm] 0 & n \end{bmatrix} \begin{bmatrix} \dot{U}_2 \\[1mm] -\dot{I}_2 \end{bmatrix}$$

A 参数矩阵为

$$\boldsymbol{A} = \begin{bmatrix} \dfrac{1}{n} & 0 \\[2mm] 0 & n \end{bmatrix}$$

因为

$$|\boldsymbol{A}| = a_{11}a_{22} - a_{12}a_{21} = 1$$

所以，理想变压器是互易的。

练习 10 - 2　如图 10 - 11 所示二端口网络，求 Z 参数和 A 参数。

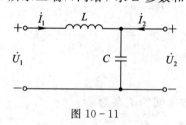

图 10 - 11

练习 10 - 2

4. H 方程和 H 参数

1) H 方程及其矩阵形式

H 参数在晶体管电路中得到广泛的应用。以输入端口电压和输出端口电流为函数，以输入端口电流和输出端口电压为自变量，得到方程

$$\left.\begin{array}{l} \dot{U}_1 = h_{11}\,\dot{I}_1 + h_{12}\,\dot{U}_2 \\[2mm] \dot{I}_2 = h_{21}\,\dot{I}_1 + h_{22}\,\dot{U}_2 \end{array}\right\} \tag{10 - 22}$$

H 方程和
H 参数

此方程称为 H 参数方程，也称为混合参数方程。其中的系数 h_{11}、h_{12}、h_{21} 和 h_{22} 称为 H 参数或混合参数。

方程的矩阵形式为

$$\begin{bmatrix} \dot{U}_1 \\ \dot{I}_2 \end{bmatrix} = \begin{bmatrix} h_{11} & h_{12} \\ h_{21} & h_{22} \end{bmatrix} \begin{bmatrix} \dot{I}_1 \\ \dot{U}_2 \end{bmatrix} \tag{10-23}$$

其中，$\boldsymbol{H} = \begin{bmatrix} h_{11} & h_{12} \\ h_{21} & h_{22} \end{bmatrix}$，称为 H 参数矩阵。

2）H 参数的物理意义及其求法

由方程（10-22）可得，H 参数定义为

$$h_{11} = \left. \frac{\dot{U}_1}{\dot{I}_1} \right|_{\dot{U}_2 = 0} \tag{10-24}$$

$$h_{21} = \left. \frac{\dot{I}_2}{\dot{I}_1} \right|_{\dot{U}_2 = 0} \tag{10-25}$$

$$h_{12} = \left. \frac{\dot{U}_1}{\dot{U}_2} \right|_{\dot{I}_1 = 0} \tag{10-26}$$

$$h_{22} = \left. \frac{\dot{I}_2}{\dot{U}_2} \right|_{\dot{I}_1 = 0} \tag{10-27}$$

这表明，h_{11} 是输出端口短路时输入端口的输入阻抗；h_{21} 是输出端口短路时输出端口电流与输入端口电流之比，无量纲；h_{12} 是输入端口开路时输入端口电压与输出端口电压之比；h_{22} 是输入端口开路时输出端口的输入导纳。求 h_{11} 和 h_{21} 的电路如图 10-12(a)所示；求 h_{12} 和 h_{22} 的电路如图 10-12(b)所示。

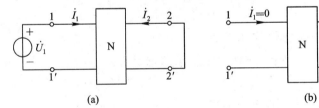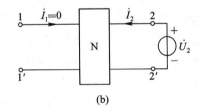

图 10-12　求 H 参数电路

3）互易网络和对称网络的 H 参数

可以证明，如果二端口网络互易，则有 $h_{12} = -h_{21}$；如果二端口网络对称，则有 $h_{12} = -h_{21}$ 和 $|\boldsymbol{H}| = h_{11}h_{22} - h_{12}h_{21} = 1$。

例 10-4　如图 10-13(a)所示电路，求 H 参数矩阵，并判断其互易性。

解　利用 H 参数定义求解。如图 10-13(b)所示。在输入口加电压源，令输出口短路。

因为

$$\dot{U}_1 = 0.5\,\dot{I}_1, \quad \dot{I}_2 = 0$$

所以

$$h_{11} = \left. \frac{\dot{U}_1}{\dot{I}_1} \right|_{\dot{U}_2 = 0} = 0.5\ \Omega$$

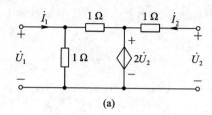

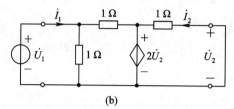
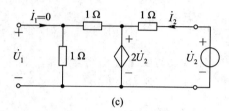

图 10-13　例 10-4 电路

$$h_{21} = \frac{\dot{I}_2}{\dot{I}_1}\bigg|_{\dot{U}_2=0} = 0$$

电路如图 10-13(c)所示，在输出端加电压源，令输入端开路。

因为
$$\dot{U}_1 = \dot{U}_2, \quad \dot{I}_2 = -\dot{U}_2$$

所以
$$h_{12} = \frac{\dot{U}_1}{\dot{U}_2}\bigg|_{\dot{I}_1=0} = 1$$

$$h_{22} = \frac{\dot{I}_2}{\dot{U}_2}\bigg|_{\dot{I}_1=0} = -1\,\text{S}$$

H 参数矩阵为

$$\boldsymbol{H} = \begin{bmatrix} 0.5 & 1 \\ 0 & -1 \end{bmatrix}$$

由于 $h_{12} \neq -h_{21}$，可知该二端口不互易。

练习 10-3　如图 10-14 所示二端口网络，求 Z 参数和 A 参数。

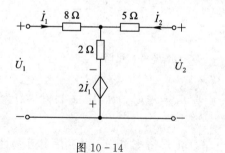

图 10-14

练习 10-3

除了以上四种常用的方程和参数以外，还有两种方程和参数，下面做简要介绍。

5. B 方程和 G 方程

1）B 方程和 B 参数

当研究信号反向传输时用 B 方程较为方便，B 参数也称为传输参数。以输出端口电压

和电流为函数，以输入端口电压和电流为自变量，得到的 B 方程为

$$
\left.
\begin{aligned}
\dot{U}_2 &= b_{11}\dot{U}_1 + b_{12}(-\dot{I}_1) \\
\dot{I}_2 &= b_{21}\dot{U}_1 + b_{22}(-\dot{I}_1)
\end{aligned}
\right\}
\tag{10-28}
$$

矩阵形式为

$$
\begin{bmatrix} \dot{U}_2 \\ \dot{I}_2 \end{bmatrix} =
\begin{bmatrix} b_{11} & b_{12} \\ b_{21} & b_{22} \end{bmatrix}
\begin{bmatrix} \dot{U}_1 \\ -\dot{I}_1 \end{bmatrix}
\tag{10-29}
$$

其中，$\boldsymbol{B} = \begin{bmatrix} b_{11} & b_{12} \\ b_{21} & b_{22} \end{bmatrix}$，称为 B 参数矩阵。

注意　矩阵 $\boldsymbol{A}$ 和矩阵 $\boldsymbol{B}$ 不互逆。

可以证明，如果网络互易，B 参数和 A 参数之间的关系为：$b_{11}=a_{22}$，$b_{12}=a_{12}$，$b_{21}=a_{21}$ 和 $b_{22}=a_{11}$，此时 $|\boldsymbol{B}|=1$；如果网络对称，则 $|\boldsymbol{B}|=1$ 和 $b_{11}=b_{22}$。

2）G 方程和 G 参数

G 参数常用于场效应管电路的建模。以输入端口电流和输出端口电压为函数，以输入端口电压和输出端口电流为自变量，得到 G 方程为

$$
\left.
\begin{aligned}
\dot{I}_1 &= g_{11}\dot{U}_1 + g_{12}\dot{I}_2 \\
\dot{U}_2 &= g_{21}\dot{U}_1 + g_{22}\dot{I}_2
\end{aligned}
\right\}
\tag{10-30}
$$

矩阵形式为

$$
\begin{bmatrix} \dot{I}_1 \\ \dot{U}_2 \end{bmatrix} =
\begin{bmatrix} g_{11} & g_{12} \\ g_{21} & g_{22} \end{bmatrix}
\begin{bmatrix} \dot{U}_1 \\ \dot{I}_2 \end{bmatrix}
\tag{10-31}
$$

其中，$\boldsymbol{G} = \begin{bmatrix} g_{11} & g_{12} \\ g_{21} & g_{22} \end{bmatrix}$，称为 G 参数矩阵。比较 H 方程和 G 方程不难发现，$\boldsymbol{H}$ 矩阵和 $\boldsymbol{G}$ 矩阵是互逆的。

可以证明，如果网络互易，则 $g_{12}=-g_{21}$；如果网络对称，则 $g_{12}=-g_{21}$ 和 $|\boldsymbol{G}|=1$。

6. 关于网络参数的几点说明

（1）注意本书在介绍六种参数时对端口变量参考方向的规定，在这种规定下，熟记 Z、Y、A 和 H 方程的标准形式。

（2）对二端口网络而言，并不一定存在各种参数。

（3）仅由无源元件（R、L、C、M）构成的二端口网络一定互易；含受控源的二端口网络一般不互易。互易二端口网络只有三个参数是独立的；对称二端口网络只有两个参数是独立的。

（4）二端口参数的求解方法归纳如下：

方法一：利用参数的定义求解；

方法二：直接列写参数方程，由方程系数求解；

方法三：利用各参数之间的关系（如 Z 参数矩阵与 Y 参数矩阵之间的互逆关系）求解，

如果参数矩阵之间不存在互逆关系，则可以用某参数方程推导出另外一种参数方程，从而求出其它参数。

10.3　二端口的网络函数

前面介绍的六种参数描述了二端口自身的特性，与外接负载和信号源无关。在实际中二端口的输入端口一般要接信号源，称为输入端口有端接；输出端接负载阻抗，称为输出端口有端接。在二端口有端接时，比如滤波器和放大器等，要研究信号源激励和负载响应之间的关系，用二端口的网络函数较为方便。在频域中，二端口的网络函数定义为响应相量与激励相量之比。

网络函数有两类，一类是响应和激励在同一端口，称为策（驱）动点函数，如输入或输出阻抗；另一类是响应和激励不在同一端口，称为转移函数，又称为传输函数，如转移阻抗、电压比等。各种网络函数是用端接阻抗和前面介绍的六种参数来表示的，下面用 A 参数来介绍网络函数。

1. 策动点函数

策动点函数有输入阻抗、输入导纳、输出阻抗和输出导纳，下面主要介绍常用的前两种。

1）输入阻抗

如图 10-15 所示电路，二端口的输出端口端接阻抗 Z_L，利用 A 方程可求得输入阻抗为

$$Z_{in} = \frac{\dot{U}_1}{\dot{I}_1} = \frac{a_{11}\dot{U}_2 + a_{12}(-\dot{I}_2)}{a_{21}\dot{U}_2 + a_{22}(-\dot{I}_2)} = \frac{a_{11}\dfrac{\dot{U}_2}{-\dot{I}_2} + a_{12}}{a_{21}\dfrac{\dot{U}_2}{-\dot{I}_2} + a_{22}} = \frac{a_{11}Z_L + a_{12}}{a_{21}Z_L + a_{22}} \qquad (10-32)$$

如果输出端开路，即 $Z_L = \infty$，那么此时的输入阻抗称为开路输入阻抗，用 $Z_{in\infty}$ 表示：

$$Z_{in\infty} = \frac{a_{11}}{a_{21}} \qquad (10-33)$$

如果输出端短路，即 $Z_L = 0$，那么此时的输入阻抗称为短路输入阻抗，用 Z_{in0} 表示：

$$Z_{in0} = \frac{a_{12}}{a_{22}} \qquad (10-34)$$

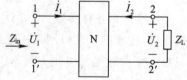

图 10-15　输入阻抗

2）输出阻抗

如图 10-16 所示电路，输入端口接信号源，Z_s 为信号源内阻抗，用 B 方程可得输出阻抗为

$$Z_{\text{out}} = \frac{\dot{U}_2}{\dot{I}_2} = \frac{b_{11}\dot{U}_1 + b_{12}(-\dot{I}_1)}{b_{21}\dot{U}_1 + b_{22}(-\dot{I}_1)} = \frac{b_{11}\dfrac{\dot{U}_1}{-\dot{I}_1} + b_{12}}{b_{21}\dfrac{\dot{U}_1}{-\dot{I}_1} + b_{22}} = \frac{b_{11}Z_s + b_{12}}{b_{21}Z_s + b_{22}} \tag{10-35}$$

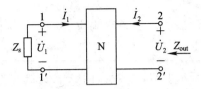

图 10 - 16　输出阻抗

如果网络互易，即 $b_{11}=a_{22}$，$b_{12}=a_{12}$，$b_{21}=a_{21}$，$b_{22}=a_{11}$，则有

$$Z_{\text{out}} = \frac{a_{22}Z_s + a_{12}}{a_{21}Z_s + a_{11}} \tag{10-36}$$

对于互易网络，如果信号源内阻抗无穷大，即 $Z_s = \infty$，那么此时的输出阻抗称为开路输出阻抗，用 $Z_{\text{out}\infty}$ 表示：

$$Z_{\text{out}\infty} = \frac{a_{22}}{a_{21}} \tag{10-37}$$

如果信号源内阻抗为零，即 $Z_s = 0$，那么此时的输出阻抗称为短路输出阻抗，用 $Z_{\text{out}0}$ 表示：

$$Z_{\text{out}0} = \frac{a_{12}}{a_{11}} \tag{10-38}$$

2. 转移函数

转移函数共有四个，它们分别是电压比 $\dot{U}_2/\dot{U}_1$、电流比 $\dot{I}_2/\dot{I}_1$、转移阻抗 $\dot{U}_2/\dot{I}_1$、转移导纳 $\dot{I}_2/\dot{U}_1$。下面只介绍常用的电压比。在频域中，电压比用 $H(\mathrm{j}\omega)$ 表示，定义为

$$H(\mathrm{j}\omega) = \frac{\dot{U}_2}{\dot{U}_1} \tag{10-39}$$

将 $\dot{U}_1$ 用 A 方程代入并整理，得

$$H(\mathrm{j}\omega) = \frac{\dot{U}_2}{\dot{U}_1} = \frac{\dot{U}_2}{a_{11}\dot{U}_2 + a_{12}(-\dot{I}_2)} = \frac{\dfrac{\dot{U}_2}{-\dot{I}_2}}{a_{11}\dfrac{\dot{U}_2}{-\dot{I}_2} + a_{12}} = \frac{Z_L}{a_{11}Z_L + a_{12}} \tag{10-40}$$

式(10-40)表明，由 A 参数和负载阻抗就可求得电压比。现将电压比的物理意义说明如下：

$$H(\mathrm{j}\omega) = |H(\mathrm{j}\omega)|\mathrm{e}^{\mathrm{j}\varphi(\omega)} = \frac{\dot{U}_2}{\dot{U}_1} = \frac{U_2}{U_1}\mathrm{e}^{\mathrm{j}(\varphi_2 - \varphi_1)}$$

很显然，有

$$|H(\mathrm{j}\omega)| = \frac{U_2}{U_1} \tag{10-41}$$

$$\varphi(\omega) = \varphi_2 - \varphi_1 \tag{10-42}$$

电压比的模 $|H(j\omega)|$ 描述了输出电压与输入电压的有效值之比随频率的变化关系，称为模频特性。在某个特定频率下，如果 $|H(j\omega)|>1$，则表明二端口对该频率的输入电压信号有放大作用；如果 $|H(j\omega)|<1$，则表明二端口对该频率的输入电压信号有衰减作用。

$\varphi(\omega)$ 描述了输出信号与输入信号之间的相位差随频率的变化关系，称为相频特性。在某特定频率下，$\varphi(\omega)$ 的取值反映了二端口对该频率的电压信号的相移的大小。

幅频特性和相频特性又称二端口的频率响应，在放大器和滤波器中得到了广泛的应用，是二端口非常重要的概念。

例 10-5　如图 10-17 所示电路，二端口的 A 参数矩阵为 $\boldsymbol{A}=\begin{bmatrix}2 & 1\\1 & 1\end{bmatrix}$，问 R_L 为何值时可以获得最大功率？该最大功率是多少？

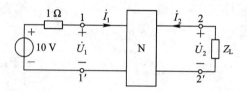

图 10-17　例 10-5 电路

解　求图 10-17 所示电路中 $2-2'$ 端以左电路的戴维南等效电路。先求开路电压 $\dot{U}_{2oc}$，由已知 A 参数可得到二端口 A 方程为

$$\left.\begin{array}{l}\dot{U}_1 = 2\dot{U}_2 + (-\dot{I}_2)\\\dot{I}_1 = \dot{U}_2 + (-\dot{I}_2)\end{array}\right\}$$

令输出端开路，即 $\dot{I}_2=0$，代入上式，得

$$\left.\begin{array}{l}\dot{U}_1 = 2\dot{U}_{2oc}\\\dot{I}_1 = \dot{U}_{2oc}\end{array}\right\}$$

又

$$\dot{U}_1 = 10 - 1\times\dot{I}_1$$

联立求解以上三式，可得开路电压为

$$\dot{U}_{2oc} = \frac{10}{3}\,V$$

按照类似的方法可以求出输出端短路电流 $\dot{I}_{2sc}=5\,A$，所以输出阻抗为

$$Z_{out} = \frac{\dot{U}_{2oc}}{\dot{I}_{2sc}} = \frac{2}{3}\,\Omega$$

由最大功率传输定理可知，当 $R_L=\frac{2}{3}\,\Omega$ 时可获得最大功率，且最大功率为

$$P_m = \frac{U_{oc}^2}{4R_L} = 4.17\,W$$

10.4   二端口的特性参数

1. 特性阻抗

如图 10 - 18 所示电路，二端口互易，如果阻抗 Z_{c1} 和 Z_{c2} 满足以下条件：当输出端口接以负载 $Z_L = Z_{c2}$ 时，输入端口的输入阻抗 $Z_{in} = Z_{c1}$；同时，当输入端口接以阻抗 $Z_s = Z_{c1}$ 时，输出端口的输出阻抗 $Z_{out} = Z_{c2}$，那么称 Z_{c1} 和 Z_{c2} 分别为二端口输入端口的特性阻抗和输出端口的特性阻抗。

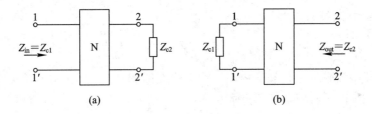

图 10 - 18   特性阻抗

由式(10 - 32)和式(10 - 36)可得

$$Z_{c1} = \frac{a_{11}Z_{c2} + a_{12}}{a_{21}Z_{c2} + a_{22}}, \quad Z_{c2} = \frac{a_{22}Z_{c1} + a_{12}}{a_{21}Z_{c1} + a_{11}}$$

联立求解，得

$$Z_{c1} = \sqrt{\frac{a_{11}a_{12}}{a_{21}a_{22}}} = \sqrt{Z_{in0}Z_{in\infty}} \tag{10 - 43}$$

$$Z_{c2} = \sqrt{\frac{a_{22}a_{12}}{a_{21}a_{11}}} = \sqrt{Z_{out0}Z_{out\infty}} \tag{10 - 44}$$

对于对称网络，有

$$Z_{c1} = Z_{c2} = \sqrt{\frac{a_{12}}{a_{21}}}$$

可见特性阻抗只与网络内部参数、元件的连接形式及电源的频率有关。但要注意，仅当 $Z_L = Z_{c2}$ 时，才有 $Z_{in} = Z_{c1}$；同样，仅当 $Z_s = Z_{c1}$ 时，才有 $Z_{out} = Z_{c2}$。

二端口在工作时，如果输入端口端接信号源内阻抗 $Z_s = Z_{c1}$，就称输入端口匹配，此时信号不会在输入端口和信号源之间产生电磁波反射；如果输出端口端接负载 $Z_L = Z_{c2}$，就称输出端口匹配，此时不会在输出端口和负载之间产生电磁波反射。

例 10 - 6   如图 10 - 19 所示电路，已知 $U_s = 100 \, \text{mV}$，$R_s = R_L = \sqrt{\dfrac{L}{C}} = 2.5 \, \Omega$，求负载 R_L 获得的功率。

解   二端口的特性阻抗为

$$Z_{in0} = 2 \times \frac{j\omega L \dfrac{1}{j\omega C}}{j\left(\omega L - \dfrac{1}{\omega C}\right)} = \frac{2\dfrac{L}{C}}{j\left(\omega L - \dfrac{1}{\omega C}\right)}$$

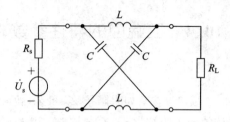

图 10 - 19　例 10 - 6 电路

$$Z_{in\infty} = j\,\frac{1}{2}\left(\omega L - \frac{1}{\omega C}\right)$$

对称二端口的特性阻抗为

$$Z_{c1} = Z_{c2} = \sqrt{Z_{in0}\,Z_{in\infty}} = \sqrt{\frac{L}{C}}$$

可见，二端口的输入端口和输出端口均工作在匹配状态，输入端口向右的输入阻抗等于 R_s，所以二端口与负载 R_L 获得最大功率，该功率即为负载 R_L 获得的功率，且为

$$P = \frac{U_s^2}{4R_s} = \frac{100^2 \times 10^{-6}}{4 \times 2.5} = 1\,mW$$

2. 传播系数

传播系数与特性阻抗一样，它的概念只适用于互易二端口网络。

1）正向传播系数 γ

如图 10 - 20(a)所示电路，二端口输出端端接负载阻抗 $Z_L = Z_{c2}$，正向传播系数定义为

$$\gamma = \frac{1}{2}\ln\frac{\dot{U}_1}{\dot{U}_2}\frac{\dot{I}_1}{\dot{I}_2} = \ln\sqrt{\frac{\dot{U}_1}{\dot{U}_2}\frac{\dot{I}_1}{\dot{I}_2}} \qquad (10 - 45)$$

因有

$$\dot{U}_1 = a_{11}\dot{U}_2 + a_{12}(-\dot{I}_2) = a_{11}\dot{U}_2 + a_{12}\frac{\dot{U}_2}{Z_{c2}}$$

$$\dot{I}_1 = a_{21}\dot{U}_2 + a_{22}(-\dot{I}_2) = a_{21}\dot{U}_2 + a_{22}\frac{\dot{U}_2}{Z_{c2}}$$

$$Z_{c2} = \sqrt{\frac{a_{22}a_{12}}{a_{21}a_{11}}}$$

将以上三式代入式(10 - 45)，解得

$$\gamma = \ln(\sqrt{a_{11}a_{22}} + \sqrt{a_{12}a_{21}}) \qquad (10 - 46)$$

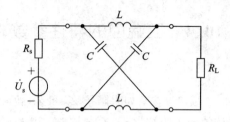

(a)　　　　　　　　　　(b)

图 10 - 20　传播系数

2）反向传播系数 γ'

如图 10-20(b)所示电路，二端口输入端端接阻抗 $Z_\mathrm{s}=Z_\mathrm{cl}$，反向传播系数定义为

$$\gamma' = \frac{1}{2}\ln\frac{\dot{U}_2}{\dot{U}_1}\frac{\dot{I}_2}{\dot{I}_1} = \ln\sqrt{\frac{\dot{U}_2}{\dot{U}_1}\frac{\dot{I}_2}{\dot{I}_1}} \tag{10-47}$$

与正向传播系数的推导方法类似，利用 B 方程和特性阻抗 Z_cl，求得反向传播系数为

$$\gamma' = \ln(\sqrt{a_{11}a_{22}} + \sqrt{a_{12}a_{21}}) \tag{10-48}$$

很显然，互易二端口的正向传播系数和反向传播系数相等。

3）传播系数的物理意义

将式(10-45)改写为

$$\gamma = \frac{1}{2}\ln\frac{U_1 \mathrm{e}^{\mathrm{j}\varphi_{u1}} I_1 \mathrm{e}^{\mathrm{j}\varphi_{i1}}}{U_2 \mathrm{e}^{\mathrm{j}\varphi_{u2}} I_2 \mathrm{e}^{\mathrm{j}\varphi_{i2}}} = \frac{1}{2}\ln\frac{U_1 I_1}{U_2 I_2} + \mathrm{j}\,\frac{1}{2}\left[(\varphi_{u_1} - \varphi_{u2}) + (\varphi_{i_1} - \varphi_{i2})\right] = \alpha + \mathrm{j}\beta$$

其中：

$$\alpha = \frac{1}{2}\ln\frac{U_1 I_1}{U_2 I_2} \tag{10-49}$$

为传输常数的实部，称为衰减常数，单位为奈倍(NP)。其物理意义是输入端口与输出端口视在功率之比的自然对数的 $1/2$，它反映了信号经二端口传输后视在功率的衰减情况。

$$\beta = \frac{1}{2}\left[(\varphi_{u_1} - \varphi_{u2}) + (\varphi_{i_1} - \varphi_{i2})\right] \tag{10-50}$$

为传输常数的虚部，称为相移常数，单位为弧度。其物理意义是输入端口和输出端口的电压相位差和电流相位差之和的 $1/2$，它反映了信号经二端口传输后电压与电流的相位变化情况。

10.5　二端口的连接

多个二端口采用一定的连接方式，可以构成一个新的二端口，称为复合二端口网络。研究二端口网络的连接，主要是研究复合二端口与各个二端口网络之间的参数关系，从而可以由简单二端口的参数求出复合二端口的参数。二端口的连接方式主要有级联、串联、并联、串并联和并串联等形式。下面分别予以讨论。

二端口的连接

1. 级联

两个二端口按图 10-21 所示方式的连接称为级联。设网络 N_a 和 N_b 的 A 参数矩阵分别为 $\boldsymbol{A}_a$ 和 $\boldsymbol{A}_b$，则 N_a 和 N_b 级联后的复合二端口的 A 参数矩阵为

$$\boldsymbol{A} = \boldsymbol{A}_a \boldsymbol{A}_b \tag{10-51}$$

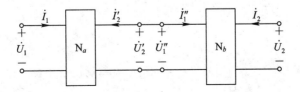

图 10-21　二端口的级联

证明 因为

$$\begin{bmatrix} \dot{U}_1 \\ \dot{I}_1 \end{bmatrix} = \boldsymbol{A}_a \begin{bmatrix} \dot{U}'_2 \\ -\dot{I}'_2 \end{bmatrix} \qquad \begin{bmatrix} \dot{U}''_1 \\ \dot{I}''_1 \end{bmatrix} = \boldsymbol{A}_b \begin{bmatrix} \dot{U}_2 \\ -\dot{I}_2 \end{bmatrix}$$

又

$$\begin{bmatrix} \dot{U}'_2 \\ -\dot{I}'_2 \end{bmatrix} = \begin{bmatrix} \dot{U}''_1 \\ \dot{I}''_1 \end{bmatrix}$$

所以

$$\begin{bmatrix} \dot{U}_1 \\ \dot{I}_1 \end{bmatrix} = \boldsymbol{A}_a \boldsymbol{A}_b \begin{bmatrix} \dot{U}_2 \\ -\dot{I}_2 \end{bmatrix} = \boldsymbol{A} \begin{bmatrix} \dot{U}_2 \\ -\dot{I}_2 \end{bmatrix}$$

得到复合二端口的 A 参数矩阵为

$$\boldsymbol{A} = \boldsymbol{A}_a \boldsymbol{A}_b$$

2. 串联

两个二端口按图 $10-22$ 所示方式的连接称为串联。设网络 N_a 和 N_b 的 Z 参数矩阵分别为 $\boldsymbol{Z}_a$ 和 $\boldsymbol{Z}_b$，则 N_a 和 N_b 串联后的复合二端口的 Z 参数矩阵为

$$\boldsymbol{Z} = \boldsymbol{Z}_a + \boldsymbol{Z}_b \tag{10-52}$$

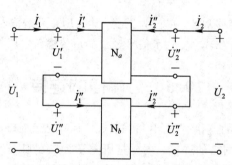

图 $10-22$　二端口的串联

证明 假设两个二端口串联后各个二端口仍然满足端口条件，因为

$$\begin{bmatrix} \dot{U}'_1 \\ \dot{U}'_2 \end{bmatrix} = \boldsymbol{Z}_a \begin{bmatrix} \dot{I}'_1 \\ \dot{I}'_2 \end{bmatrix} \qquad \begin{bmatrix} \dot{U}''_1 \\ \dot{U}''_2 \end{bmatrix} = \boldsymbol{Z}_a \begin{bmatrix} \dot{I}''_1 \\ \dot{I}''_2 \end{bmatrix}$$

又

$$\begin{bmatrix} \dot{U}_1 \\ \dot{U}_2 \end{bmatrix} = \begin{bmatrix} \dot{U}'_1 \\ \dot{U}'_2 \end{bmatrix} + \begin{bmatrix} \dot{U}''_1 \\ \dot{U}''_2 \end{bmatrix} \qquad \begin{bmatrix} \dot{I}_1 \\ \dot{I}_2 \end{bmatrix} = \begin{bmatrix} \dot{I}'_1 \\ \dot{I}'_2 \end{bmatrix} = \begin{bmatrix} \dot{I}''_1 \\ \dot{I}''_2 \end{bmatrix}$$

所以有

$$\begin{bmatrix} \dot{U}_1 \\ \dot{U}_2 \end{bmatrix} = [\boldsymbol{Z}_a + \boldsymbol{Z}_b] \begin{bmatrix} \dot{I}_1 \\ \dot{I}_2 \end{bmatrix} = \boldsymbol{Z} \begin{bmatrix} \dot{I}_1 \\ \dot{I}_2 \end{bmatrix}$$

可知串联后的复合二端口的 Z 参数矩阵为

$$Z = [Z_a + Z_b]$$

3. 并联

两个二端口按图 10 - 23 所示方式的连接称为并联。设网络 N_a 和 N_b 的 Y 参数矩阵分别为 Y_a 和 Y_b，则 N_a 和 N_b 并联后的复合二端口的 Y 参数矩阵为

$$Y = Y_a + Y_b \qquad (10-53)$$

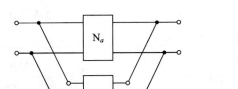

图 10 - 23   二端口的并联

4. 串并联

两个二端口按图 10 - 24 所示方式的连接称为串并联。设网络 N_a 和 N_b 的 H 参数矩阵分别为 H_a 和 H_b，则 N_a 和 N_b 串并联后的复合二端口的 H 参数矩阵为

$$H = H_a + H_b \qquad (10-54)$$

5. 并串联

两个二端口按图 10 - 25 所示方式的连接称为并串联。设网络 N_a 和 N_b 的 G 参数矩阵分别为 G_a 和 G_b，则 N_a 和 N_b 并串联后的复合二端口的 G 参数矩阵为

$$G = G_a + G_b \qquad (10-55)$$

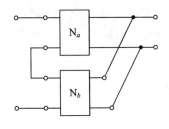
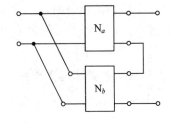

图 10 - 24   二端口的串并联   图 10 - 25   二端口的并串联

这里需要说明的是，简单二端口无论以何种方式连接，各个二端口必须仍然满足端口条件，以上结论才能成立。二端口级联后，各个二端口永远满足端口条件，端口条件无需验证。如果二端口采用其他形式的连接，只有验证各个二端口满足端口条件后，才能利用以上结论。实际中是通过有效性实验的方法验证二端口是否满足端口条件的。

例 10 - 7   如图 10 - 26(a)所示电路，互易二端口的 A 参数为 $a_{11}=4$, $a_{21}=0.05$, $a_{22}=0.25$，求理想变压器的变比 n 和电阻 R。

解   因为图 10 - 26(a)所示二端口互易，故有 $a_{11}a_{22} - a_{21}a_{22} = 1$，代入已知数据，得 $a_{12}=0$。将图 10 - 26(a)所示二端口看成图 10 - 26(b)、(c)所示的两个二端口级联，有

$$A = A_a A_b$$

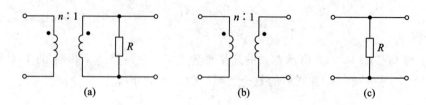

图 10-26 例 10-7 电路

分别求出两个二端口的 A 参数矩阵为

$$\boldsymbol{A}_a = \begin{bmatrix} n & 0 \\ 0 & \dfrac{1}{n} \end{bmatrix}, \quad \boldsymbol{A}_b = \begin{bmatrix} 1 & 0 \\ \dfrac{1}{R} & 1 \end{bmatrix}$$

有

$$\begin{bmatrix} 4 & 0 \\ 0.05 & 0.25 \end{bmatrix} = \begin{bmatrix} n & 0 \\ 0 & \dfrac{1}{n} \end{bmatrix} \begin{bmatrix} 1 & 0 \\ \dfrac{1}{R} & 1 \end{bmatrix}$$

解得

$$n = 4, R = 5\ \Omega$$

10.6 二端口的等效电路

复杂的不含独立源的单口网络可以等效为一个输入阻抗，等效的条件是单口网络端口特性完全相同。同样，一个复杂的二端口网络也可以用简单的二端口等效，两个二端口网络等效的条件是它们的端口特性完全相同，也就是求出的六个参数完全相同。一般来说，互易网络只有三个参数是独立的，其等效电路最少需要三个无源元件；非互易网络的等效电路至少需要四个元件，而且还包含至少一个受控源。下面简单介绍如何由 Z、Y 和 H 参数或方程求二端口的等效电路。

1. 由 Z 方程或 Z 参数求等效电路

如图 10-27(a)所示二端口的 Z 方程为

$$\begin{cases} \dot{U}_1 = z_{11}\dot{I}_1 + z_{12}\dot{I}_2 \\ \dot{U}_2 = z_{21}\dot{I}_1 + z_{22}\dot{I}_2 \end{cases}$$

一个复杂二端口等效电路有许多种，这里要讨论的问题是如何用最少元件构成其等效电路。一般地，由复杂二端口的 Z 方程或 Z 参数求其等效电路时，习惯上用 T 形网络。将 Z 方程改写如下：

$$\begin{cases} \dot{U}_1 = (z_{11} - z_{12})\dot{I}_1 + z_{12}(\dot{I}_1 + \dot{I}_2) \\ \dot{U}_2 = (z_{21} - z_{22})\dot{I}_2 + z_{12}(\dot{I}_1 + \dot{I}_2) + (z_{22} - z_{12})\dot{I}_1 \end{cases}$$

由此式可以画出含一个受控源的 T 形等效电路，如图 10-27(b)所示。

如果网络互易，Z 参数只有三个是独立的，$z_{12} = z_{21}$，图 10-27(a)中的受控电压源电压为零，那么此时二端口可以用无源 T 形网络等效，等效电路如图 10-28 所示。

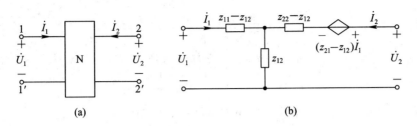

图 10-27　用 Z 参数表示的 T 形等效电路

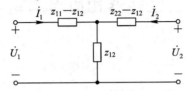

图 10-28　互易网络用 Z 参数表示的 T 形等效电路

2. 由 Y 方程或 Y 参数求等效电路

由复杂二端口的 Y 方程或 Y 参数求其等效电路时，习惯上用 Π 形网络。将 Y 方程改写如下：

$$\begin{cases} \dot{I}_1 = (y_{11} + y_{12}) \dot{U}_1 - y_{12}(\dot{U}_1 - \dot{U}_2) \\ \dot{I}_2 = (y_{22} + y_{12}) \dot{U}_2 - y_{12}(\dot{U}_2 - \dot{U}_1) + (y_{21} - y_{12}) \dot{U}_1 \end{cases}$$

由此式可以画出含一个受控源的 Π 形等效电路，如图 10-29(a)所示。

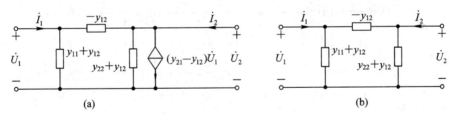

图 10-29　用 Y 参数表示的 Π 形等效电路

如果网络互易，图 10-29(a)中的受控电流源电流为零，此时二端口可以用图 10-29(b)所示的无源 Π 形网络等效。

3. 由 H 方程或 H 参数求等效电路

复杂二端口的 H 方程为

$$\begin{cases} \dot{U}_1 = h_{11} \dot{I}_1 + h_{12} \dot{U}_2 \\ \dot{I}_2 = h_{21} \dot{I}_1 + h_{22} \dot{U}_2 \end{cases}$$

可以由此式直接画出含两个受控源的等效网络，如图 10-30 所示。

无论是互易还是非互易的二端口，其等效电路的一般形式均为含受控源的网络，对于互易二端口，含受控源的等效电路不是最简形式。如果二端口互易，用任何一种参数都可以求出它的 T 形或 Π 形等效电路。例如，用 A 参数可以求 T 形等效电路，具体做法是利用参数之间的关系先用 A 参数表示 Z 参数，再由 Z 参数求 T 形等效电路。

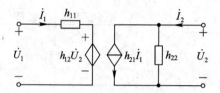

图 10 - 30　用 H 参数表示的等效电路

10.7　回转器和负阻抗变换器

1. 回转器

1) 电路符号及伏安特性

回转器是一种二端口元件，其电路符号如图 10 - 31 所示，其中 g 或 r 称为回转电阻或回转电导，具有电阻或电导的量纲，简称回转常数，且 $g = 1/r$；箭头表示回转方向。图 10 - 31(a)所示回转器的伏安特性为

$$\left.\begin{aligned} i_1 &= gu_2 \\ i_2 &= -gu_1 \end{aligned}\right\} \qquad (10 - 56)$$

或

$$\left.\begin{aligned} u_1 &= -ri_2 \\ u_2 &= ri_1 \end{aligned}\right\} \qquad (10 - 57)$$

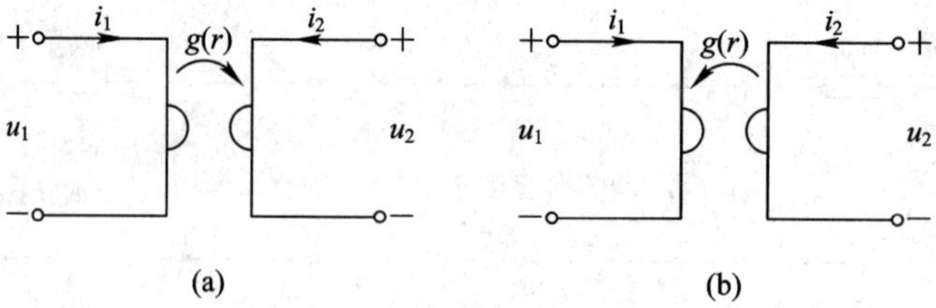

图 10 - 31　回转器的电路符号

图 10 - 31(b)所示回转器的伏安特性为

$$\left.\begin{aligned} i_1 &= -gu_2 \\ i_2 &= gu_1 \end{aligned}\right\} \qquad (10 - 58)$$

或

$$\left.\begin{aligned} u_1 &= ri_2 \\ u_2 &= -ri_1 \end{aligned}\right\} \qquad (10 - 59)$$

将式(10 - 56)和式(10 - 57)写成矩阵形式，分别为

$$\begin{bmatrix} i_1 \\ i_2 \end{bmatrix} = \begin{bmatrix} 0 & g \\ -g & 0 \end{bmatrix} \begin{bmatrix} u_1 \\ u_2 \end{bmatrix}$$

和

$$\begin{bmatrix} u_1 \\ u_2 \end{bmatrix} = \begin{bmatrix} 0 & -r \\ r & 0 \end{bmatrix} \begin{bmatrix} i_1 \\ i_2 \end{bmatrix}$$

此两式为图 10-31(a)所示回转器的 Y 方程和 Z 方程,显然回转器为非互易元件。

由式(10-56)不难得到回转器在任何时刻的吸收功率为

$$u_1 i_1 + u_2 i_2 = 0$$

这表明回转器在任何时刻都不消耗能量,也不存储能量,回转器是一个静态四端元件。

2) 回转器的阻抗逆变作用

如图 10-32(a)所示电路,若在回转器输出端接以负载阻抗 Z,则输入端阻抗为

$$Z_{\text{in}} = \frac{\dot{U}_1}{\dot{I}_1} = \frac{\dfrac{1}{g}(-\dot{I}_2)}{g\dot{U}_2} = \frac{1}{g^2 Z} = r^2 \frac{1}{Z} \qquad (10-60)$$

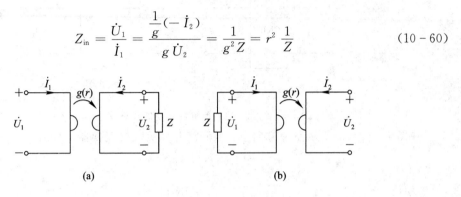

图 10-32　回转器的阻抗变换作用

回转器的阻抗变换作用如下:

(1) 回转器的阻抗变换作用与回转方向无关。如图 10-32(b)所示电路,若在输入端接以阻抗 Z,则可以证明输出端的输入阻抗仍为 $Z_{\text{in}} = \dfrac{1}{g^2 Z} = r^2 \dfrac{1}{Z}$。

(2) 与理想变压器的阻抗变换作用不同,这里 Z_{in} 与 Z 成反比关系,阻抗 Z 经回转器阻抗变换后,性质会发生变化,比如可以将电感元件回转成电容元件或反之。将电容回转成电感这一性质在微电子工业中有着重要的作用,利用这一性质可以在集成电路中实现电感的集成。如图 10-33(a)所示电路,若在回转器输出端接一电容 C,容易证明,输入端等效电感值为 $L = \dfrac{C}{g^2} = r^2 C$,等效电路如图 10-33(b)所示。

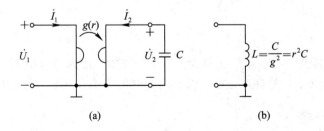

图 10-33　回转器将电容回转成电感

(3) 当 $Z=0$ 时,$Z_{\text{in}}=\infty$,即当回转器的一个端口短路时,另一个端口等效于开路。

(4) 当 $Z=\infty$ 时,$Z_{\text{in}}=0$,即当回转器的一个端口开路时,另一个端口等效于短路。

2. 负阻抗变换器

1) 电路符号及伏安关系

负阻抗变换器简称为 NIC(Negative Impedance Converter)，与回转器一样，它也是一种二端口元件，分为电流倒置型（CNIC）和电压倒置型（VNIC），电路符号分别如图10-34(a)、(b)所示。

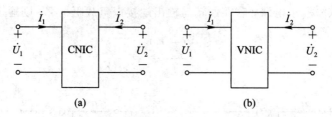

图 10-34　负阻抗变换器电路符号

在图 10-34(a)所示参考方向下，电流倒置型负阻抗变换器的伏安关系为

$$\left.\begin{array}{l} \dot{U}_1 = \dot{U}_2 \\ \dot{I}_1 = K\dot{I}_2 \end{array}\right\} \tag{10-61}$$

这表明信号经电流倒置型负阻抗变换器后，电压大小和方向均未发生变化，但电流大小和方向发生了变化，故称为电流倒置型。

电压倒置型负阻抗变换器的伏安关系为

$$\left.\begin{array}{l} \dot{U}_1 = -K\dot{U}_2 \\ \dot{I}_1 = -\dot{I}_2 \end{array}\right\} \tag{10-62}$$

这表明信号经电压倒置型负阻抗变换器后，电流大小和方向均未发生变化，但电压大小和方向发生了变化，故称为电压倒置型。

2) 负阻抗变换作用

负阻抗变换器具有将正阻抗变换为负阻抗的性质。如图 10-35 所示电路，在电压倒置型负阻抗变换器的输出端接以阻抗 Z，则输入端阻抗为

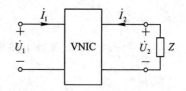

$$Z_{\mathrm{in}} = \frac{\dot{U}_1}{\dot{I}_1} = \frac{-K\dot{U}_2}{-\dot{I}_2} = -KZ$$

图 10-35　接负载的负阻抗变换器

可见，负阻抗变换器具有把正阻抗变换为负阻抗的能力，比如可以把 R、L、C 分别变换为 $-KR$、$-KL$、$-KC$。容易证明，对于电流倒置型负阻抗变换器，如果在输出端接以阻抗 Z，那么输入端阻抗为 $Z_{\mathrm{in}} = -\dfrac{1}{K}Z$。

习　题　10

1. 求图 10-36 所示二端口网络的 Z 参数。

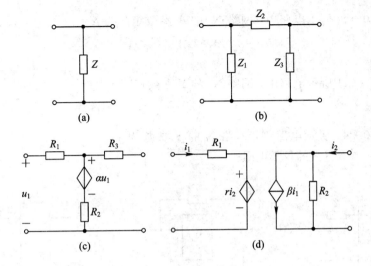

图 10 - 36 习题 1 图

2. 求图 10 - 37 所示二端口网络的 Y 和 Z 参数。

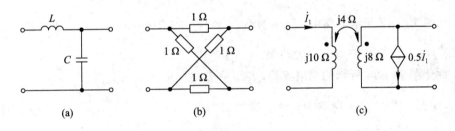

图 10 - 37 习题 2 图

3. 求图 10 - 38 所示二端口网络的 A 参数。

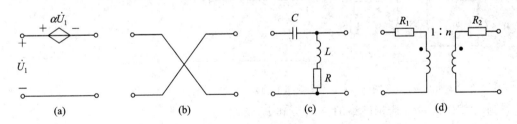

图 10 - 38 习题 3 图

4. 求图 10 - 39 所示二端口网络的 H 参数。

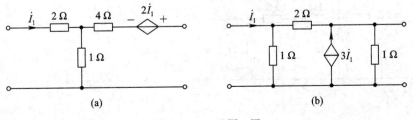

图 10 - 39 习题 4 图

5. 如图 10-40 所示电路中，网络 N_a 的 A 参数矩阵为 $\mathbf{A} = \begin{bmatrix} a_{11} & a_{12} \\ a_{21} & a_{22} \end{bmatrix}$，求总网络的 A 参数矩阵。

6. 如图 10-41 所示电路中，网络 N_a 的 Y 参数矩阵为 $\mathbf{Y}_a = \begin{bmatrix} y_{11} & y_{12} \\ y_{21} & y_{22} \end{bmatrix}$，求总网络的 Y 参数矩阵。

7. 如图 10-42 所示电路中，网络 N 的 Y 参数为 $y_{11} = 3\,\text{S}$，$y_{22} = 2.8\,\text{S}$，$y_{12} = y_{21} = -2\,\text{S}$，求从 1-1′ 看进去的等效电阻。

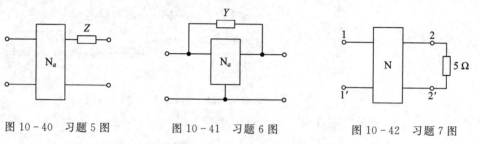

图 10-40 习题 5 图   图 10-41 习题 6 图   图 10-42 习题 7 图

8. 如图 10-43 所示电路中，网络 N 的 Z 参数矩阵为 $\mathbf{Z} = \begin{bmatrix} 1 & 2 \\ 3 & 1 \end{bmatrix}\,\Omega$，已知 R_L 获得最大功率，求：(1) R_L 及它获得的最大功率；(2) u_1。

9. 欲使图 10-44 所示的网络互易，则 α 和 μ 之间应满足何关系？

10. 如图 10-45 所示电路中，网络 N 的 Z 参数矩阵为 $\mathbf{Z}_a = \begin{bmatrix} 3 & 2 \\ 2 & 2 \end{bmatrix}\,\Omega$，求整个网络的 Z 参数矩阵，并判断其互易性。

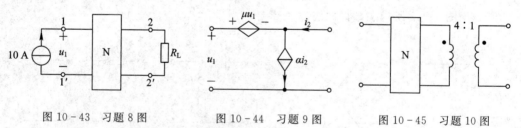

图 10-43 习题 8 图   图 10-44 习题 9 图   图 10-45 习题 10 图

11. 求图 10-46 所示网络的 A 参数和 H 参数。

12. 求图 10-47 所示网络的 Y 参数，并作出其 T 形和 Π 形等效电路。

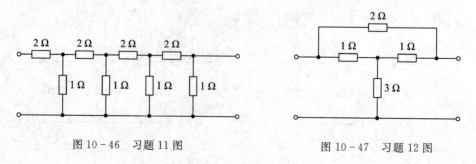

图 10-46 习题 11 图   图 10-47 习题 12 图

13. 如图 10 - 48 所示电路。求(1)电抗网络的特性阻抗；(2)当 $R = \sqrt{\dfrac{L}{C}}$ 时，输入阻抗。

14. 如图 10 - 49 所示电路中，对称二端口 N 的 Z 参数 $z_{11} = 250\,\Omega$，$z_{12} = 150\,\Omega$，求 $\dot{I}_2$。

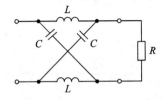

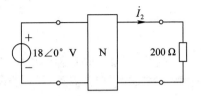

图 10 - 48　习题 13 图　　　　　　　　图 10 - 49　习题 14 图

15. 为了获得不接地电感，也称浮地电感，可以用如图 10 - 50(a)所示电路实现。试证明图 10 - 50(a)、(b)所示的两个电路等效。

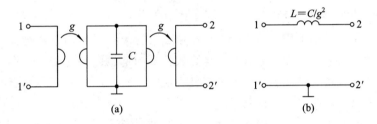

(a)　　　　　　　　　　　　　(b)

图 10 - 50　习题 15 图

16. 如图 10 - 51 所示电路中，网络 N 的 Y 参数矩阵为 $\boldsymbol{Y}_a = \begin{bmatrix} 10 & 8 \\ 8 & 2 \end{bmatrix}$ S，求整个二端口网络的 Y 参数矩阵。

17. 如图 10 - 52 所示电路中，$r_1 = 2\,\Omega$，$r_2 = 1\,\Omega$，$R = 20\,\Omega$，求输入电阻。

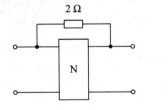

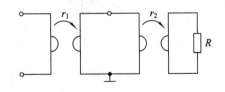

图 10 - 51　习题 16 图　　　　　　　图 10 - 52　习题 17 图

18. 求图 10 - 53 图示网络的 Z 参数矩阵。

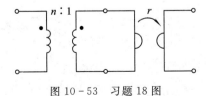

图 10 - 53　习题 18 图

第11章　含运算放大器的电路分析

　　运算放大器简称运放，是一种多功能有源多端器件，可以用于构成电压控制电流源或者电流控制电流源，它还可以对信号进行相加、放大、积分和微分等处理。因为它具有这些数学运算的能力，故称其为运算放大器，它在实际的电路设计中应用非常广泛。

11.1　运算放大器

1. 运算放大器的基本形式

　　运算放大器是一种由电阻、晶体管、电容和二极管等构成的用于执行加、减、乘、除、微分与积分等运算的复杂有源电路元件。运算放大器内部电路的讨论不在本书的研究范围之内，本书仅将运算放大器看作是一个电路模块，并学习其引脚接入不同元件时的功能。

　　运算放大器具有多种集成电路封装形式，图 11-1 所示为一种典型的运算放大器封装形式。图 11-2(a)所示的是典型的 8 脚双列直插封装(DIP)，其中引脚 8 是空引脚，而引脚1 与引脚 5 一般不会用到。剩下 5 个重要的引脚分别为：引脚 2 是反相输入端，引脚 3 是同相输入端，引脚 6 是输出端，引脚 7 是正电源端 U^+，引脚 4 是负电源端 U^-。

运算放大器
的基本概念

图 11-1　一种典型的运算放大器封装形式

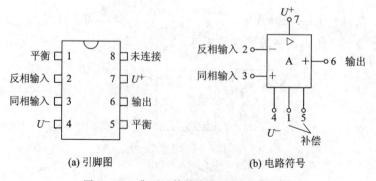

(a) 引脚图　　　　　　　　(b) 电路符号

图 11-2　典型运算放大器及其电路符号

　　如图 11-2(b)所示运算放大器的电路符号为矩形，两个输入以负(一)和正(＋)标记，分别是反相输入和同相输入，还有一个输出。若输入加到同相端则输出与输入同相，若输入加到反相端则输出与其反相。作为有源器件，运算放大器需要连接电压源为其供电，虽然在电路图中常常为了简单起见而不画出运放的供电电源，但是电源电流是不应被忽视的。

　　在电路分析中，运算放大器的电路符号如图 11-3(a)所示，运算放大器的等效电路如图 11-3(b)所示，可见运算放大器为一电压控制电压源 VCVS。

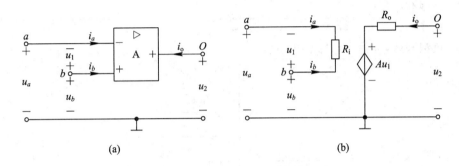

(a)　　　　　　　　　　　　　　　　　　(b)

图 11-3　运算放大器的电路符号和等效电路

　　如图 11-3(b)所示运算放大器的等效电路中，R_i 为其输入电阻，R_o 为其输出电阻；由图可见，其输出部分由一个受控电压源与一个电阻 R_o 的串联组成，输入电阻 R_i 是从输入端看进去的等效电阻，而输出电阻 R_o 是由输出端看进去的戴维南等效电阻。u_1 和 u_2 分别为其差分输入与输出电压，且有

$$u_1 = u_b - u_a$$

其中，u_a 是反相输入端与地之间的电压，u_b 为同相输入端与地之间的电压。运算放大器获取两输入端口之间的差分电压，然后乘以电压放大倍数 A，将所得到的电压输出至输出端。因此，输出电压 u_2 为

$$u_2 = Au_1 = A(u_b - u_a)$$

A 为输出端开路且无反馈时的电压放大倍数，通称开环电压放大倍数，即

$$A = \frac{u_2}{u_1} = \frac{u_2}{u_b - u_a}$$

　　表 11-1 给出了开环电压放大倍数 A、输入电阻 R_i、输出电阻 R_o 以及电源电压 U_{CC} 的一些典型值。

表 11-1　运算放大器参数的典型取值范围

参　　　数	典 型 范 围	理　想　值
开环电压放大倍数 A	$10^5 \sim 10^8$	∞
输入电阻 R_i / Ω	$10^5 \sim 10^{13}$	∞
输出电阻 R_o / Ω	$10 \sim 100$	0
电源电压 U_{CC} / V	$5 \sim 24$	

　　反馈这个概念对于学习运算放大器是十分重要的。当输出反馈至运算放大器的反相输

入端时，形成了一个负反馈。如果存在由输出到输入的反馈路径，那么此时的输出电压与输入电压之比称为闭环电压放大倍数。在负反馈条件下，线性工作的运算放大器的闭环电压放大倍数与开环电压放大倍数基本无关，因此实际运算放大器也多应用于反馈电路之中。

运算放大器的一个限制因素是输出电压不能超过 $|U_{CC}|$，即输出电压受限于电源供电电压。图 11-4 表明，不同的差分输入电压 u_1 可使运放工作在三种不同的模式下：

（1）正饱和区，$u_2 = U_{CC}$；

（2）线性区，$-U_{CC} \leqslant u_2 = Au_1 \leqslant U_{CC}$；

（3）负饱和区，$u_2 = -U_{CC}$。

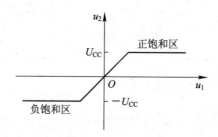

图 11-4 运放输出电压 u_2 与差分输入电压 u_1 的函数关系

如果增加 u_2 并使其超出线性范围，则运放进入饱和状态，此时输出电压 $u_2 = U_{CC}$ 或 $u_2 = -U_{CC}$。本书假设运算放大器均工作在线性状态下，即输出电压被限制在以下范围：

$$-U_{CC} \leqslant u_2 \leqslant U_{CC}$$

虽然我们想方设法使运算放大器工作在线性状态下，但在设计运算放大器时应注意饱和状态，以避免所设计的运算放大器无法正常工作，因此必须注意运算放大器的电压限制条件。

2. 理想运算放大器

为了便于理解运算放大器，假设理想运算放大器具有如下几个特点：

（1）开环电压放大倍数为无穷大，$A \approx \infty$；

（2）输入电阻为无穷大，$R_i \approx \infty$；

（3）输出电阻为零，$R_o \approx 0$。

理想运算放大器是一个开环电压放大倍数无穷大、输入电阻无穷大、输出电阻为零的运算放大器。

虽然理想运算放大器只是实际运算放大器的一种近似，但是现在大多数的运算放大器都具有相当大的增益及输入电阻，如表 11-1 所示，因此这种近似也是十分有效的。除了特别说明以外，本书中所涉及的运算放大器均是理想运算放大器。

理想运算放大器分析模型及其等效电路如图 11-5 所示，它是由图 11-3 所示非理想运算放大器推导出来的。理想运算放大器具有以下两个重要性质：

（1）两个输入端的输入电流均为零：

$$i_a = 0, \ i_b = 0 \tag{11-1}$$

这是因为输入电阻无穷大，这也就相当于输入端开路，输入电流为零，这称为"虚断"。

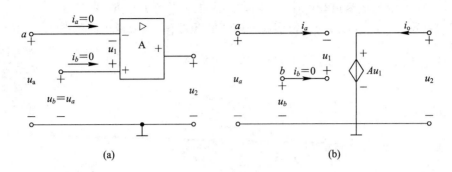

图 11-5　理想运算放大器分析模型及其等效电路

（2）两个输入端的电压差为零：

$$u_1 = u_b - u_a = 0 \tag{11-2}$$

即

$$u_a = u_b \tag{11-3}$$

因此，理想运算放大器的输入电流为零，两输入端的电压差为零，即 a 端与 b 端之间可视为短路，这称为"虚短"。"虚断"与"虚短"，即式（11-1）和式（11-3）非常重要，并且是以后分析运算放大器的关键所在。一般在计算电压时用"虚短"，可以把两输入端看作是短路；而计算电流时则用"虚断"，可以把输入端和运算放大器内部看作是开路。

要注意"虚断"与"虚短"是同时存在的，既不能认为"虚断"就是断开，因为同时还有 $u_1 = 0$；也不能认为"虚短"就是短路，因为同时还有 $i_a = i_b = 0$。

11.2　含运算放大器的电路分析

含运算放大器电路分析的一般方法仍是节点法与回路法，但要充分注意和利用"虚断"和"虚短"概念。下面举例说明。

例 11-1　试证明图 11-6(a) 所示电路是一个能将电压源 u_s 转换成电流源的电源转换器，且 $i_2 = u_s/R_s$，即 i_2 只与 u_s、R_s 有关，而与 R_2 无关。

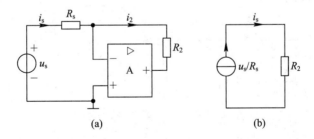

图 11-6　例 11-1 的电路

解　根据"虚短"有

$$i_s = \frac{u_s}{R_s}$$

"虚断"有

$$i_2 = i_s = \frac{u_s}{R_s}$$

可见，负载电流 i_2 与负载电阻 R_2 的大小无关，相当于将 R_2 直接接在一个电流值为 u_s/R_s 的电流源上，且其值可通过改变 u_s 与 R_s 加以调节，其等效电路如图 11-6(b)所示。

例 11-2　求图 11-7(a)所示电路的输入阻抗 $Z=\dfrac{\dot{U}_1}{\dot{I}_1}$。

例 11-2

解
$$\dot{I}_2=\dot{I}_C=\frac{\dot{U}_1}{R}$$

$$\dot{U}_2=\dot{U}_1+\frac{1}{j\omega C}\dot{I}_C=\dot{U}_1+\frac{\dot{U}_1}{j\omega CR}$$

$$\dot{U}_3=\dot{U}_1,\ \dot{U}_2-\dot{U}_3=\frac{\dot{U}_1}{j\omega CR}$$

$$\dot{I}_3=\dot{I}'_3=\frac{\dot{U}_2-\dot{U}_3}{R}=\frac{\dot{U}_1}{j\omega CR^2}$$

因有
$$R\dot{I}'_4=R\dot{I}'_3$$

故得
$$\dot{I}'_4=\dot{I}'_3$$

又有
$$\dot{I}_1=\dot{I}_4=\dot{I}'_4=\dot{I}_3=\frac{\dot{U}_1}{j\omega CR^2}$$

故得输入阻抗为
$$Z=\frac{\dot{U}_1}{\dot{I}_1}=j\omega CR^2=j\omega L$$

其中 $L=R^2C$，称为输入端的等效电感，其等效电路如图 11-7(b)所示。可见电路中并无电感元件，但却得到了一个等效电感。这说明，可以利用运算放大器的组合电路来实现电感，称为模拟电感或仿真电感。

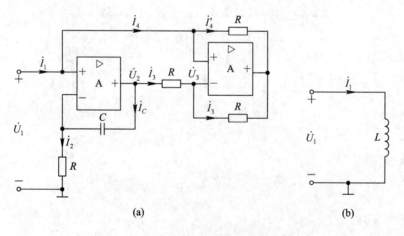

(a)　　　　　　　(b)

图 11-7

练习 11-1　求图 11-8 所示电路的输入阻抗 $Z = \dfrac{\dot{U}_1}{\dot{I}_1}$。

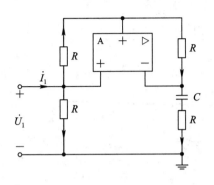

图 11-8　练习 11-1 图　　　　　　　　　练习 11-1

11.3　简单运算电路

把理想运算放大器与 R、C 元件组合连接起来，即可实现一些简单的数学运算电路。

简单运算电路

1. 比例运算电路

1）反相比例运算电路

反相比例运算电路如图 11-9(a)所示，根据"虚断"与"虚短"的概念有

$$i_1 = i_2 \Rightarrow \frac{u_a}{R} = -\frac{u_2}{R_f} \tag{11-4}$$

即

$$u_2 = -\frac{R_f}{R} u_a \tag{11-5}$$

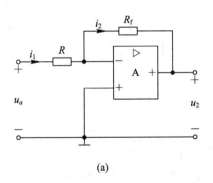
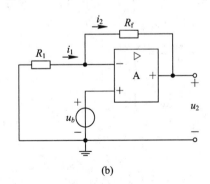

(a)　　　　　　　　　　　　　　　　　(b)

图 11-9　比例运算电路

可见，输出电压 u_2 与输入电压 u_a 之比由比值 R_f/R 确定。由于电阻元件的值可以制造得很精确，故图 11-9(a)所示电路能够给出十分理想的比例运算，而且选择不同的 R_f 和 R 值，即可得到不同的比值 u_2/u_a。此种情况下的比例运算电路称为反相放大器。反相放大器在对输入信号进行放大的同时也将其极性进行了翻转。由图 11-9(a)可见，反相放大器的

关键电路结构是输入信号与反馈信号都作用在运算放大器的反相输入端上。

当 $R=R_f$ 时，有

$$u_2 = -u_a$$

即输出电压 u_2 与输入电压 u_a 大小相等、相位相反。

2）同相比例运算电路

同相比例运算电路如图 11-9(b)所示。在这种情况下，输入电压 u_b 直接与同相输入端相连，电阻 R_1 接在反相输入端与地之间。

在反相输入端应用 KCL 得

$$i_1 = i_2 \Rightarrow \frac{0-u_b}{R_1} = \frac{u_b-u_2}{R_f} \tag{11-6}$$

整理可得

$$\frac{-u_b}{R_1} = \frac{u_b-u_2}{R_f} \tag{11-7}$$

即

$$u_2 = \left(1 + \frac{R_f}{R_1}\right)u_b \tag{11-8}$$

电压放大倍数为 $A = u_2/u_b = 1 + R_f/R_1$，结果没有负号，因此输出与输入的极性是相同的，且电压放大倍数只与外部电阻有关。这种提供正电压增益的运算放大器电路称为同相放大器。

如果反馈电阻 $R_f=0$(短路)或者 $R_1=\infty$(开路)或者同时满足 $R_f=0$ 且 $R_1=\infty$，则电压放大倍数为 1。在这些条件($R_f=0$ 和 $R_1=\infty$)下，图 11-9(b)所示的电路就变换成了图 11-10 所示的电路，因为输入与输出相同，故称该电路为电压跟随器（或单位增益放大器）。对于电压跟随器，有

$$u_2 = u_b$$

电压跟随器具有非常高的输入阻抗，因此可以作为中间级放大器（缓冲放大器），对前后两级电路进行阻抗匹配。如图 11-11 所示，电压跟随器使两级电路之间相互影响最小，同时消除级间负载。

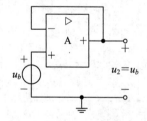
图 11-10　电压跟随器

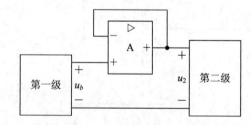
图 11-11　电压跟随器应用于两级电路中间

例 11-3　如图 11-12 所示的运算放大器，如果 $u_i=0.5\,\text{V}$，试计算：(1) 输出电压 u_o；(2)流过 $10\,\text{k}\Omega$ 电阻的电流。

解　(1)利用式(11-4)可得

$$\frac{u_o}{u_i} = -\frac{R_f}{R_1} = -\frac{25}{10} = -2.5$$

$$u_o = -2.5u_i = -2.5 \times 0.5 = -1.25\,\text{V}$$

（2）流过 $10\,\text{k}\Omega$ 电阻的电流为

$$i = \frac{u_i - 0}{R_1} = \frac{0.5 - 0}{10 \times 10^3} = 50\,\text{mA}$$

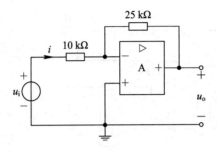

图 11-12　例 11-3 图

例 11-4　试求图 11-13 所示运算放大器的输出电压 u_o。

解　对于节点 a 应用 KCL 得

$$\frac{u_a - u_o}{40\,\text{k}\Omega} = \frac{6 - u_a}{20\,\text{k}\Omega}$$

$$u_a - u_o = 12 - 2u_a \Rightarrow u_o = 3u_a - 12$$

运算放大器两输入端的电压差为零，即 $u_a = u_b = 2$ V，可得

$$u_o = 6 - 12 = -6\,\text{V}$$

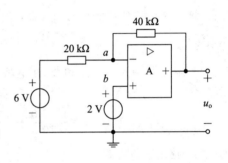

图 11-13　例 11-4 图

2. 加法运算电路

加法运算电路如图 11-14 所示。根据"虚断"与"虚短"概念有 $i_1 + i_2 = i_f$，即

$$\frac{u_{a1}}{R_1} + \frac{u_{a2}}{R_2} = -\frac{u_2}{R_f}$$

$$u_2 = -\left[\left(\frac{R_f}{R_1}\right)u_{a1} + \left(\frac{R_f}{R_2}\right)u_{a2} \right] \qquad (11-9)$$

若取 $R_1 = R_2 = R_f$，则有

$$u_2 = -(u_{a1} + u_{a2})$$

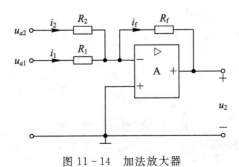

图 11-14　加法放大器

此结果说明，输出电压 u_2 等于所有输入电压 u_{a1}、u_{a2} 之和且反相。加法放大器是将多个输入合并，并且在输出端产生这些输入加权和的运算放大器。如图 11-14 所示的加法放大器是由反相放大器变化而来的，它充分利用了反相放大器能够同时处理多个输入信号的优点。

例 11-5　计算图 11-15 所示运算放大器的输出电压 u_o 和输出电流 i_o。

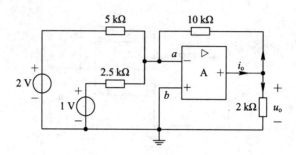

图 11-15　例 11-5 图

解　这是一个双输入的加法器，由式(11-9)得

$$u_o = -\left[\frac{10}{5} \times 2 + \frac{10}{2.5} \times 1\right] = -(4+4) = -8\,\text{V}$$

电流 i_o 是流过 10 kΩ 和 2 kΩ 电阻的电流之和，由于 $u_a = u_b = 0$，因此这两个电阻两端电压均为 $u_o = -8\,\text{V}$。故

$$i_o = \frac{u_o - 0}{10} + \frac{u_o - 0}{2} = -0.8 - 4 = -4.8\,\text{mA}$$

3. 减法运算电路

减法运算电路如图 11-16 所示。对节点 1-2 可列出方程

$$-\frac{1}{R_1}u_a + \left(\frac{1}{R_1} + \frac{1}{R_2}\right)\varphi_1 - \frac{1}{R_2}u_2 = 0$$

$$-\frac{1}{R_1}u_b + \left(\frac{1}{R_1} + \frac{1}{R_2}\right)\varphi_2 = 0$$

又有

$$\varphi_1 = \varphi_2$$

联立求解得

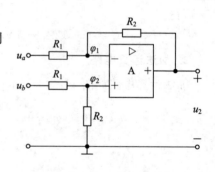

图 11-16　减法运算电路

$$u_2 = \frac{R_2}{R_1}(u_b - u_a)$$

即输出电压 u_2 与输入电压 u_b 和 u_a 之差成正比。当 $R_1 = R_2$ 时，有

$$u_2 = u_b - u_a$$

4. 积分运算电路

积分运算电路如图 11-17 所示。根据"虚断"与"虚短"概念有 $i_1(t) = i_2(t)$，即

$$\frac{u_a(t)}{R} = C\frac{\mathrm{d}u_C(t)}{\mathrm{d}t} = -C\frac{\mathrm{d}u_2(t)}{\mathrm{d}t}$$

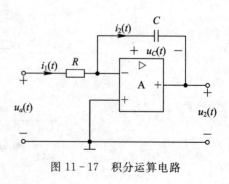

图 11-17　积分运算电路

因有

$$u_C(t) = -u_2(t)$$

故得

$$u_2(t) = -\frac{1}{RC}\int_{-\infty}^{t} u_a(\tau)\mathrm{d}\tau = -\frac{1}{RC}\int_{-\infty}^{0} u_a(\tau)\mathrm{d}\tau - \frac{1}{RC}\int_{0}^{t} u_a(\tau)\mathrm{d}\tau$$

$$= u_2(0) - \frac{1}{RC}\int_{0}^{t} u_a(\tau)\mathrm{d}\tau = -u_C(0) - \frac{1}{RC}\int_{0}^{t} u_a(\tau)\mathrm{d}\tau$$

若 $u_C(0)=0$，则上式即可写为

$$u_2(t) = -\frac{1}{RC}\int_{0}^{t} u_a(\tau)\mathrm{d}\tau$$

即输出电压 u_2 正比于输入电压 $u_a(t)$ 的积分。若取 $RC=1\,\mathrm{S}$，则该电路可称为理想积分器，即

$$u_2(t) = -\int_{0}^{t} u_a(\tau)\mathrm{d}\tau$$

5. 微分运算电路

微分运算电路如图 11-18 所示。根据"虚断"与"虚短"概念有 $i_1(t)=i_2(t)$，即

$$-C\frac{\mathrm{d}u_a(t)}{\mathrm{d}t} = \frac{u_2(t)}{R}$$

故得

$$u_2(t) = -RC\frac{\mathrm{d}u_a(t)}{\mathrm{d}t}$$

即输出电压 u_2 正比于输入电压 u_a 的一阶导数。若取 $RC=1\,\mathrm{s}$，则该电路可称为理想微分器，即

$$u_2(t) = -\frac{\mathrm{d}u_a(t)}{\mathrm{d}t}$$

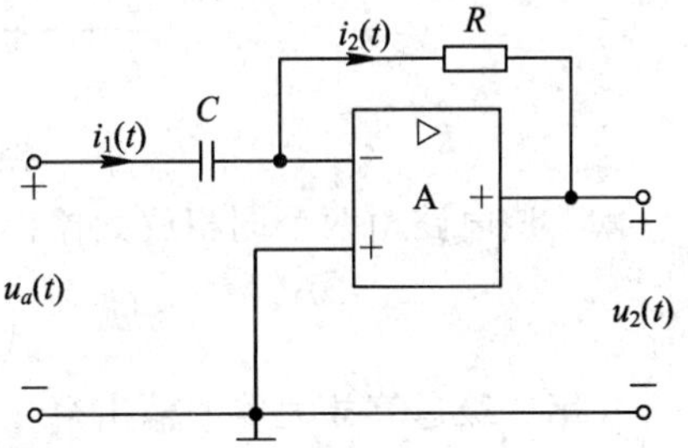

图 11-18　微分运算电路

以上介绍了几种简单的数学运算电路，我们可利用它们的功能进一步组合成各种复杂的模拟运算电路。

11.4　运算放大器的级联电路

运算放大器是组成复杂电路的模块之一，而在实际应用中，为了获得更大的增益，常把几级运算放大器级联起来（例如首尾相连）。这种首尾相连的电路称为级联。

级联是指两级或多级运算放大器首尾顺序相连，使得前一级的输出为下一级的输入。

多级运算放大器相互级联时，其中每一级电路都成为一级（Stage），原输入信号经各级运算放大器放大。运算放大器的优势在于级联并不改变各自的输入和输出关系，这是因为（理想）运算放大器的输入电阻为无穷大，输出电阻为零。图 11-19 给出了三个运算放大器的级联框图，前一级的输出是下一级的输入，所以级联运算放大器的总增益为各个运算放大器的增益的乘积，即

$$A = A_1 A_2 A_3$$

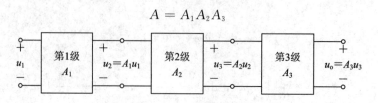

图 11 - 19　三级级联

虽然运算放大器的级联不影响输入和输出的关系，但在实际设计运算放大器电路时，必须确保级联电路中各级放大电路的运算放大器均工作在线性区。

例 11 - 6　求出图 11 - 20 所示电路中的 u_o 与 i_o。

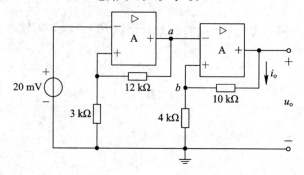

图 11 - 20　例 11 - 6 图

解　该电路由两个同相放大器级联而成。在第一级运算放大器的输出端：

$$u_a = \left(1 + \frac{12}{3}\right) \times 20 = 100\,\text{mV}$$

在第二级运算放大器的输出端：

$$u_o = \left(1 + \frac{10}{4}\right) u_a = (1 + 2.5)100 = 350\,\text{mV}$$

所要求的电流 i_o 是流经 $10\,\text{k}\Omega$ 电阻的电流：

$$i_o = \frac{u_o - u_b}{10}\,\text{mA}$$

$u_a = u_b = 100\,\text{mV}$，所以有

$$i_o = \frac{(350 - 100) \times 10^{-3}}{10 \times 10^3} = 25\,\mu\text{A}$$

例 11 - 7　如图 11 - 21 所示的电路中，已知 $u_1 = 1\,\text{V}$，$u_2 = 2\,\text{V}$，求输出电压 u_o。

解　该运算放大器实际上由三个电路组成，第一个电路时输入为 u_1、增益为 $-3(-6\,\text{k}\Omega/2\,\text{k}\Omega)$ 的放大器，第二个电路是输入为 u_2、增益为 $-2(-8\,\text{k}\Omega/4\,\text{k}\Omega)$ 的放大器，第三个电路是对另两个电路的输出以不同增益放大后进行求和的加法器。

令第一个运算放大器的输出为 u_{11}，第二个运算放大器的输出为 u_{22}，于是得到

$$u_{11} = -3u_1 = -3 \times 1 = -3\,\text{V}$$
$$u_{22} = -2u_2 = -2 \times 2 = -4\,\text{V}$$

对于第三个运算放大器：

$$u_o = -\left(\frac{10}{5}\right) u_{11} + \left[-\left(\frac{10}{15}\right) u_{22}\right] = -2(-3) - \frac{2}{3}(-4)$$

$$= 6 + 2.667 = 8.667\,\text{V}$$

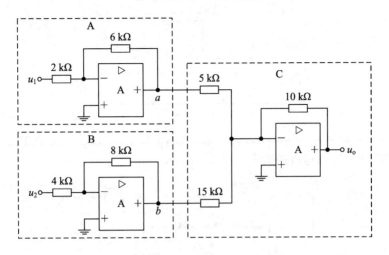

图 11-21　例 11-7 图

习　题　11

1. 计算图 11-22 所示电路的输出电压 u_o。

2. 如图 11-23 所示电路，试求电压增益 u_o/u_s。

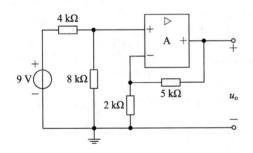

图 11-22　习题 1 图

图 11-23　习题 2 图

3. 当 $u_\text{s} = 2\,\text{V}$ 时，计算图 11-24 中的电压 u_o。

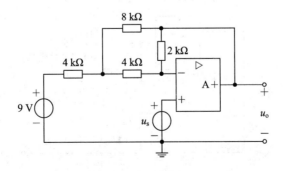

图 11-24　习题 3 图

4. 求图 11 - 25 电路中的电压 u_o。

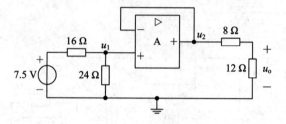

图 11 - 25　习题 4 图

5. 计算图 11 - 26 中运放的输出电压 u_o 和输出电流 i_o。

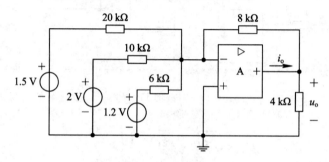

图 11 - 26　习题 5 图

6. 如图 11 - 27 所示微分电路与输入电压 $u_1(t)$ 的波形，已知 $u_2(0)=0$，画出 $u_2(t)$ 的波形。

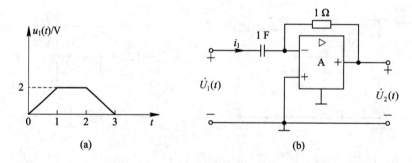

(a)　　　　　　　　　　　(b)

图 11 - 27　习题 6 图

7. 试求图 11 - 28 所示运算放大器电路中的 u_o 与 i_o。

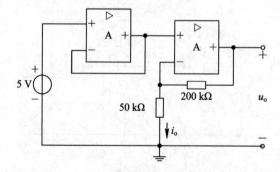

图 11 - 28　习题 7 图

8. 如图 11 - 29 所示电路，已知 $u_1 = 5\,\text{V}$，$u_2 = 5\,\text{V}$，试求 u_o。

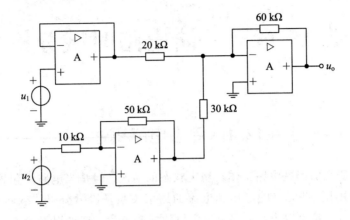

图 11 - 29　习题 8 图

9. 求图 11 - 30 电路中的 i_o。

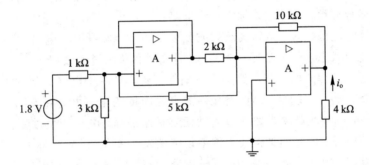

图 11 - 30　习题 9 图

10. 如图 11 - 31 所示电路，试确定电压增益 u_o/u_s。取 $R = 10\,\text{k}\Omega$。

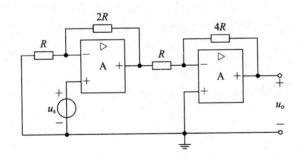

图 11 - 31　习题 10 图

第 12 章　一阶电路时域分析

12.1　动态电路概述

以前各章中研究的都是电路工作在稳定状态的情况。但是当电路中包含有电感和电容等储能元件时，由于这些元件的电压和电流的约束关系是以微分形式或积分形式表示的，因此描述电路的方程将是以电流、电压为变量的微分方程。这种以微分方程描述的电路称为动态电路。当电路中的元件如电阻、电容、电感都是线性非时变元件时，则描述该电路的方程将是常系数线性微分方程。若电路中只含有一个独立的储能元件，则描述该电路的微分方程是一阶微分方程，这种电路称为一阶电路。

当动态电路有电源接入、电路的结构或元件参数发生变化时，电路从一个稳定状态变化到另外一个稳定状态，一般需要一个过程，这个过程称为**过渡过程**。

电路产生过渡过程的内因是电路中含有储能元件。对应于电路一定的工作状态，电路中的储能元件都存储一定能量，而储能元件的电磁能量变化不可能在瞬间完成，需要一段时间历程。这一时间历程就是电路的**过渡过程**或**瞬态过程**。电路产生过渡过程的外因是电路有电源接入或断开，电路的结构或元件参数突然发生变化（以后统称为"换路"）。研究电路瞬态过程的规律，可使我们更深刻地理解电路稳态工作的由来与本质，同时也提供给了我们利用瞬态过程的理论根据。

在本章中，我们将研究含有一个储能元件的线性时不变电路的分析方法。首先建立动态电路的数学模型——一阶线性常系数微分方程，然后给出求解微分方程的方法（称为经典时域法），并据此来研究电路瞬态过程的规律，同时介绍零输入响应、零状态响应和全响应的概念。在此基础上研究在一些特定激励下一阶电路的简便求解方法——三要素法。最后讨论用卷积积分法求电路零状态响应的方法。

在分析电路时，假设换路在瞬间完成，通常以换路时刻作为计时起点，并设 $t=0$（当然也可定义为 $t=t_0$），如果需要区分换路的前后瞬间，则记换路前的时刻为 $t=0^-$，而把换路后的时刻记为 $t=0^+$。

12.2　电路分析中的基本信号

凡随时间变化的物理量即称为信号。若信号为电压、电流等，则称为电信号。信号一般情况下是时间变量 t 的函数。

信号随时间变量 t 变化的函数曲线称为信号的波形。应当注意，信号与函数在概念的内涵与外延上是有差别的：① 信号是时间变量 t 的函数，但函数并不一定都是信号，因为信号是实际的物理量，而函数则可能是一种抽象的数学定义；② 信号的值一定是单值的，而函数的值则可以是多值的。本书中对信号与函数两个概念混用，不予区分。例如正弦信号也说成正弦函数，或者相反；凡提到函数，指的均是信号。

1. 直流信号

直流信号也称为量信号，其函数式为

$$f(t) = A \quad -\infty < t < \infty$$

直流信号的波形如图 12-1 所示。

2. 单边实指数信号

单边实指数信号的函数式为

$$f(t) = \begin{cases} 0 & t < 0 \\ Ae^{at} & t > 0 \end{cases}$$

其中，a 为实常数，可大于、等于、小于零。单边实指数信号的波形如图 12-2 所示。

单边实指数信号的一个重要特点是，在 $t=0$ 时，函数不连续；$t=0^-$ 时，$f(0^-)=0$；$t=0^+$ 时，$f(0^+)=A$。即在 $t=0$ 时，函数发生了跳变，由 $f(0^-)=0$ 跳变到了 $f(0^+)=A$。$f(0^+)=A$ 称为信号 $f(t)$ 的初始值。

3. 振幅按指数规律衰减的正弦信号

振幅按指数规律衰减的正弦信号的函数式为

$$f(t) = \begin{cases} 0 & t < 0 \\ Ae^{-at}\sin\omega t & t \geqslant 0 \end{cases}$$

其中，a 为大于零的实常数。单边衰减正弦信号的波形如图 12-3 所示。

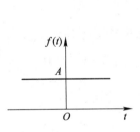

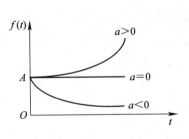

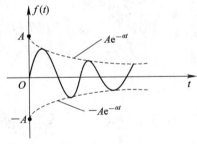

图 12-1　直流信号　　　　　图 12-2　单边实指数信号　　　　图 12-3　单边衰减正弦信号

4. 单位阶跃信号

单位阶跃信号用 $U(t)$ 表示，其函数式为

$$U(t) = \begin{cases} 1 & t > 0 \\ 0 & t < 0 \end{cases}$$

该信号的波形如图 12-4(a)所示。在 $t=0$ 时，信号从 $U(0^-)=0$ 跳变到 $U(0^+)=1$。单位阶跃信号可以将非因果信号变为因果信号。设 $f_1(t)$ 为任意时间信号，时间 t 的定义域为 $-\infty < t < \infty$，其波形如图 12-4(b)所示。将 $f_1(t)$ 与 $U(t)$ 相乘即可得到一个新信号：

$$f(t) = f_1(t)U(t)$$

$f(t)$的波形如图 12 - 4(c)所示。

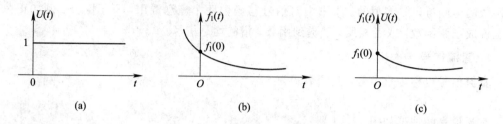

图 12 - 4　单位阶跃信号及其因果特性

单位阶跃信号在电路中还能起到开关作用，可用来描述直流电源接入电路的情况。在图 12 - 5(a)所示的电路中，$U(t)$为单位阶跃电压源，该电路等价于图 12 - 5(b)所示的电路，因此 $U(t)$ 又称为开关信号。延迟为 t_0（t_0 为大于零的实常数）的阶跃信号为 $U(t-t_0)$，其波形如图 12 - 5(c)所示。

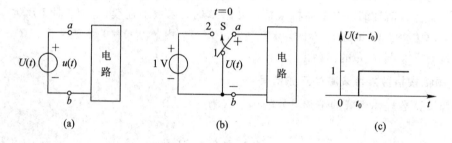

图 12 - 5　单位阶跃信号的开关等效电路及 $U(t-t_0)$ 波形

5. 单位门信号

门宽为 τ、门高为 1 的单位门信号常用符号 $G_\tau(t)$ 表示，即

$$G_\tau(t) = \begin{cases} 1 & |t| < \dfrac{\tau}{2} \\[2mm] 0 & |t| > \dfrac{\tau}{2} \end{cases}$$

其中，τ 为门宽，$\tau > 0$。单位门信号可用单位阶跃信号表示为

$$G_\tau(t) = U\left(t + \frac{\tau}{2}\right) - U\left(t - \frac{\tau}{2}\right)$$

单位门信号的波形如图 12 - 6 所示。

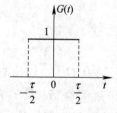

图 12 - 6　单位门信号

单位门信号

6. 单位冲激信号

1) 定义

单位冲激信号用符号 $\delta(t)$ 表示，其定义式为

单位冲激信号

$$\delta(t) = \begin{cases} \infty & t = 0 \\ 0 & t \neq 0 \end{cases}$$

$$\int_{-\infty}^{\infty} \delta(t)\mathrm{d}t = 1$$

其中，括号中的 1 表示信号 $\delta(t)$ 的图形面积，称为单位冲激信号的强度，简称冲激强度。

单位冲激信号的波形如图 12 - 7(a) 所示。

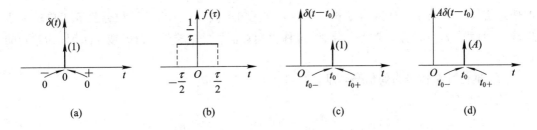

图 12 - 7　单位冲激信号

单位冲激信号可理解为门宽为 τ、门高为 $1/\tau$ 的门信号 $f(t)$（见图 12 - 7(b)）当 $\tau \to 0$ 时的极限，即

$$\delta(t) = \lim_{\tau \to 0} f(t) = \begin{cases} \infty & t = 0 \\ 0 & t \neq 0 \end{cases}$$

且

$$\int_{-\infty}^{\infty} \delta(t)\mathrm{d}t = \int_{-\infty}^{\infty} \lim_{\tau \to 0} f(t)\mathrm{d}t = \lim_{\tau \to 0}\int_{-\infty}^{\infty} f(t)\mathrm{d}t = 1$$

推广：

（1）设 t_0 为正实常数，则有

$$\delta(t - t_0) = \begin{cases} \infty & t = t_0 \\ 0 & t \neq t_0 \end{cases}$$

$$\int_{-\infty}^{\infty} \delta(t - t_0)\mathrm{d}t = \int_{t_0^-}^{t_0^+} \delta(t - t_0)\mathrm{d}t = 1$$

其波形如图 12 - 7(c) 所示。

（2）若冲激信号的强度为 A，则可表示为

$$A\delta(t - t_0) = \begin{cases} \infty & t = t_0 \\ 0 & t \neq t_0 \end{cases}$$

$$\int_{-\infty}^{\infty} A\delta(t - t_0)\mathrm{d}t = A\int_{t_0^-}^{t_0^+} \delta(t - t_0)\mathrm{d}t = A$$

该信号的波形如图 12 - 7(d) 所示。

2) $\delta(t)$ 的性质

（1）设 $f(t)$ 为任意有界信号，且在 $t = 0$ 与 $t = t_0$ 处连续，其函数值分别为 $f(0)$ 和

$f(t_0)$，则有

$$f(t)\delta(t) = f(0)\delta(t)$$

$$f(t)\delta(t-t_0) = f(t_0)\delta(t-t_0)$$

即任意连续信号与单位冲激信号相乘，就等于冲激出现时刻该连续信号的值与单位冲激信号相乘。

（2）抽样性（筛选性）：

$$\int_{-\infty}^{\infty} f(t)\delta(t)\mathrm{d}t = \int_{-\infty}^{\infty} f(0)\delta(t)\mathrm{d}t = f(0)\int_{-\infty}^{\infty}\delta(t)\mathrm{d}t = f(0)$$

$$\int_{-\infty}^{\infty} f(t)\delta(t-t_0)\mathrm{d}t = \int_{-\infty}^{\infty} f(t_0)\delta(t-t_0)\mathrm{d}t = f(t_0)\int_{-\infty}^{\infty}\delta(t-t_0)\mathrm{d}t = f(t_0)$$

即任意信号 $f(t)$ 与单位冲激信号 $\delta(t)$ 相乘后在无穷区间 $(-\infty, \infty)$ 的积分值等于单位冲激出现时刻信号 $f(t)$ 的值 $f(0)$ 或 $f(t_0)$。这称为 $\delta(t)$ 信号的抽样性，$f(0)$ 或 $f(t_0)$ 即为 $f(t)$ 的抽样值。

（3）单位冲激信号为偶信号，即有 $\delta(t)=\delta(-t)$。

证明

$$\int_{-\infty}^{\infty} f(t)\delta(-t)\mathrm{d}t = \int_{\infty}^{-\infty} f(-t')\delta(t')d(-t')$$

$$= \int_{-\infty}^{\infty} f(-t')\delta(t')\mathrm{d}t'$$

$$= f(0)\int_{-\infty}^{\infty}\delta(t')\mathrm{d}t' = f(0)$$

又有

$$\int_{-\infty}^{\infty} f(t)\delta(t)\mathrm{d}t = f(0)$$

故

$$\delta(t) = \delta(-t)$$

3） $\delta(t)$ 信号与 $U(t)$ 信号的关系

$\delta(t)$ 信号与 $U(t)$ 信号互为微分与积分关系，即

$$U(t) = \int_{-\infty}^{t}\delta(\tau)\mathrm{d}\tau \tag{12-1}$$

$$\delta(t) = \frac{\mathrm{d}}{\mathrm{d}t}U(t) \tag{12-2}$$

证明　由 $\delta(t)$ 信号的定义可知：

$$\int_{-\infty}^{t}\delta(\tau)\mathrm{d}\tau = 0 \quad t<0$$

$$\int_{-\infty}^{t}\delta(\tau)\mathrm{d}\tau = \int_{-\infty}^{t}\delta(\tau)\mathrm{d}\tau = \int_{0^-}^{0^+}\delta(\tau)\mathrm{d}\tau = 1 \quad t>0$$

综合以上两式有

$$\int_{-\infty}^{t}\delta(\tau)\mathrm{d}\tau = \begin{cases} 1 & t>0 \\ 0 & t<0 \end{cases} = U(t)$$

式（12-1）得证。

根据导数的定义有

$$\frac{\mathrm{d}}{\mathrm{d}t}U(t) = \lim_{\Delta t \to 0} \frac{U\left(t + \frac{\Delta t}{2}\right) - U\left(t - \frac{\Delta t}{2}\right)}{\Delta t}$$

这可以看作是门宽为 Δt、门高为 $1/\Delta t$ 的门信号在门宽趋于零时的极限，由此可知该极限为 $\delta(t)$，即

$$\frac{\mathrm{d}}{\mathrm{d}t}U(t) = \lim_{\Delta t \to 0} \frac{U\left(t + \frac{\Delta t}{2}\right) - U\left(t - \frac{\Delta t}{2}\right)}{\Delta t} = \delta(t)$$

式(12-2)得证。

12.3　换路定律与守恒定律

1. 换路的定义

在电路分析中，通常把电路结构与参数的改变称为换路，如开关的接通或断开、电路参数的改变、电路连接方式的改变、激励的变化等。分析动态电路时，不仅要列写描述电路的微分方程，还需要确定待求电压或电流的起始值（即求解微分方程时所需的初始条件），也就是要确定换路后电压、电流是从什么起始值开始变化的。

在电路分析中，把换路瞬间作为计算时间的起始时刻，即 0 时刻，而把换路前一时刻记为 0^-，把换路后瞬间记为 0^+。这种时间关系可用图 12-8 表示。

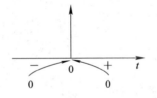

图 12-8　0 时刻

动态电路与换路

2. 换路定律

对电容量为 C 的线性电容，其端电压 $u_C(t)$ 和电流 $i_C(t)$ 有如下关系：

$$i(t) = C\frac{\mathrm{d}u_C(t)}{\mathrm{d}t}$$

$$u_C(t) = \frac{1}{C}\int_{-\infty}^{t} i_C(\tau)\mathrm{d}\tau$$

换路定理

故有

$$u_C(t) = \frac{1}{C}\int_{-\infty}^{0^-} i_C(\tau)\mathrm{d}\tau + \frac{1}{C}\int_{0^-}^{t} i_C(\tau)\mathrm{d}\tau = u_C(0^-) + \frac{1}{C}\int_{0^-}^{t} i_C(\tau)\mathrm{d}\tau \qquad (12-3)$$

$$q(t) = q(0^-) + \int_{0^-}^{t} i_C(\tau)\mathrm{d}\tau$$

式中：

$$q(0^-) = \int_{-\infty}^{0^-} i_C(\tau)\mathrm{d}\tau$$

$$u_C(0^-) = \frac{1}{C}q(0^-) = \frac{1}{C}\int_{-\infty}^{0^-} i(\tau)\mathrm{d}\tau$$

它们分别为 $t=0^-$ 时刻电容器的电荷与电压，称为电容器的初始条件或初始状态。$u_C(0^-)$ 总结了从 $-\infty$ 到 0^- 期间电容器的工作状态，故电容器具有记忆功能，为记忆元件，也称动态元件。

式(12-3)说明了电容电压 $u_C(t)$ 等于初始电压 $u_C(0^-)$ 与 $t>0$ 时由电流 $i(t)$ 充电所得电压 $\frac{1}{C}\int_{0^-}^{t} i_C(\tau)\mathrm{d}\tau$ 之和，即 $u_C(0^-)$ 对 $t>0$ 时的电压 $u_C(t)$ 要产生作用，其等效电路如图12-9(b)所示。但要注意，图12-9(b)中电容器 C 的初始电压已经为零了。

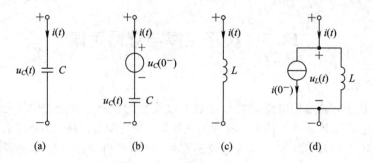

图 12-9　换路定律推证

当 $t=0^+$ 时，有

$$u_C(0^+) = u_C(0^-) + \frac{1}{C}\int_{0^-}^{0^+} i(\tau)\mathrm{d}\tau$$

若 $i(t)$ 为有限值，则 $\frac{1}{C}\int_{0^-}^{0^+} i_C(\tau)\mathrm{d}\tau = 0$，于是有

$$q(0^+) = q(0^-) \qquad\qquad (12-4)$$
$$u_C(0^+) = u_C(0^-) \qquad\qquad (12-5)$$

此结果说明，若流过电容器 C 的电流 $i(t)$ 为有限值，则电容器两端的电压在换路瞬间（$t=0$）是连续的，不会发生突变。

对于电感量为 L 的电感线圈，其端电压 $u_L(t)$ 和电流 $i_L(t)$ 有如下关系：

$$u_L(t) = L\frac{\mathrm{d}i_L(t)}{\mathrm{d}t}$$

$$i_L(t) = \frac{1}{L}\int_{-\infty}^{t} u_L(\tau)\mathrm{d}\tau$$

由此可得

$$i_L(t) = \frac{1}{L}\int_{-\infty}^{0^-} u_L(\tau)\mathrm{d}\tau + \frac{1}{L}\int_{0^-}^{t} u_L(\tau)\mathrm{d}\tau = i_L(0^-) + \frac{1}{L}\int_{0^-}^{t} u_L(\tau)\mathrm{d}\tau$$

$$\psi(t) = \psi(0^-) + \int_{0^-}^{t} u_L(\tau)\mathrm{d}\tau \qquad\qquad (12-6)$$

式中：

$$\psi(0^-) = \int_{-\infty}^{0^-} i_L(\tau)\mathrm{d}\tau$$

$$i_L(0^-) = \frac{1}{L}\psi(0^-) = \frac{1}{L}\int_{-\infty}^{0^-} u_L(\tau)\mathrm{d}\tau$$

它们分别为 $t=0^-$ 时刻电感器的磁链与电流，称为电感器的初始条件或初始状态。$i_L(0^-)$ 总结了从 $-\infty$ 到 0^- 期间电感器的工作状态，故电感器具有记忆功能，为记忆元件，也称动态元件。

式(12-4)说明了电感电流 $i_L(t)$ 等于初始电流 $i_L(0^-)$ 与 $t>0$ 时由电压 $u_L(t)$ 产生的电流 $\frac{1}{L}\int_{0^-}^{t} u_L(\tau)\mathrm{d}\tau$ 之和，即 $i_L(0^-)$ 对 $t>0$ 时的电流 $i_L(t)$ 要产生作用，其等效电路如图 12-9 (d)所示。但要注意，图 12-9(d)中电感器 L 的初始电流已经为零了。

当 $t=0^+$ 时，有

$$i_L(0^+) = i_L(0^-) + \frac{1}{L}\int_{0^-}^{0^+} u_L(\tau)\mathrm{d}\tau$$

若 $u_L(t)$ 为有限值，则 $\frac{1}{L}\int_{0^-}^{0^+} u_L(\tau)\mathrm{d}\tau = 0$，于是有

$$\psi(0^+) = \psi(0^-) \tag{12-7}$$
$$i_L(0^+) = i_L(0^-) \tag{12-8}$$

此结果表明，当电感电压为有限值时，电感中的磁链和电流在换路瞬间是连续的，不会发生跃变。

式(12-4)、式(12-5)、式(12-7)和式(12-8)称为换路定律，在进行动态电路分析时，用以确定电容电压、电感电流的初始值。

练习 12-1　如图 12-10 所示电路中，$t<0$，开关 S 闭合，电路稳定；$t=0$ 时，开关 S 打开，求 $u_C(0^+)$ 和 $i_L(0^+)$。

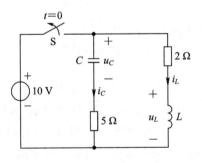

图 12-10　练习 12-1 图　　　　　　练习 12-1

3. 电荷守恒定律和磁链守恒定律

由前面的分析可知，当电容电流和电感电压为有限值时，电容电压和电感电流不会发生突变。但是，当电路中出现下列情况时，电容电压、电感电流可能会发生突变：① 冲激电源激励；② 有电压源和电容组成的回路或纯电容回路；③ 有电流源和电感组成的割集或纯电感割集。发生突变的主要原因是，在上述情况下，电容电流和电感电压均不是有限值，故换路定律不成立，需要使用电荷守恒定律和磁链守恒定律来确定初始值。

1) 电荷守恒定律

在图 12-11 所示的电路中，换路后由于有电压源和电容构成的回路，电容电压可能发

生突跳。设换路前一瞬间(即 $t=0^-$ 时刻)，各电容电压值为 $u_1(0^-)$、$u_2(0^-)$，换路后一瞬间(即 $t=0^+$ 时刻)各电容电压值为 $u_1(0^+)$、$u_2(0^+)$。对节点 A 有

$$i_{C_1}(t) + i_{R_1}(t) = i_{C_2}(t) + i_{R_2}(t)$$

即

$$C_1 \frac{\mathrm{d}u_1(t)}{\mathrm{d}t} + \frac{u_1(t)}{R_1} = C_2 \frac{\mathrm{d}u_2(t)}{\mathrm{d}t} + \frac{u_2(t)}{R_2} \qquad (12-9)$$

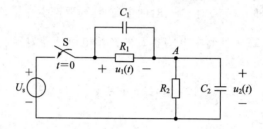

图 12-11　换路瞬间电荷守恒的推导

对式(12-9)两边在区间$(0^-, 0^+)$上积分得

$$C_1 \int_{0^-}^{0^+} \frac{\mathrm{d}u_1(t)}{\mathrm{d}t}\mathrm{d}t + \frac{1}{R_1}\int_{0^-}^{0^+} u_1(t)\mathrm{d}t = C_2 \int_{0^-}^{0^+} \frac{\mathrm{d}u_2(t)}{\mathrm{d}t}\mathrm{d}t + \frac{1}{R_2}\int_{0^-}^{0^+} u_2(t)\mathrm{d}t$$

由于电源电压 U_s 为有限值，因此电压 $u_1(t)$ 和 $u_2(t)$ 也必须为有限值，故有

$$\int_{0^-}^{0^+} u_1(t)\mathrm{d}t = \int_{0^-}^{0^+} u_2(t)\mathrm{d}t = 0$$

式(12-9)变为

$$C_1 \int_{u_1(0^-)}^{u_1(0^+)} \mathrm{d}u_1(t) = C_2 \int_{u_2(0^-)}^{u_2(0^+)} \mathrm{d}u_2(t)$$

也即

$$C_1 u_1(0^+) - C_1 u_1(0^-) = C_2 u_2(0^+) - C_2 u_2(0^-)$$

或

$$-C_1 u_1(0^+) + C_2 u_2(0^+) = -C_1 u_1(0^-) + C_2 u_2(0^-) \qquad (12-10)$$

式(12-10)等号左端为换路后一瞬间($t=0^+$ 瞬间)连接在节点 A(节点 A 不与电压源相接)上所有电容器极板上电荷量的代数和，等号右端为换路前一瞬间($t=0^-$ 瞬间)连接在同一节点 A 上所有电容器极板上电荷量的代数和，电荷的正、负号由各电压的参考极性确定。式(12-10)说明换路前和换路后在节点 A 所有电容的电荷是守恒的。电荷守恒具有普遍性，换路瞬间的电荷守恒仅为其特例之一。

　　2) 磁链守恒定律

　　如图 12-12 所示电路中，设 $t<0$ 时开关 S 闭合，并设 $t=0^-$ 时 L_1 和 L_2 中的电流分别为 $i_1(0^-)$、$i_2(0^-)$。今于 $t=0$ 时将 S 打开，则对于 $t>0$，有

$$R_1 i_1(t) + R_2 i_2(t) + L_1 \frac{\mathrm{d}i_1(t)}{\mathrm{d}t} + L_2 \frac{\mathrm{d}i_2(t)}{\mathrm{d}t} = U_s \qquad (12-11)$$

对式(12-11)两边在区间$(0^-, 0^+)$上积分得

$$R_1 \int_{0^-}^{0^+} i_1(t)\mathrm{d}t + R_2 \int_{0^-}^{0^+} i_2(t)\mathrm{d}t + L_1 \int_{0^-}^{0^+} \mathrm{d}i_1(t) + L_2 \int_{0^-}^{0^+} \mathrm{d}i_2(t) = \int_{0^-}^{0^+} U_s\mathrm{d}t$$

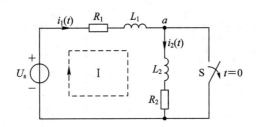

图 12 - 12　换路瞬间磁链守恒的推导

由于电压源电压 U_s 有限，因此电流 $i_1(t)$ 和 $i_2(t)$ 也有限，故有

$$R_1\int_{0^-}^{0^+} i_1(t)\mathrm{d}t = R_2\int_{0^-}^{0^+} i_2(t)\mathrm{d}t = \int_{0^-}^{0^+} U_s\mathrm{d}t = 0$$

即

$$L_1\int_{i_1(0^-)}^{i_1(0^+)}\mathrm{d}i_1(t) + L_2\int_{i_2(0^-)}^{i_2(0^+)}\mathrm{d}i_2(t) = 0$$

$$L_1 i_1(0^+) - L_1 i_1(0^-) + L_2 i_2(0^+) - L_2 i_2(0^-) = 0$$

也即

$$L_1 i_1(0^+) + L_2 i_2(0^+) = L_1 i_1(0^-) + L_2 i_2(0^-) \tag{12-12}$$

式（12 - 12）等号左端为换路后一瞬间（$t=0^+$ 瞬间）回路 I 中所有电感磁链的代数和，等号右端为换路前一瞬间（$t=0^-$ 瞬间）同一回路中所有电感磁链的代数和，磁链的正、负号由各电流的参考方向确定，与回路方向一致者取"＋"号，不一致者取"－"号。电荷守恒与磁链守恒概念主要用来求解电容电压和电感电流的初始值。

12.4　电路初始值的求解

电路中电压、电流的初始值可以分为两类。

一类是电容电压和电感电流的初始值，即 $u_C(0^+)$ 和 $i_L(0^+)$，称为电路的初始状态，它们可以直接利用换路定律或守恒定律，通过换路前瞬间的电容电压和电感电流，即 $u_C(0^-)$ 和 $i_L(0^-)$ 求出。

另一类是电路中其它电压和电流的初始值，称为导出初值，这类初值在换路瞬间可能发生跳变。求出了 $u_C(0^+)$ 和 $i_L(0^+)$ 以后，可以利用基尔霍夫定律和欧姆定律计算 $t=0^+$ 时刻的电路，求出它们的数值。在具体计算时，一种直观的方法是画出动态电路在 $t=0^+$ 时刻的等效电路。在这种等效电路中，各独立电源取其在 $t=0^+$ 时刻的值，电容元件以电压为 $u_C(0^+)$ 的电压源替代，电感元件以电流为 $i_L(0^+)$ 的电流源替代，于是便可以得出一个等效纯电阻电路。求解这个电路，便可以求出 $t=0^+$ 时各元件上的电压和电流，也即它们的初始值。

1. 电路中无突变的情况

例 12 - 1　如图 12 - 13(a)所示电路，$t<0$ 时 S 闭合，电路已达稳态。今于 $t=0$ 时刻打开 S，求初始值 $i_L(0^+)$、$u_C(0^+)$、$i(0^+)$、$i_C(0^+)$、$u_L(0^+)$、$\mathrm{d}i_L(0^+)/\mathrm{d}t$、$\mathrm{d}u_C(0^+)/\mathrm{d}t$。

电路初始
值的确定

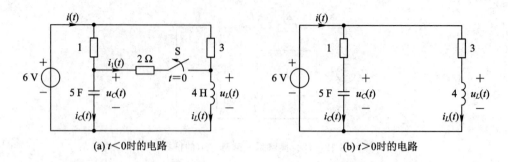

图 12-13　例 12-1 图

解　该电路中的激励为恒定激励。在恒定激励下，当电路达到稳定状态时，电路中的电容相当于开路，电感相当于短路。$t<0$ 时，S 闭合，电路已达稳态，故根据图 12-13(a)有

$$i_L(0^-) = \frac{6}{\dfrac{(1+2)\times 3}{(1+2)+3}} = 4\,\text{A}$$

$$i_1(0^-) = \frac{i_L(0^-)}{2} = 2\,\text{A}$$

$$u_C(0^-) = 2i_1(0^-) = 4\,\text{V}$$

$t>0$ 时，S 打开，其电路如图 12-13(b)所示，故根据换路定律有

$$u_C(0^+) = u_C(0^-) = 4\,\text{V}$$

$$i_L(0^+) = i_L(0^-) = 4\,\text{A}$$

又

$$i_C(0^+) = 6 - u_C(0^+) = 2\,\text{A}$$

$$i(0^+) = i_C(0^+) + i_L(0^+) = 2+4 = 6\,\text{A}$$

$$u_L(0^+) = 6 - 3i_L(0^+) = 6 - 3\times 4 = -6\,\text{V}$$

有

$$u_L(t) = \frac{L\mathrm{d}i_L}{\mathrm{d}t}, \ i_C(t) = \frac{C\mathrm{d}u_C}{\mathrm{d}t}$$

故

$$\frac{\mathrm{d}i_L(0^+)}{\mathrm{d}t} = \frac{u_L(0^+)}{L} = \frac{1}{4}\times(-6) = 1.5\,\text{A/s}$$

$$\frac{\mathrm{d}u_C(0^+)}{\mathrm{d}t} = \frac{i_C(0^+)}{C} = \frac{1}{5}\times 2 = 0.4\,\text{V/s}$$

例 12-2　如图 12-14(a)所示的电路在开关断开之前处于稳态，求开关断开瞬间各支路电流和电感电压的初始值 $i_1(0^+)$、$i_2(0^+)$、$i_3(0^+)$、$u_L(0^+)$。

解　由题知开关断开前电路处于稳定状态，此时电容器相当于开路，电感器相当于短路，故可求得

$$i_3(0^-) = \frac{U_s}{R_1 + R_2} = \frac{8}{3+5} = 1\,\text{A}$$

$$u_C(0^-) = i_3(0^-)R_3 = 5\,\text{V}$$

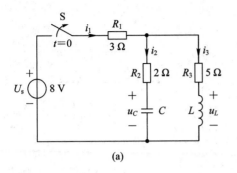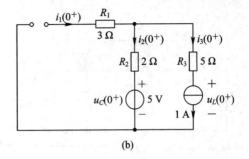

图 12-14　例 12-2 图

由换路定律知，其初始值为

$$i_3(0^+) = i_3(0^-) = 1\,\text{A}, \quad u_C(0^+) = u_C(0^-) = 5\,\text{V}$$

由此可以画出 $t=0^+$ 时的等效电路，如图 12-14(b)所示。于是可求得其它变量的初始值为

$$i_1(0^+) = 0$$

$$i_2(0^+) = i_1(0^+) - i_3(0^+) = -1\,\text{A}$$

$$u_L(0^+) = u_C(0^+) + i_2(0^+)R_2 - i_3(0^+)R_3 = -2\,\text{V}$$

练习 12-2　如图 12-15 所示电路，$t<0$，开关 S 闭合，电路稳定，$t=0$，开关 S 打开。求：

(1) $i_C(0^+)$、$u_R(0^+)$、$u_L(0^+)$。

(2) $\left.\dfrac{\mathrm{d}u_C}{\mathrm{d}t}\right|_{0^+}$、$\left.\dfrac{\mathrm{d}i_L}{\mathrm{d}t}\right|_{0^+}$、$\left.\dfrac{\mathrm{d}u_L}{\mathrm{d}t}\right|_{0^+}$。

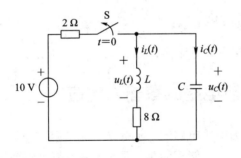

图 12-15　练习 12-2 图　　　　　　　练习 12-2

2. 电路中有突变的情况

如前所述，当电路中存在以下两种情况时，换路定律即不再成立，在换路瞬间，电路中的电容电压和电感电流就要发生突变(即跳变)。

(1) 有冲激电源 $\delta(t)$ 激励，此时欲求换路后电容电压与电感电流的初始值只能从电路的两种约束着手。

(2) 电路中存在由纯电容构成的回路或由纯电容与理想电压源构成的回路，如图 12-11 所示。

(3) 电路中存在由电感支路构成的割集或由电感支路与理想电流源构成的割集。

在这些情况下，欲求换路后电容电压与电感电流的初始值 $u_C(0^+)$、$i_L(0^+)$，就必须相应用电荷守恒或磁链守恒概念。

例 12-3　在图 12-16(a)所示电路中，$t<0$ 时 S 打开，电路已达稳定，求 S 闭合后的

初始值 $u_1(0^+)$、$u_2(0^+)$。

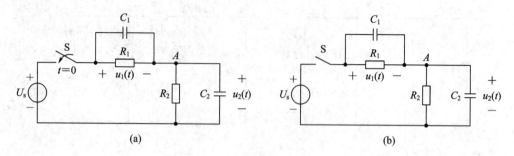

图 12 - 16　例 12 - 3 图

解　该电路最外面的回路是由纯电容 C_1、C_2 和电压源组成的，故在换路瞬间（$t=0$ 瞬间）$u_1(t)$、$u_2(t)$ 会有突变。$t<0$ 时，S 打开，其电路已达稳定，由此可得

$$u_1(0^-) = u_2(0^-) = 0$$

$t>0$ 时，S 闭合，其电路如图 12 - 16(b) 所示。根据电荷守恒，对于连接在节点 A 上的电容有

$$- C_1 u_1(0^+) + C_2 u_2(0^+) = - C_1 u_1(0^-) + C_2 u_2(0^-) \tag{12-13}$$

又根据 KVL 有

$$u_1(0^+) + u_2(0^+) = U_s \tag{12-14}$$

联立求解式(12 - 13)和式(12 - 14)得

$$u_1(0^+) = \frac{C_2}{C_1 + C_2} U_s, \quad u_2(0^+) = \frac{C_1}{C_1 + C_2} U_s \tag{12-15}$$

由式(12 - 15)可知，换路后电容电压发生了突变。

12.5　一阶电路的零输入响应

可用一阶微分方程描述的电路称为一阶电路。一阶电路中除电阻元件外，只有一个独立的储能元件。如果在换路前储能元件上存储有能量，即使电路没有外加激励源，换路后电路的能量也会发生转移与转换，故会出现电流、电压的变化。电路在没有外加激励而仅由初始储能所产生的响应称为零输入响应。

1. RC 一阶电路的零输入响应

图 12 - 17 为 RC 串联零输入电路，设初始条件 $u_C(0^-)=U_0 \neq 0$，故 $t>0$ 时电路中的 $u_C(t)$、$u_R(t)$ 和 $i(t)$ 即均为零输入响应。

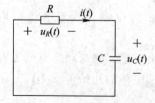

图 12 - 17　RC 串联零输入电路

RC 一阶电路的
零输入响应

根据 KVL 有

$$Ri(t) + u_C(t) = 0$$

即

$$\begin{cases} \dfrac{RC\,\mathrm{d}u_C(t)}{\mathrm{d}t} + u_C(t) = 0 & t \geqslant 0 \\ u_C(0^+) = u_C(0^-) = U_0 \end{cases} \tag{12-16}$$

这是一个待求变量为 $u_C(t)$ 的一阶线性常系数一阶微分齐次方程。从电路结构上来看，只包含一个独立动态元件的电路即为一阶电路。

上述方程的特征方程为

$$RCP + 1 = 0$$

故方程的特征根（也称电路的固有频率或自然频率）为

$$P = -\frac{1}{RC} = -\frac{1}{\tau}$$

其中，$\tau = RC$，单位为秒(s)，称为 RC 电路的时间常数。故得 $u_C(t)$ 的通解为

$$u_C(t) = A\mathrm{e}^{Pt} = A\mathrm{e}^{-t/\tau}$$

积分常数 A 根据初始值 $u_C(0^+)$ 确定。当 $t=0^+$ 时，有

$$u_C(0^+) = A$$

故

$$A = u_C(0^+) = u_C(0^-) = U_0$$

方程(13-16)的解为

$$u_C(t) = U_0\mathrm{e}^{-t/\tau} \quad t \geqslant 0$$

注意，上式不能写成

$$u_C(t) = U_0\mathrm{e}^{-t/\tau}U(t) \tag{12-17}$$

因为 $u_C(t)$ 在 $t=0$ 时是连续的，即有 $u_C(0^+) = u_C(0^-) = U_0$，但若写成上式的形式，则 $u_C(t)$ 在 $t=0$ 时就不连续了，即 $u_C(0^+) = U_0$，$u_C(0^-) = 0$，$u_C(0^+) \neq u_C(0^-)$。根据式 (12-17) 画出的 $u_C(t)$ 的波形如图 12-18(a)所示。可见，$u_C(t)$ 为一随时间 t 而衰减的指数曲线，衰减的快慢取决于 τ 的大小，τ 大衰减得慢，τ 小衰减得快。

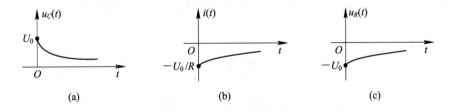

图 12-18 RC 串联电路的零输入响应

电路从一种稳定状态变换到另一种新的稳定状态，其间所经历的过程称为瞬态过程。由式(12-17)看出，当 $t=\infty$ 时有 $u_C(\infty) = 0$。$u_C(\infty)$ 称为 $u_C(t)$ 的稳态值。但实际上，当 $t = 5\tau$ 时，即有 $u_C(5\tau) \approx 0$，即经历 5τ 的时间，我们即认为电路已达到了新的稳定状态。
响应电流 $i(t)$ 和响应电压 $u_R(t)$ 分别为

$$i(t) = -\frac{u_C(t)}{R} = -\frac{U_0\mathrm{e}^{-t/\tau}}{R} \quad t > 0$$

$$u_R(t) = Ri(t) = -U_0 \mathrm{e}^{-t/\tau} \quad t > 0$$

$i(t)$ 和 $u_R(t)$ 的波形分别如图 $12-18$(b)、(c)所示。整个放电过程中电阻 R 消耗的电能为

$$W = \int_0^\infty i(t)^2 R \mathrm{d}t = \int_0^\infty \left(-\frac{U_0}{R}\mathrm{e}^{-\frac{1}{\tau}t}\right)^2 R \mathrm{d}t = \frac{1}{2}CU_0^2$$

可见，电容器原来的全部储能 $\frac{1}{2}CU_0^2$ 被电阻 R 耗尽，这是符合能量守恒定律的。

2. RL 一阶电路的零输入响应

如图 $12-19$ 所示电路，已知 $t<0$ 时 S 在 a，今于 $t=0$ 时刻将 S 从 a 扳到 b，并设初始条件 $i(0^-)=I_0\neq 0$，求 $t>0$ 时的响应 $i(t)$、$u_L(t)$。很显然，$i(t)$、$u_L(t)$ 均为 RL 电路的零输入响应。

RL 一阶电路的
零输入响应

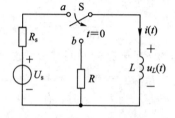

图 $12-19$　RL 电路的零输入响应

根据 KVL 可列出 $t>0$ 时的 KVL 方程为

$$\begin{cases} \dfrac{L\mathrm{d}i(t)}{\mathrm{d}t} + Ri(t) = 0 & t \geqslant 0 \\ i(0^+) = i(0^-) = I_0 \end{cases} \tag{$12-18$}$$

这是一个待求变量为 $i(t)$ 的一阶线性常系数齐次常微分方程，其特征方程为

$$LP + R = 0$$

故特征根为

$$P = -\frac{R}{L} = -\frac{1}{\tau}$$

其中，$\tau = L/R$，单位为秒(s)，称为 RL 电路的时间常数。$i(t)$ 的通解为

$$i(t) = A\mathrm{e}^{Pt} = A\mathrm{e}^{-t/\tau}$$

积分常数 A 根据初始值 $i(0^+)$ 确定。当 $t=0^+$ 时，有

$$i(0^+) = A$$

又

$$A = i(0^+) = i(0^-) = I_0$$

故电路方程的解为

$$i(t) = I_0\mathrm{e}^{-t/\tau} \quad t \geqslant 0$$

$i(t)$ 的波形如图 $12-20$(a)所示。可见，$i(t)$ 为一随时间 t 而衰减的指数曲线，衰减的快慢取决于 τ 的大小。τ 大衰减得慢，τ 小衰减得快。

电感电压 $u_L(t)$ 为

$$u_L(t) = \frac{L\mathrm{d}i(t)}{\mathrm{d}t} = -RI_0\mathrm{e}^{-t/\tau}U(t)$$

$u_L(t)$ 的波形如图 $12-20$(b)所示。

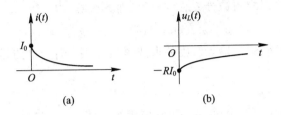

(a)　　　　　　　　　　(b)

图 $12-20$　RL 电路的零输入响应波形

12.6　一阶电路的零状态响应

1. RC 一阶电路的零状态响应

在动态电路中，初始状态为零，仅有输入激励作用的电路称为零状态电路，由外加激励在零状态电路中产生的响应称为零状态响应。

图 $12-21$(a)所示电路为 RC 充电电路。$t<0$ 时开关 S 在位置 a，电路已达稳态，$t=0$ 时开关由 a 拨至 b，求电容电压 $u_C(t)$ 和电流 $i(t)$。

为了分析方便，画出换路后的电路，如图 $12-21$(b)所示。据此利用

RC 一阶电路的
零状态响应

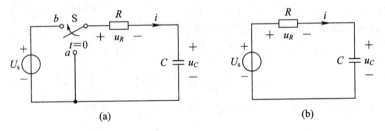

(a)　　　　　　　　　　(b)

图 $12-21$　RC 一阶电路在直流电源激励下的零状态响应

KVL，有

$$u_R(t) + u_C(t) = U_s \qquad (12-19)$$

将电容和电阻的电流-电压关系代入式(12-19)，可得如下的微分方程：

$$RC\frac{\mathrm{d}u_C(t)}{\mathrm{d}t} + u_C(t) = U_s \qquad (12-20)$$

该方程的特征方程为

$$RCP + 1 = 0$$

特征根为

$$P = -\frac{1}{RC}$$

方程(12-20)的解为

$$u_C(t) = u_{\mathrm{Ch}}(t) + u_{\mathrm{Cp}}(t) \qquad (12-21)$$

式中，$u_{\mathrm{Ch}}(t)$ 为方程(12-20)对应的齐次微分方程的通解，$u_{\mathrm{Cp}}(t)$ 为方程(12-20)的特解。

由微分方程理论可以求得微分方程的通解（即齐次解）为

$$u_{\mathrm{Ch}}(t) = A\mathrm{e}^{Pt} = A\mathrm{e}^{-\frac{t}{RC}} \qquad (12-22)$$

非齐次微分方程的特解与输入激励的形式紧密相关，因为电路是直流源激励，故设微分方程的特解为

$$u_{\mathrm{Cp}}(t) = B \qquad (12-23)$$

因为式(12-23)是方程(12-20)的解，故它应满足方程(12-20)。将式(12-23)代入方程(12-20)可得

$$B = U_{\mathrm{s}} \qquad (12-24)$$

于是方程(12-20)的解为

$$u_C(t) = A\mathrm{e}^{-\frac{t}{RC}} + U_{\mathrm{s}} \qquad (12-25)$$

式(12-25)中的待定系数 A 可由初始值确定。电路不具备发生电容电压突跳的条件，故由换路定律有

$$u_C(0^+) = u_C(0^-) = 0 \qquad (12-26)$$

由此可以求出

$$A = -U_{\mathrm{s}} \qquad (12-27)$$

因此，电容电压的零状态响应为

$$u_C(t) = -U_{\mathrm{s}}\mathrm{e}^{-\frac{t}{RC}} + U_{\mathrm{s}} = U_{\mathrm{s}}(1 - \mathrm{e}^{-\frac{t}{RC}})U(t) \qquad (12-28)$$

在得到 $u_C(t)$ 后，可以求得电路中其它变量的零输入响应

$$u_R(t) = U_{\mathrm{s}} - u_C(t) = U_{\mathrm{s}}\mathrm{e}^{-\frac{t}{RC}}U(t) \qquad (12-29)$$

$$i(t) = \frac{u_R(t)}{R} = \frac{U_{\mathrm{s}}}{R}\mathrm{e}^{-\frac{t}{RC}}U(t) \qquad (12-30)$$

电路响应的波形如图 12-22(a)、(b)所示。

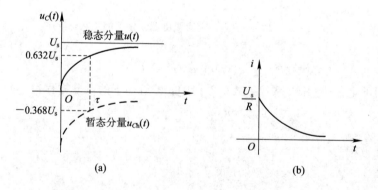

图 12-22 RC 一阶电路零状态响应波形

由图 12-22 可以看出：由于电路处于零状态，电容电压 $u_C(0^+) = u_C(0^-) = 0$，电容器相当于短路，电源电压通过电阻 R 向电容充电，充电电流为 $i = U_{\mathrm{s}}/R$。随着时间的增加，电容电压按指数规律上升。当 $t \to \infty$ 时，$u_C(t) = U_{\mathrm{s}}$，充电电流为零，电容电压不再变化。此时，电容相当于开路。

由式(12-27)可知,电容电压的响应由微分方程(12-20)的齐次解和特解组成。齐次解的形式与外加激励无关,只取决于电路的结构与元件参数,故而称其为自由响应。同时,齐次解是按指数规律衰减的,经 $3\tau \sim 5\tau$ 后将衰减到零,故而也称其为暂态(瞬态)响应。暂态分量随时间衰减的过程,也是电路逐渐趋于稳定的过程。特解与外加激励密切相关,因此称其为强迫响应。在直流、阶跃及正弦电源激励时,特解也是电路到达稳态的响应,故也称其为稳态响应。

式(12-28)表明,零状态响应的瞬时值依赖于电路输入和电路的时间常数。一旦电路已经确定,任意时刻电容电压的瞬时值仅依赖于输入激励源 U_s 且满足齐次性和叠加性。这对任意的线性电路皆成立,即线性电路的零状态响应是输入激励的线性函数。

上述给出了 RC 一阶电路零状态响应的分析。RL 一阶电路零状态响应的分析方法与之类似,读者可自行分析推导。

2. 一阶电路的阶跃响应

单位阶跃激励 $U(t)$ 在零状态电路中产生的响应为单位阶跃响应,简称阶跃响应。

图 12-23(a)所示为阶跃电压源 $EU(t)$ 激励下的 RC 串联电路,其开关等效电路如图 12-23(b)所示,其中 E 为直流电压源电压。因此也可将阶跃激励 $EU(t)$ 作用在电路的阶跃响应理解为电路与直流的 E 接通后的响应。

一阶电路的
阶跃响应

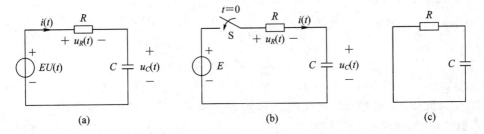

$$(a) \qquad\qquad (b) \qquad\qquad (c)$$

图 12-23 阶跃激励的 RC 一阶电路

根据 KVL 可列出 $t>0$ 时的 KVL 方程,即

$$\begin{cases} \dfrac{RC\,\mathrm{d}u_C(t)}{\mathrm{d}t} + u_C(t) = E & t \geqslant 0 \\ u_C(0^+) = u_C(0^-) = 0 \end{cases}$$

这是一个待求变量为 $u_C(t)$ 的一阶线性常系数非齐次常微分方程,非齐次项为一常量 E。该方程的解由两部分组成:① 齐次方程的通解 Be^{Pt},称为自由解,P 为方程的特征根,B 为积分常数;② 强迫解,其形式取决于外加激励的形式,此电路中的外加激励为常量 E,故强迫解即为 E。

上述方程的特征方程为

$$RCP + 1 = 0$$

故方程的特征根(即电路的固有频率或自然频率)为

$$P = -\frac{1}{RC} = -\frac{1}{\tau}$$

其中 $\tau = RC$ 为电路的时间常数。故方程的自由解为

$$自由解 = Be^{Pt} = Be^{-t/\tau}$$

于是方程的全解为

$$u_C(t) = 自由解 + 强迫解$$

即

$$u_C(t) = Be^{-t/\tau} + E$$

积分常数 B 应根据初始值 $u_C(0^+) = u_C(0^-) = 0$ 确定,即

$$u_C(0^+) = B + E = 0$$

故得

$$B = -E$$

代入全解式即得

$$u_C(t) = E(1 - e^{-\frac{1}{\tau}t})U(t) \tag{12-31}$$

$u_C(t)$ 的波形如图 12-24(a)所示。可见, $u_C(t)$ 为一随时间 t 而增长的指数曲线,增长的快慢取决于电路时间常数 τ 的大小, τ 大增长得慢, τ 小增长得快。

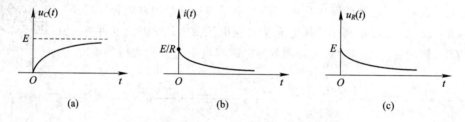

图 12-24　 RC 一阶电路的阶跃响应

在理论上,当 $t \to \infty$ 时, $u_C(\infty) = E$,但实际上,当 $t = 5\tau$ 时,即有 $u_C(5\tau) \approx E$,即认为经历 5τ 的时间后,电容器 C 的充电即告完成,电路即达到了新的稳定状态。

电路的时间常数 $\tau = RC$,应按图 12-23(c)求之。该图是令图 12-23(a)或图 12-23(b)中的激励为零而得到的电路,称为无激励电路。

响应电压 $u_R(t)$ 和响应电流 $i(t)$ 分别为

$$u_R(t) = E - u_C(t) = E - E(1 - e^{-t/\tau}) = Ee^{-t/\tau}U(t)$$

$$i(t) = u_R(t)/R = Ee^{-t/\tau}U(t)/R \tag{12-32}$$

$i(t)$ 和 $u_R(t)$ 的波形分别如图 12-24(b)、(c)所示。

从式(12-32)可以看出,在恒定激励的电路中,当 $t \to \infty$ 时有 $i(\infty) = 0$,即电路达到新的稳定状态时,此时电容相当于开路。

在整个充电过程中电阻 R 消耗的电能为

$$W = \int_0^\infty i^2(t)R\mathrm{d}t = \int_0^\infty \left[\frac{E}{R}e^{-\frac{1}{\tau}t}\right]^2 R\mathrm{d}t = \frac{1}{2}CE^2 \tag{12-33}$$

可见,整个充电过程中电阻 R 消耗的电能 W ,等于充电结束后电容器的储能 $CE^2/2$,因此充电效率为 50% ,可见充电效率不高。

上述给出了 RC 一阶电路阶跃响应的分析, RL 一阶电路阶跃响应的分析方法与之类似,下面通过一个例题给出其简要的分析步骤。

例 12 - 4　图 12 - 25 所示为阶跃电流源 $I_s U(t)$ 激励下的 RL 并联零状态电路。求 $i(t)$ 和 $u_L(t)$。

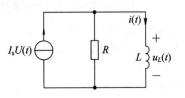

图 12 - 25　RL 电路的阶跃响应

解　根据 KCL 可列出 $t>0$ 时的 KCL 方程为

$$\frac{u_L(t)}{R} + i(t) = I_s \quad t \geqslant 0 \qquad (12 - 34)$$

即

$$\begin{cases} \dfrac{L}{R} \times \dfrac{\mathrm{d}i(t)}{\mathrm{d}t} + i(t) = I_s \quad t \geqslant 0 \\[2mm] i(0^+) = i(0^-) = 0 \end{cases} \qquad (12 - 35)$$

由前面的讨论可知，该方程的解为

$$i(t) = B\mathrm{e}^{-t/\tau} + I_s \qquad (12 - 36)$$

积分常数 B 根据初始值 $i(0^+) = i(0^-) = 0$ 确定，即

$$i(0^+) = B + I_s = 0 \qquad (12 - 37)$$

故得

$$B = -I_s \qquad (12 - 38)$$

代入式(12 - 36)得

$$i(t) = I_s(1 - \mathrm{e}^{-t/\tau})U(t) \qquad (12 - 39)$$

$i(t)$ 的波形如图 12 - 26(a)所示。可见，$i(t)$ 为一随时间 t 而增长的指数曲线，增长的快慢取决于电路时间常数 $\tau = L/R$ 的大小，τ 大增长得慢，τ 小增长得快。

响应电压 $u_L(t)$ 为

$$u_L(t) = \frac{L\mathrm{d}i(t)}{\mathrm{d}t} = RI_s\mathrm{e}^{-t/\tau}U(t) \qquad (12 - 40)$$

$u_L(t)$ 的波形如图 12 - 26(b)所示。

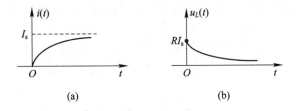

(a)　　　　　　　　　　(b)

图 12 - 26　RL 并联电路的阶跃响应

12.7　一阶电路的全响应

一阶电路在非零初始状态下，由输入激励和初始状态共同产生的响应，称为全响应。

1. 一阶电路的全响应

1) RC 一阶电路的全响应

图 12 - 27(a)为非零状态的 RC 串联电路，其外加激励为阶跃电压 $EU(t)$，并设电路的初始条件为 $u_C(0^-) = U_0 \neq 0$。

根据叠加原理，我们可将图 12-28(a)所示的电路分解成图 12-27(b)所示的零输入电路与图 12-27(c)所示的零状态电路的叠加。于是图 12-27(a)中的全响应 $u_C(t)$ 等于图 12-27(b)中的零输入响应 $u_{Czi}(t)$ 与图 12-27(c)中的零状态响应 $u_{Czs}(t)$ 的叠加，即

$$u_C(t) = u_{Czi}(t) + u_{Czs}(t)$$

将式(12-17)和式(12-28)所示结果代入上式即得全响应为

$$u_C(t) = U_0 e^{-\frac{t}{\tau}} + E(1 - e^{-\frac{t}{\tau}}) \tag{12-41}$$

式(12-41)右端第一项为零输入响应，第二项为零状态响应。该式还可以表示为

$$u_C(t) = (U_0 - E)e^{\frac{-t}{\tau}} + E \tag{12-42}$$

式(12-42)中的第一项为自由响应，第二项为强迫响应。

相应于 $E > U_0$、$E = U_0$、$E < U_0$ 三种情况下的 $u_C(t)$ 的波形如图 12-27(d)所示，其增长或衰减的快慢取决于时间常数 τ。

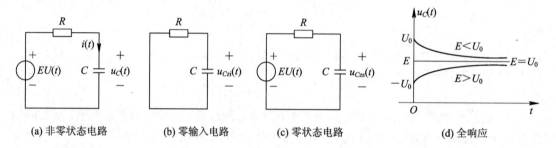

(a) 非零状态电路　　　(b) 零输入电路　　　(c) 零状态电路　　　(d) 全响应

图 12-27　RC 串联电路阶跃激励的全响应

2) RL 一阶电路的全响应

图 12-28(a)为非零状态的 RL 并联电路，其外加激励为阶跃电流源 $I_s U(t)$，并设电路的初始条件为 $i(0^-) = I_0 \neq 0$，图 12-28(b)为其开关等效电路。

由于全响应＝零输入响应＋零状态响应，故根据式(12-41)和式(12-42)的结果，可得阶跃激励下的全响应电流为

$$i(t) = I_0 e^{-t/\tau} + I_s(1 - e^{-t/\tau}) = [I_s + (I_0 - I_s)e^{-t/\tau}]U(t)$$

相应于 $I_s > I_0$、$I_s = I_0$、$I_s < I_0$ 三种情况下的 $i(t)$ 的波形如图 12-28(c)所示。

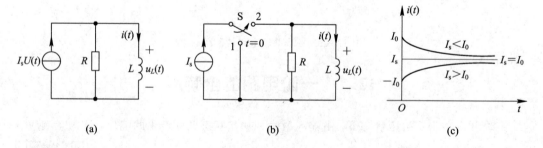

(a)　　　　　　　　(b)　　　　　　　　(c)

图 12-28　RL 并联电路阶跃激励的全响应

2. 全响应的三种分解方式

电路的全响应可按三种方式分解：

(1) 从响应产生的原因分析，全响应可分解为零状态响应与零输入响应之和，即

$$全响应＝零输入响应＋零状态响应$$

此结论已如上述。

（2）全响应可分解为自由响应与强迫响应之和，即

$$全响应＝自由响应＋强迫响应$$

如前所述，描述电路的微分方程可用经典法求解。该微分方程的解是齐次解和特解的叠加。其中，齐次解的形式与外加激励无关，只取决于电路的结构与元件参数，故而称其为自由响应；特解与外加激励密切相关，因此称其为强迫响应。自由响应的变化规律与外加激励的变化规律无关，强迫响应的变化规律与外加激励的变化规律相同。

（3）全响应可分解为瞬态响应与稳态响应之和，即

$$全响应＝瞬态响应＋稳态响应$$

齐次解是按指数规律衰减的，经 $3\tau \sim 5\tau$ 后将衰减到零，故而也称其为暂态（瞬态）响应。在直流、阶跃及正弦电源激励时，特解也是电路到达稳态的响应，故也称其为稳态响应。稳态响应是特殊激励信号产生的强迫响应。

12.8　一阶电路的三要素分析方法

1. 一阶电路的三要素法

三要素是跳过建立电路微分方程，利用一阶电路的三个要素求得电路响应的快捷方法。它是在分析总结了一阶电路全响应的规律基础上得到的。

电路的经典分析法表明，在直流、阶跃和正弦等激励信号作用下，任意一个一阶电路的全响应 x 都是由暂态响应 x_t 和稳态响应 x_s 组成的，即

一阶电路的
三要素法

$$x(t) = x_t(t) + x_s(t) \tag{12-43}$$

而暂态响应形式为

$$x_t(t) = A\mathrm{e}^{-\frac{t}{\tau}} \tag{12-44}$$

式中，A 为待定常数，可由初始条件求出 $A = x(0^+) - x_s(0^+)$ 代入式（12-43）有

$$x_t(t) = [x(0^+) - x_s(0^+)]\mathrm{e}^{-\frac{t}{\tau}} \tag{12-45}$$

就稳态响应而言，当输入是直流或阶跃信号时为常量，是正弦激励时则为同频率的正弦量。

将式（12-45）代入式（12-43）得

$$x(t) = [x(0^+) - x_s(0^+)]\mathrm{e}^{-\frac{t}{\tau}} + x_s(t) \tag{12-46}$$

由式（12-46）可以看出，只要得到 $x(0^+)$、$x_s(0^+)$（$x_s(t)$ 在 $t=0^+$ 时的值）和电路时间常数 τ 三个量，代入式（12-46）即可求得一阶电路的全响应 $x(t)$。上述三个量称为确定电路响应的三个要素，用三要素求解电路响应的方法称为三要素法。三要素中 τ 是电路时常数，$\tau = RC$ 或 $\tau = L/R$，其中 R 为从电容或电感元件两端看进去的等效电阻。

一阶电路在直流或阶跃激励时，响应的稳态解是常量，也即电路完成充放电后的终值。此时有

$$x_s(t) = x_s(0^+) = x(\infty)$$

代入式(12-46)得

$$x(t) = [x(0^+) - x(\infty)]e^{-\frac{t}{\tau}} + x(\infty) = x(\infty) - [x(\infty) - x(0^+)]e^{-\frac{t}{\tau}}$$

零输入响应和零状态响应是全响应的特殊情况,当然可以用三要素法求解。

例 12-8　如图 12-29(a)所示电路中,已知 $t<0$ 时 S 闭合,电路已达稳定状态。当 $t=0$ 时打开 S,求 $t>0$ 时的响应 $u_C(t)$ 和 $i_C(t)$。

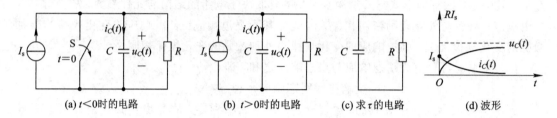

(a) $t<0$时的电路　　(b) $t>0$时的电路　　(c) 求τ的电路　　(d) 波形

图 12-29　例 12-8 的电路

解　(1) 求 $u_C(0^+)$:因为 $t<0$ 时 S 闭合,电路已达稳定状态,所以有 $u_C(0^-)=0$。故

$$u_C(0^+) = u_C(0^-) = 0$$

(2) 求 $u_C(\infty)$:因为在阶跃激励下电路达到稳定状态时,电容 C 相对于开路,所以 $u_C(\infty)=RI_s$。

(3) 求 τ:求 τ 的电路如图 12-29(c)所示,故

$$\tau = RC$$

(4) 求全响应 $u_C(t)$ 和 $i_C(t)$,即

$$u_C(t) = u_C(\infty) - [u_C(\infty) - u_C(0^+)]e^{-\frac{1}{\tau}t}$$

$$= RI_s(1 - e^{-\frac{1}{\tau}t})U(t)$$

$$i_C(t) = C\frac{\mathrm{d}u_C(t)}{\mathrm{d}t} = I_s e^{-\frac{1}{\tau}t}U(t)$$

$u_C(t)$、$i_C(t)$ 的波形如图 12-29(d)所示。

例 12-9　如图 12-30(a)所示电路,已知 $t<0$ 时 S 在 1,电路已达稳定状态。当 $t=0$ 时将 S 扳到 2,求 $t>0$ 时的响应 $u_C(t)$,以及 $u_C(t)$ 经过零值的时刻 t_0。

解　(1) 求 $u_C(0^+)$:因为 $t<0$ 时 S 在 1,电路已达稳定状态,所以

$$u_C(0^-) = 10\ \text{V}$$

$t>0$ 时 S 扳到 2,其电路如图 12-30(b)所示。故

$$u_C(0^+) = u_C(0^-) = 10\ \text{V}$$

(2) 求 $u_C(\infty)$:根据图 12-30(b),得

$$u_C(\infty) = 10 - 10 \times 2 = -10\ \text{V}$$

(3) 求 τ:求 τ 的电路如图 12-30(c)所示,故

$$\tau = RC = 10 \times 0.5 = 5\ \text{s}$$

(4) $u_C(t) = u_C(\infty) - [u_C(\infty) - u_C(0^+)]e^{-\frac{1}{\tau}t}$

$$= -10 - (-10 - 10)e^{-\frac{1}{\tau}t} = (-10 + 20e^{-0.2t})U(t)\ \text{V}$$

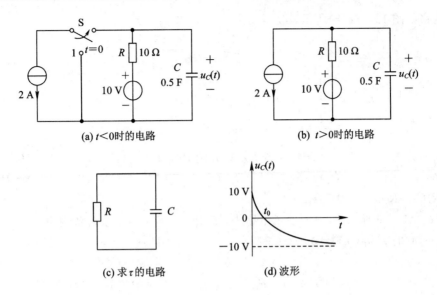

(a) $t<0$时的电路　　　　　　　　(b) $t>0$时的电路

(c) 求τ的电路　　　　　　　　(d) 波形

图 12 - 30　例 12 - 9 图

$u_C(t)$的波形如图 12 - 30(d)所示。由图 12 - 30(d)可见，在瞬态过程中，$u_C(t)$在 $t=t_0$ 时的值为零。

$$u_C(t_0) = -10 + 20e^{-0.2t_0} = 0$$

故

$$t_0 = \frac{\ln 0.5}{-0.2} = 3.466 \text{ s}$$

例 12 - 10　如图 12 - 31(a)所示零状态电路，初始值 $u_2(0^+)=C_1 U_s/(C_1+C_2)$，求 $u_2(t)$。

解　该电路是有强迫跃变的电路，由

$$u_2(\infty) = \frac{R_2 U_s}{R_1 + R_2}$$

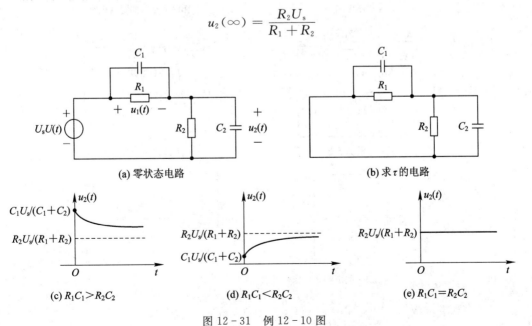

(a) 零状态电路　　　　　　　　(b) 求τ的电路

(c) $R_1 C_1 > R_2 C_2$　　　(d) $R_1 C_1 < R_2 C_2$　　　(e) $R_1 C_1 = R_2 C_2$

图 12 - 31　例 12 - 10 图

求 τ 的电路如图 12-32(b)所示，故

$$\tau = \frac{R_1 R_2 (C_1 + C_2)}{R_1 + R_2}$$

从而

$$u_2(t) = u_2(\infty) - [u_2(\infty) - u_2(0^+)]e^{-t/\tau}$$

$$= \frac{R_2 U_s}{R_1 + R_2} - \left[\frac{R_2 U_s}{R_1 + R_2} - C_1 U_s (C_1 + C_2)\right]e^{-t/\tau} \quad t > 0$$

其波形如图 12-31(c)、(d)、(e)所示，分别对应于 $C_1/(C_1 + C_2) > R_2/(R_1 + R_2)$（即 $R_1 C_1 > R_2 C_2$）、$C_1/(C_1 + C_2) < R_2/(R_1 + R_2)$（即 $R_1 C_1 < R_2 C_2$）、$C_1/(C_1 + C_2) = R_2/(R_1 + R_2)$（即 $R_1 C_1 = R_2 C_2$）三种情况。

例 12-11　如图 12-32(a)所示电路中，已知 $u_C(0^-) = 0$，求阶跃响应 $i(t)$。

解　$t < 0$ 时有 $u_C(0^-) = 0$。$t > 0$ 时：

(1) $u_C(0^+) = u_C(0^-) = 0$。

(2) 求 $i(0^+)$：因为 $u_C(0^+) = 0$，所以可作出 $t = 0^+$ 时的等效电路，如图 12-32(b)所示。根据此图，用网孔法或节点法求得

$$i(0^+) = 0.8 \text{ A}$$

(3) 求 $i(\infty)$：因为 $t \to \infty$ 时电容 C 相当于开路，此时的等效电路如图 12-32(c)所示，

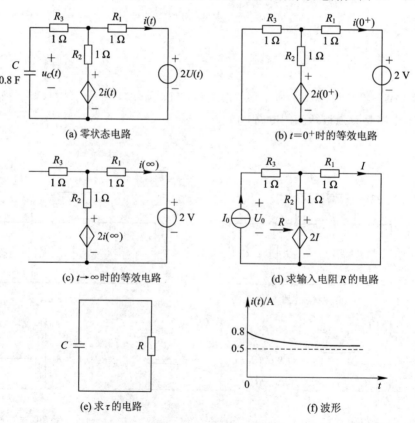

(a) 零状态电路　　　　　　　　(b) $t = 0^+$ 时的等效电路

(c) $t \to \infty$ 时的等效电路　　　　(d) 求输入电阻 R 的电路

(e) 求 τ 的电路　　　　　　　(f) 波形

图 12-32　例 12-11 图

所以
$$i(\infty) = 0.5\,\mathrm{A}$$

（4）求电容 C 以右电路的输入电阻 R，其电路如图 12-32(d) 所示。图中 I_0 与 U_0 为外施电流源的电流与端电压。设节点 a 的电位为 φ，于是对节点 a 可列出 KCL 方程为
$$(1+1)\varphi = I_0 + \frac{2I}{1}$$

又有
$$I = -\frac{\varphi}{1} = -\varphi$$

上两式联立解得
$$U_0 = I_0 + \varphi = I_0 + \frac{I_0}{4} = \frac{5I_0}{4}$$

故得输入电阻为
$$R = \frac{U_0}{I_0} = \frac{5}{4} = 1.25\,\Omega$$

（5）求 τ 的电路如图 12-32(e) 所示，故
$$\tau = RC = 1.25 \times 0.8 = 1\,\mathrm{s}$$

（6）响应电流 $i(t)$ 为
$$i(t) = i(\infty) - [i(\infty) - i(0^+)]\mathrm{e}^{-\frac{1}{\tau}t} = 0.5 + 0.3\mathrm{e}^{-\frac{1}{\tau}t}\,\mathrm{A} \quad t > 0$$

$i(t)$ 的波形如图 12-32(f) 所示。

练习 12-3　如图 12-33 所示电路，$t<0$ 时，S 在 a 处电路稳定。$t=0$ 时，S 从 a 扳到 b。用三要素法求 $t>0$ 时的电流 $i(t)$。

练习 12-3

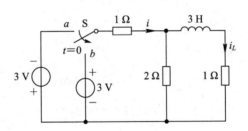

图 12-33　练习 12-3 图

练习 12-4　如图 12-34 所示电路中，已知 $i(0^-)=0$，求 $u_L(t)$、$i(t)$。

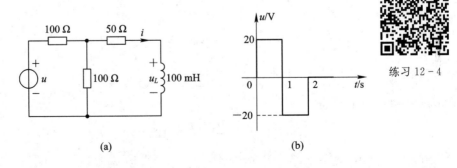

（a）　　　　　　　　　　（b）

练习 12-4

图 12-34　练习 12-4 图

2. 含有运算放大器的一阶电路

在运算放大器电路中，如果含有储能元件，在换路时也会发生过渡过程。当只有一个独立的储能元件时，电路会表现出一阶电路的行为特性。前面讨论过的微分器和积分器都是这种一阶电路的典型例子。由于实际应用的原因，电感通常不在运算放大器中使用。因此，只考虑含有运算放大器的 RC 一阶电路。

对于含有运算放大器的电路过渡过程的分析，关键是要利用好运算放大器的理想化条件。通常，用节点法分析含有运算放大器电路，也可用戴维南等效电路简化电路分析。

例 12 - 12 在图 12 - 35 所示电路中，已知 $u_C(0^-) = 3\,\text{V}$，求 $t>0$ 时的电压 $u_0(t)$。

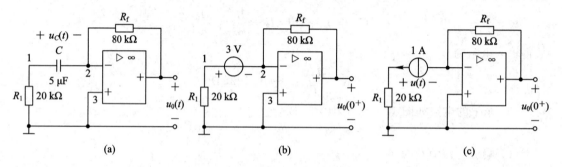

图 12 - 35　例 12 - 12 图

解 方法一：设节点 1 的电压为 $u_1(t)$，并在节点 1 应用 KCL 得

$$\frac{0 - u_1(t)}{R_1} = C\frac{\mathrm{d}u_C(t)}{\mathrm{d}t}$$

又因节点 2 "虚地"，故有

$$u_1(t) = u_C(t)$$

由此得到

$$\frac{\mathrm{d}u_C(t)}{\mathrm{d}t} + \frac{1}{R_1 C}u_C(t) = 0$$

该方程是一齐次微分方程，由微分方程理论可知它的解为

$$u_C(t) = A\mathrm{e}^{-\frac{1}{R_1 C}t}\,\text{V} \quad t>0$$

由换路定律知：

$$u_C(0^+) = u_C(0^-) = 3\,\text{V}$$

据此可以确定：

$$A = u_C(0^+) = 3\,\text{V}$$

故有

$$u_C(t) = 3\mathrm{e}^{-10t}\,\text{V} \quad t>0$$

在节点 2 应用 KCL 可得

$$u_0(t) = -R_\mathrm{f} C\frac{\mathrm{d}u_C(t)}{\mathrm{d}t} = 12\mathrm{e}^{-10t}\,\text{V} \quad t>0$$

方法二：应用三要素法。

首先，确定 $u_0(t)$ 的初始值。画出图 12 - 35(a) 的 0^+ 时刻的等效电路，如图 12 - 35(b)

所示，在节点 2 应用 KCL 得

$$\frac{3}{20 \times 10^3} + \frac{0 - u_0(0^+)}{80 \times 10^3} = 0$$

由此解得

$$u_0(0^+) = 12 \, \text{V}$$

由于电路属于零输入，故有

$$u_0(\infty) = 0 \, \text{V}$$

为了计算 τ，需要计算跨接在电容器两端的等效电阻 R_{eq}。为此，除去电容，用一个 1 A 的电流源代之，如图 12 - 35(c)所示，求该电流源两端的电压 $u_C(t)$。对图 12 - 35(c)的输入回路应用 KVL 可得

$$u(t) = 20 \, \text{kV}$$

于是有

$$R_{\text{eq}} = \frac{u(t)}{1} = 20 \, \text{k}\Omega$$

则

$$\tau = R_{\text{eq}}C = 0.1 \, \text{s}$$

应用三要素公式有

$$u_0(t) = u_0(\infty) + [u_0(0^+) - u_0(\infty)]e^{-10t} = 12e^{-10t} \, \text{V} \quad t > 0$$

12.9　一阶电路的正弦响应

正弦激励在零状态电路中产生的响应称为正弦响应。图 12 - 36(a)为 RL 串联电路在正弦激励电压源接通时的电路，正弦激励电压 $u_s(t) = U_m\cos(\omega t + \theta)$。设 $t < 0$ 时 S 打开，且设 $i(0^-) = I_0 \neq 0$。当 $t = 0$ 时闭合 S，求 $t > 0$ 时的全响应 $i(t)$。

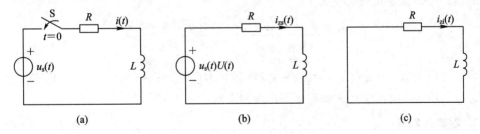

(a)　　　　　　　　　　　(b)　　　　　　　　　　　(c)

图 12 - 36　RL 电路的正弦响应

1. 零状态响应

求零状态响应 $i_{\text{zs}}(t)$ 的电路如图 12 - 36(b)所示。$t > 0$ 时电路的 KVL 方程为

$$\begin{cases} \dfrac{L\mathrm{d}i_{\text{zs}}(t)}{\mathrm{d}t} + Ri_{\text{zs}}(t) = U_m\cos(\omega t + \theta) & t \geqslant 0 \\ i_{\text{zs}}(0^+) = i_{\text{zs}}(0^-) = 0 \end{cases} \tag{12-47}$$

其特征方程为

$$LP + R = 0$$

故其特征根为

$$P = -\frac{R}{L} = -\frac{1}{L/R} = -\frac{1}{\tau}$$

其中，$\tau = L/R$ 为电路的时间常数。故方程(12-47)的自由解为

$$i(t) = Be^{Pt} = Be^{-t/\tau} \tag{12-48}$$

方程(12-47)的强迫解即为该电路的正弦稳态解，此正弦稳态解可按正弦稳态电路的分析方法(相量法)求得，即

$$\dot{U}_m = U_m \angle \theta$$
$$Z = R + j\omega L = |Z| \angle \varphi$$

其中：

$$|Z| = \sqrt{R^2 + (\omega L)^2}, \quad \varphi = \arctan\frac{\omega L}{R}$$

故

$$\dot{I}_m = \frac{\dot{U}_m}{Z} = \frac{U_m \angle \theta}{|Z| \angle \varphi} = I_m \angle (\theta - \varphi)$$

其中，$I_m = U_m/|Z|$ 为正弦稳态电流的振幅值。故正弦稳态电流(即强迫解)的解为

$$i_f(t) = I_m \cos[\omega t + (\theta - \varphi)] \tag{12-49}$$

零状态响应 $i_{zs}(t)$ 为

$$i_{zs}(t) = 强迫解 i_f(t) + 自由解 i_t(t) = I_m \cos[\omega t + (\theta - \varphi)] + Be^{-t/\tau} \tag{12-50}$$

积分常数 B 根据初始值 $i_{zs}(0^+) = i_{zs}(0^-) = 0$ 确定，即

$$i_{zs}(0^+) = 0 = I_m \cos(\theta - \varphi) + B$$

故得

$$B = -I_m \cos(\theta - \varphi)$$

代入式(12-50)得零状态响应为

$$i_{zs}(t) = \{\underbrace{I_m \cos[\omega t + (\theta - \varphi)]}_{\substack{\text{正弦稳态响应} \\ \text{(强迫解)}}} - \underbrace{I_m \cos(\theta - \varphi)e^{-\frac{t}{\tau}}}_{\substack{\text{瞬态响应} \\ \text{(自由解)}}}\}U(t) \tag{12-51}$$

由式(12-51)看出，若正好有 $\theta = \varphi \pm \pi/2$，则瞬态响应 $I_m \cos(\theta - \varphi)e^{-t/\tau} = 0$，即在换路后电路立即进入稳态，而在零状态响应中不出现瞬态响应。

2. 零输入响应

求零输入响应 $i_{zs}(t)$ 的电路如图 12-36(c)所示。用三要素公式可求得零输入响应为

$$i_{zi}(t) = I_0 e^{-t/\tau} U(t) \tag{12-52}$$

3. 全响应 $i(t)$

$$i(t) = 零状态响应 i_{zs}(t) + 零输入响应 i_{zi}(t)$$
$$= \{I_m \cos[\omega t + (\theta - \varphi)] - I_m \cos(\theta - \varphi)e^{-t/\tau} + I_0 e^{-t/\tau}\}U(t)$$
$$= \{\underbrace{I_m \cos[\omega t + (\theta - \varphi)]}_{\substack{\text{正弦稳态响应} \\ \text{(强迫响应)}}} + \underbrace{[-I_m \cos(\theta - \varphi) + I_0]e^{-t/\tau}}_{\substack{\text{瞬态响应} \\ \text{(自由响应)}}}\}U(t) \tag{12-53}$$

由式(12 - 53)看出，当 $I_0 = I_m\cos(\theta - \varphi)$ 时，全响应 $i(t)$ 中的瞬态响应分量 $[-I_m\cos(\theta - \varphi) + I_0]e^{-t/\tau} = 0$，即在换路后电路立即进入稳态，而在全响应中不出现瞬态响应。

例 12 - 12 如图 12 - 37(a)所示电路，已知 $u_s(t) = \cos 2t$ V，$t < 0$ 时，开关 S 打开，$u(0^-) = U_0 = 2$ V。求(1)$t > 0$ 时的全响应 $u(t)$；(2) 确定一个 U_0 值，使 $t > 0$ 时电路中只存在正弦稳态响应。

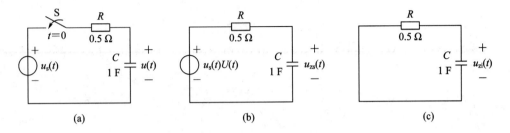

图 12 - 37 例 12 - 12 图

解 (1) 求零状态响应 $u_{zs}(t)$，其电路如图 12 - 37(b)所示。

零状态响应 $u_{zs}(t) =$ 自由解 $u_t(t) +$ 强迫解 $u_f(t)$。

其中：

$$u_t(t) = B\,e^{-t/\tau}$$
$$u_f(t) = U_m\cos(2t + \varphi)$$

故

$$u_{zs}(t) = B\,e^{-t/\tau} + U_m\cos(2t + \varphi)$$

其中 $\tau = RC = 0.5$ s，为电路时间常数；B 为积分常数，根据初始值确定。由此求得 $U_f(t)$ 为

$$Z = R + \frac{1}{j\omega C} = 0.5 + \frac{1}{j2 \times 1} = \frac{\sqrt{2}}{2}\angle -45°\ \Omega$$

$$\dot{I}_m = \frac{\dot{U}_{sm}}{Z} = \frac{1\angle 0°}{\frac{\sqrt{2}}{2}\angle -45°} = \sqrt{2}\angle 45°\ \text{A}$$

$$\dot{U}_m = U_m\angle \varphi = \dot{I}_m \times \frac{1}{j\omega C} = \sqrt{2}\angle 45° \times \frac{1}{j2 \times 1} = \frac{\sqrt{2}}{2}\angle -45°\ \text{V}$$

故

$$u_f(t) = \frac{\sqrt{2}}{2}\cos(2t - 45°)\ \text{V}$$

零状态响应为

$$u_{zs}(t) = Be^{-t/s} + \frac{\sqrt{2}}{2}\cos(2t - 45°)\ \text{V}$$

因为

$$u_{zs}(0^+) = u(0^-) = 0$$

所以

$$u_{zs}(0^+) = 0 = B + \frac{\sqrt{2}}{2}\cos(-45°)$$

可得

$$B = -\frac{\sqrt{2}}{2}\cos(-45°) = -\frac{1}{2}$$

故

$$u_{zs}(t) = \underbrace{-\frac{1}{2}e^{-2t}}_{\substack{\text{瞬时响应}\\(\text{自由响应})}} + \underbrace{\frac{\sqrt{2}}{2}\cos(2t-45°)}_{\substack{\text{正弦稳态响应}\\(\text{强迫响应})}} \text{V} \quad t \geqslant 0$$

求零输入响应 $u_{zi}(t)$，其电路如图 12-37(c)所示。由前面的讨论知 RC 串联电路的零输入响应为

$$u_{zi}(t) = U_0 e^{-t/\tau} = 2e^{-2t}U(t) \text{ V}$$

全响应为

$$u(t) = u_{zs}(t) + u_{zi}(t)$$

$$= \left\{ \underbrace{-\frac{1}{2}e^{-2t} + \frac{\sqrt{2}}{2}\cos(2t-45°)}_{\text{零状态响应}} + \underbrace{2e^{-2t}}_{\text{零输入响应}} \right\} U(t)$$

$$= \left\{ \underbrace{\frac{\sqrt{2}}{2}\cos(2t-45°)}_{\substack{\text{正弦稳态响应}\\(\text{强迫响应})}} + \underbrace{\left[\left(-\frac{1}{2}e^{-2t}\right) + 2e^{-2t} \right]}_{\substack{\text{瞬态响应}\\(\text{自由响应})}} \right\} U(t)$$

$$= \left[\frac{\sqrt{2}}{2}\cos(2t-45°) + \frac{3}{2}e^{-2t} \right] U(t) \text{ V}$$

（2）全响应为

$$u(t) = \left[\frac{\sqrt{2}}{2}\cos(2t-45°) + \left(-\frac{1}{2}e^{-2t}\right) + U_0 e^{-2t} \right] u(t)$$

$$= \left[\frac{\sqrt{2}}{2}\cos(2t-45°) + \left(-\frac{1}{2} + U_0\right)e^{-2t} \right] U(t) \text{ V}$$

可见，当 $U_0 = 1/2$ V 时，全响应 $U(t)$ 中不存在瞬态响应，而只有正弦稳态响应，即

$$u(t) = \frac{\sqrt{2}}{2}\cos(2t-45°)U(t) \text{ V}$$

12.10　一阶电路的冲激响应

单位冲激激励 $\delta(t)$ 在零状态电路中产生的响应称为单位冲激响应，简称冲激响应。

1. 单一元件电路

图 12-38(a)为单位冲激电流源 $\delta(t)$ 与单一电容元件 C 并联的电路，其冲激响应电压 $u_C(t)$ 为

$$u_C(t) = \frac{1}{C}\int_{-\infty}^{t} i(\tau)d\tau = \frac{1}{C}\int_{-\infty}^{t}\delta(\tau)d\tau = \frac{1}{C}U(t)$$

$u_C(t)$ 的波形如图 12-38(c)所示。

令 $t=0^+$，得 $u_C(t)$ 的初始值为

$$u_C(0^+) = \frac{U(0^+)}{C} = \frac{1}{C} = \frac{1}{C}\,\text{V}$$

因为 $t>0$ 时有 $\delta(t)=0$，所以又可得 $t>0$ 时的等效电路，如图 12-38(b)所示。

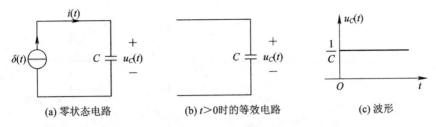

(a) 零状态电路　　　　　(b) $t>0$时的等效电路　　　　(c) 波形

图 12-38　单一电容元件的冲激响应

图 12-39(a)为单位冲激电压源 $\delta(t)$ 与单一电感元件 L 串联的电路，其冲激响应电流 $i(t)$ 为

$$i(t) = \frac{1}{L}\int_{-\infty}^{t} u_L(\tau)\mathrm{d}\tau = \frac{1}{L}\int_{-\infty}^{t} \delta(\tau)\mathrm{d}\tau = \frac{1}{L}U(t)$$

$i(t)$ 的波形如图 12-39(c)所示。

令 $t=0^+$，得 $i(t)$ 的初始值为

$$i(0^+) = \frac{U(0^+)}{L} = \frac{1}{L} = \frac{1}{L}\,\text{A}$$

因为 $t>0$ 时有 $\delta(t)=0$，所以又可得 $t>0$ 时的等效电路，如图 12-39(b)所示。

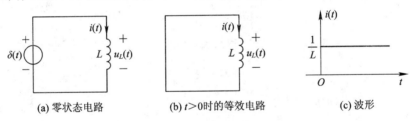

(a) 零状态电路　　　　　(b) $t>0$时的等效电路　　　　(c) 波形

图 12-39　单一电感元件的冲激响应

2. RC 并联电路

图 12-40(a)为 RC 并联电路，其激励为单位冲激电流源 $\delta(t)$，以下用三种方法求冲激响应 $u_C(t)$、$i_C(t)$。

方法一：直接求解电路的微分方程。该电路的微分方程为

$$C\frac{\mathrm{d}u_C(t)}{\mathrm{d}t} + \frac{1}{R}u_C(t) = \delta(t) \tag{12-53}$$

由于 $t>0$ 时 $\delta(t)=0$，因此 $t>0$ 时必有

$$C\frac{\mathrm{d}u_C(t)}{\mathrm{d}t} + \frac{1}{R}u_C(t) = 0 \quad t>0$$

此方程的通解为

$$u_C(t) = u_C(0^+)\mathrm{e}^{-\frac{t}{\tau}}U(t) \tag{12-54}$$

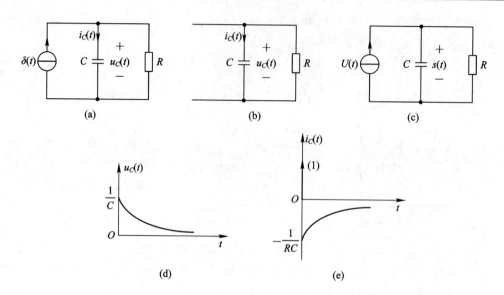

图 12-40　RC 并联电路的冲激响应

其中，$u_C(0^+)$ 为 $u_C(t)$ 的初始值，也可理解为积分常数。下面求 $u_C(0^+)$：

将式(12-54)求导一次可得

$$\frac{\mathrm{d}u_C(t)}{\mathrm{d}t} = \frac{\mathrm{d}}{\mathrm{d}t}\left[u_C(0^+)\mathrm{e}^{-\frac{t}{\tau}}U(t)\right]$$

$$= u_C(0^+)\mathrm{e}^{-\frac{1}{RC}t}\delta(t) - \frac{1}{RC}u_C(0^+)\mathrm{e}^{-\frac{1}{RC}t}U(t)$$

$$= u_C(0^+)\delta(t) - \frac{1}{RC}u_C(0^+)\mathrm{e}^{-\frac{1}{RC}t}U(t) \qquad (12-55)$$

将式(12-54)、式(12-55)代入式(12-53)，解之得

$$u_C(0^+) = \frac{1}{C}\,\mathrm{V}$$

再代入式(12-54)即得冲激响应为

$$u_C(t) = \frac{1}{C}\mathrm{e}^{-\frac{1}{RC}t}U(t) \qquad (12-56)$$

故

$$i(t) = C\frac{\mathrm{d}u_C(t)}{\mathrm{d}t} = C\frac{\mathrm{d}}{\mathrm{d}t}\left[\frac{1}{C}\mathrm{e}^{-\frac{1}{RC}t}U(t)\right]$$

$$= \delta(t) - \frac{1}{RC}\mathrm{e}^{-\frac{1}{RC}t}U(t) \qquad (12-57)$$

$u_C(t)$ 和 $i_C(t)$ 的波形如图 12-40(d)、(e)所示。

式(12-56)和式(12-57)说明，在 $t=0^-$ 到 0^+ 的区间，电容 C 受到无穷大电流 $\delta(t)$ 的充电，因而其上电压从 $u_C(0^-)=0$ 突跳到 $u_C(0^+)=1/C\,\mathrm{V}$；当 $t>0$ 时，$\delta(t)=0$，电流源开路，其电路如图 12-40(b)所示，电容 C 又进行放电，放电电流的实际方向与充电电流的实际方向相反，故为负值。

方法二：等效电路法。$t>0$ 时的等效电路如图 12-40(b)所示，电容电压的初始值 $u_C(0^+)=1/C\mathrm{V}$。此电路为一 RC 串联电路，故得响应为

$$u_C(t) = u_C(0^+)\mathrm{e}^{-\frac{1}{RC}t}U(t) = \frac{1}{C}\mathrm{e}^{-\frac{1}{RC}t}U(t)$$

与式(12-56)全同。这说明，我们可将单位冲激响应等效为初始值 $u_C(0^+)=1/C\mathrm{V}$ 的零输入响应。

方法三：利用线性定常电路的微分性质求，先根据图 12-40(c)求出单位阶跃响应 $s(t)$，再求 $s(t)$ 的一阶导数即得单位冲激响应。利用三要素公式极易求得

$$s(t) = R(1 - \mathrm{e}^{-\frac{1}{RC}t})U(t)$$

$$u_C(t) = \frac{\mathrm{d}(t)}{\mathrm{d}t} = \frac{\mathrm{d}}{\mathrm{d}t}[R(1 - \mathrm{e}^{-\frac{1}{RC}t})U(t)] = \frac{1}{C}\mathrm{e}^{-\frac{1}{RC}t}U(t)$$

与式(12-56)也全同。

利用与上面完全相同的方法，可求得 RC 串联电路、RL 并联电路、RL 串联电路的单位冲激响应，如表 12-1 所示。

表 12-1　一阶电路的冲激响应

电　路	响应的表示式	波　形
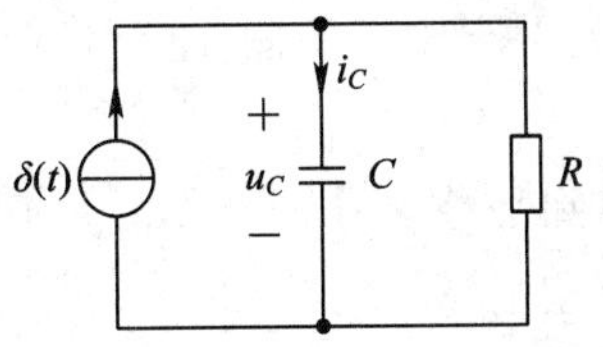	$u_C = \dfrac{1}{C}\mathrm{e}^{-\frac{1}{RC}t}U(t)$ $i_C = \delta(t) - \dfrac{1}{RC}\mathrm{e}^{-\frac{1}{RC}t}U(t)$	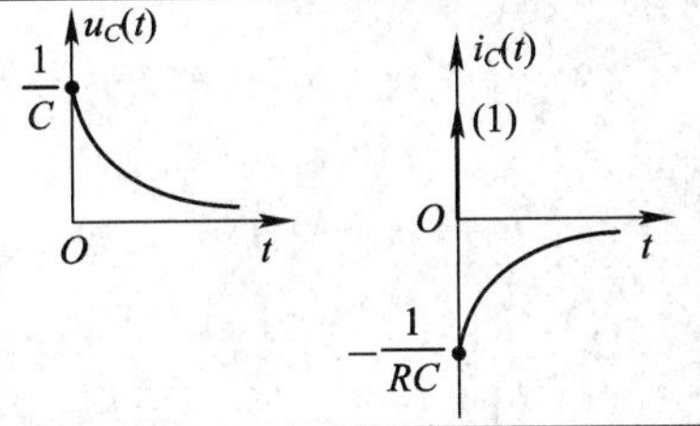
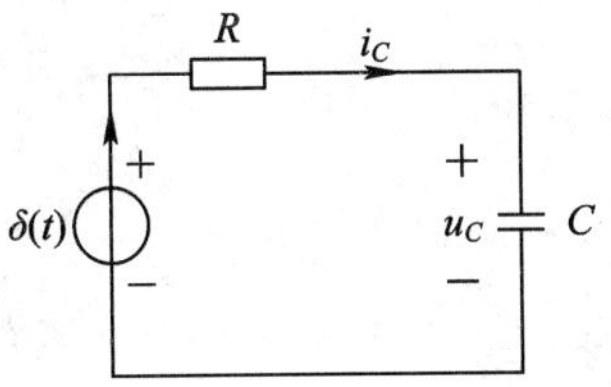	$u_C = \dfrac{1}{RC}\mathrm{e}^{-\frac{1}{RC}t}U(t)$ $i_C = \dfrac{1}{R}\delta(t) - \dfrac{1}{R^2C}\mathrm{e}^{-\frac{1}{RC}t}U(t)$	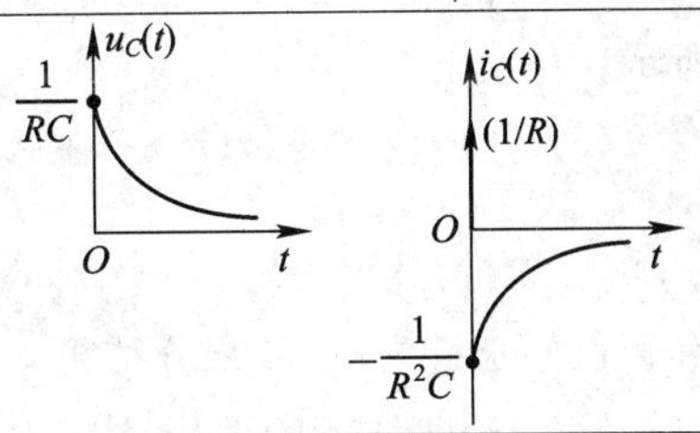
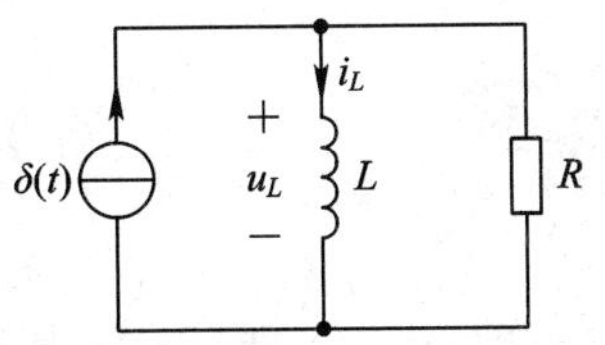	$i_L = \dfrac{R}{L}\mathrm{e}^{-\frac{R}{L}t}U(t)$ $u_L = R\delta(t) - \dfrac{R^2}{L}\mathrm{e}^{-\frac{R}{L}t}U(t)$	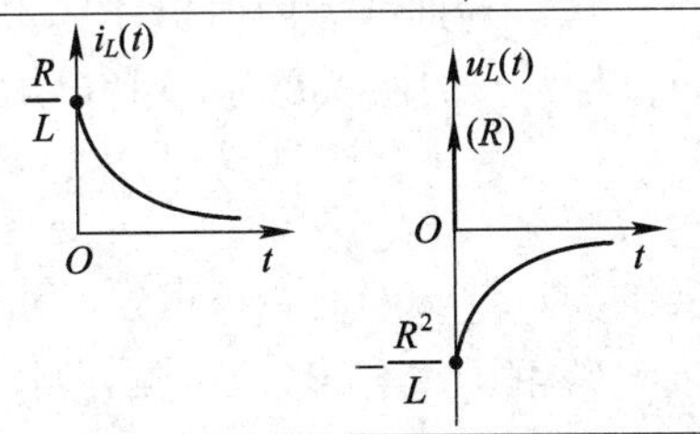
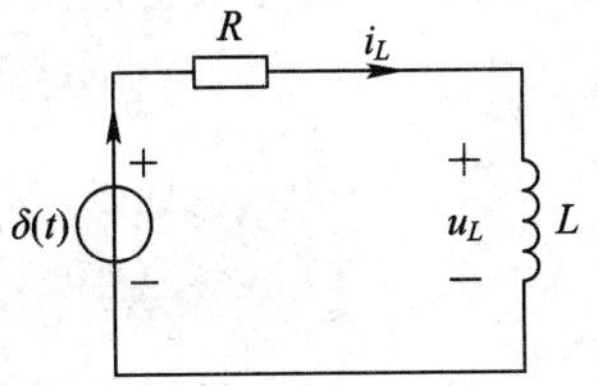	$i_L = \dfrac{1}{L}\mathrm{e}^{-\frac{R}{L}t}U(t)$ $u_L = \delta(t) - \dfrac{R}{L}\mathrm{e}^{-\frac{R}{L}t}U(t)$	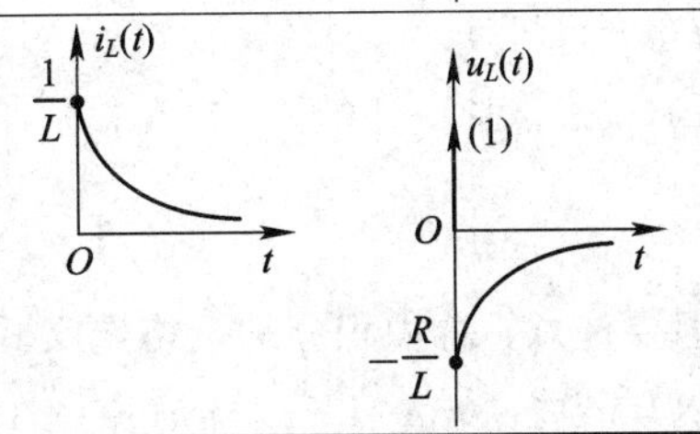

12.11　卷　积　法

卷积法的原理是根据线性定常电路的性质(齐次性、叠加性、时不变性、积分性等),借助电路的单位冲激响应 $h(t)$,利用卷积积分求电路对任意激励的零状态响应。卷积法在现代电路与系统理论中占有十分重要的地位,有着极为广泛的应用。

本节中首先介绍卷积积分及其运算规律与性质,然后推导出求线性定常电路零状态响应的卷积积分公式,最后举例说明其应用。

1. 卷积积分

1) 定义

设有两个任意时间函数,例如 $f(t)=U(t)$ 和 $h(t)=Ae^{-\alpha t}U(t)$(α 为大于零的实常数),其波形分别如图 12-41(a)、(b)所示。我们利用图解法进行如下五个步骤的运算,从而引出卷积积分的定义。

(1) 将函数 $f(t)$、$h(t)$ 中的自变量 t 改换为 τ,从而得到 $f(\tau)$、$h(\tau)$,这并不影响函数的图形,因为函数的性质和图形与自变量的符号无关,故其波形仍如图 12-41(a)、(b)所示。

(2) 将函数 $h(\tau)$ 以纵坐标轴为轴折叠,从而得到折叠信号 $h(-\tau)$,如图 12-41(c)所示。

(3) 将折叠信号 $h(-\tau)$ 沿 τ 轴平移 t,t 为参数变量,从而得到平移信号 $h[-(\tau-t)]=h(t-\tau)$,如图 12-41(d)所示。$t>0$ 时为向右平移,$t<0$ 时为向左平移。

(4) 将 $f(\tau)$ 与 $h(\tau)$ 相乘,从而得到相乘信号 $f(\tau)h(t-\tau)$,其波形如图 12-41(e)所示。

(5) 将函数 $f(\tau)h(t-\tau)$ 在区间$(-\infty,+\infty)$上积分,即

$$y(t) = \int_{-\infty}^{\infty} f(\tau)h(t-\tau)\mathrm{d}\tau$$

由于积分变量为 τ,其积分结果必为参变量 t 的函数,故用 $y(t)$ 表示。该积分就是相乘函数 $f(\tau)h(t-\tau)$ 曲线下的面积(图 12-42(e)中画斜线的部分)。上式所描述的内容即称为函数 $f(t)$ 与 $h(t)$ 的卷积积分,用符号" $*$ "表示,即

$$y(t) = f(t) * h(t) = \int_{-\infty}^{\infty} f(\tau)h(t-\tau)\mathrm{d}\tau \qquad (12-58)$$

读作 $f(t)$ 与 $h(t)$ 的卷积积分,简称卷积。

观察图 12-42(e)可见,当 $\tau<0^-$ 和 $\tau>t$ 时,被积函数 $f(\tau)h(t-\tau)=0$,这是因为 $f(\tau)=U(\tau)$、$h(\tau)=Ae^{-\alpha t}U(t)$ 均为单边函数的缘故。故式(12-58)中的积分限可改写为 $(0^-,t)$,即

$$y(t) = \int_0^t f(\tau)h(t-\tau)\mathrm{d}\tau \qquad (12-59)$$

但要注意,卷积积分的严格定义式仍然是式(12-58)。

若将 $f(\tau)=U(\tau)$ 与 $h(\tau)=Ae^{-\alpha t}U(t)$ 这两个具体的函数代入式(12-58)中并积分即得

$$y(t) = \int_0^t U(\tau) A e^{-\alpha(t-\tau)} U(t-\tau) \mathrm{d}\tau$$

$$= \int_{0^-}^t 1 \times A e^{-at} e^{a\tau} \times 1 \mathrm{d}\tau = \frac{A}{a} e^{-at} \left[e^{a\tau} \right]_{0^-}^t$$

$$= \frac{A}{\alpha} (1 - e^{-at}) U(t)$$

$y(t)$ 的曲线如图 12 - 41(f)所示，称为卷积积分曲线。

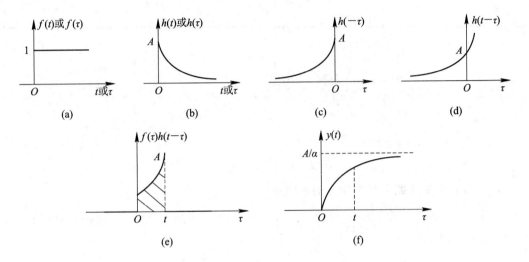

图 12 - 41　卷积积分的图解与定义

2) 运算规律

卷积积分中的运算遵从代数学中的一些运算规律。关于这些运算规律，留给读者自己证明（可参看工程数学书籍）。

(1) 交换率：$f_1(t) * f_2(t) = f_2(t) * f_1(t)$。

(2) 分配率：$f_1(t) * [f_2(t) + f_3(t)] = f_1(t) * f_2(t) + f_1(t) * f_3(t)$。

(3) 结合率：$f_1(t) * [f_2(t) * f_3(t)] = [f_1(t) * f_2(t)] * f_3(t) = [f_1(t) * f_3(t)] * f_2(t)$。

3) 主要性质

卷积积分有一些重要性质，深刻理解和掌握这些性质将对卷积的计算带来极大的简便。关于这些性质，也留给读者自己证明。

(1) 微分：

$$\frac{\mathrm{d}}{\mathrm{d}t}[f_1(t) * f_2(t)] = f_1(t) * \frac{\mathrm{d}f_2(t)}{\mathrm{d}t} = f_2(t) * \frac{\mathrm{d}f_1(t)}{\mathrm{d}t}$$

(2) 积分：

$$\int_{-\infty}^t [f_1(\tau) * f_2(\tau)] \mathrm{d}\tau = f_1(t) * \int_{-\infty}^t f_2(\tau) \mathrm{d}\tau = f_2(t) * \int_{-\infty}^t f_1(\tau) \mathrm{d}\tau$$

(3) $f_1(t)$ 的微分与 $f_2(t)$ 的积分的卷积：

$$\frac{\mathrm{d}f_1(t)}{\mathrm{d}t} * \int_{-\infty}^t f_2(\tau) = f_1(t) * f_2(t)$$

上式的充要条件是式 $f_1(t) = \int_{-\infty}^{t} \dfrac{\mathrm{d}f_1(\tau)}{\mathrm{d}t}\mathrm{d}\tau$ 成立，亦即必须满足条件 $\lim\limits_{t \to -\infty} f_1(t) = 0$。

（4）$f(t)$ 与 $\delta(t)$ 的卷积：

$$f(t) * \delta(t) = f(t)$$

推论：

$$f(t) * \delta(t - T) = f(t - T)$$
$$f(t - T_1) * \delta(t - T_2) = f(t - T_1 - T_2)$$
$$\delta(t - T_1) * \delta(t - T_2) = \delta(t - T_1 - T_2)$$

（5）$f(t)$ 与 $U(t)$ 的卷积：

$$f(t) * U(t) = \int_{-\infty}^{t} f(\tau)\mathrm{d}\tau$$

$$f(t) * U(t - t_0) = \int_{-\infty}^{t - t_0} f(\tau)\mathrm{d}\tau$$

（6）$f(t)$ 与 $\delta'(t)$ 的卷积：

$$f(t) * \delta'(t) = f'(t) * \delta(t) = f'(t)$$

2. 求线性定常电路零状态响应的卷积法

线性定长电路对任意激励 $f(t)$ 的零状态响应 $y_f(t)$，可用 $f(t)$ 与其单位冲激响应 $h(t)$ 的卷积积分求得，即

$$y_f(t) = f(t) * h(t) = \int_{-\infty}^{\infty} f(\tau)h(t - \tau)\mathrm{d}\tau$$

上式的推导过程依次如图 12-42 所示。

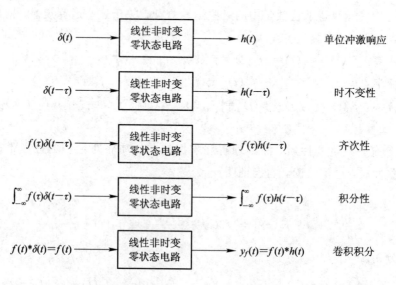

图 12-42　$y_f(t) = f(t) * h(t)$ 的推导过程

用卷积法求线性定常电路零状态响应 $y_f(t)$ 的步骤如下：

（1）求电路的单位冲激响应 $h(t)$。

（2）根据式(12-58)求零状态响应 $y_f(t)$。

例 12-13 如图 12-43(a)所示电路中，已知 $f(t) = \sin(t)\left[U(t) - U\left(t - \dfrac{\pi}{2}\right)\right]$，其波形如图 12-43(b)所示，求零状态响应 $u_C(t)$。

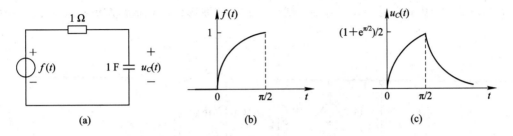

图 12-43　例 12-13 图

解 由表(12-1)查得电路的单位冲激响应为

$$h(t) = e^{-t}U(t)\ \mathrm{V}$$

故得零状态响应为

$$u_C(t) = f(t) * h(t) = \int_{-\infty}^{t} f(\tau)h(t-\tau)\mathrm{d}\tau$$

$t<0$ 时

$$u_C(t) = \int_{-\infty}^{t} 0 \times e^{-(t-\tau)}U(t-\tau)\mathrm{d}\tau$$

$0 \leqslant t \leqslant \dfrac{\pi}{2}$ 时，有

$$u_C(t) = \int_{0}^{t} \sin\tau e^{-(t-\tau)}U(t-\tau)\mathrm{d}\tau = \int_{0}^{t} \sin\tau e^{-t} e^{\tau} \times 1\mathrm{d}\tau$$

$$= \frac{1}{2}(\sin t - \cos t + e^{-t})\ \mathrm{V}$$

$t > \dfrac{\pi}{2}$ 时，有

$$u_C(t) = \int_{0}^{t} f(\tau)h(t-\tau)\mathrm{d}\tau = \int_{0}^{\pi/2} \sin\tau e^{-(t-\tau)}U(t-\tau)\mathrm{d}\tau$$

$$+ \int_{\frac{\pi}{2}}^{t} 0 \times e^{-(t-\tau)}U(t-\tau) = \int_{0}^{\pi/2} \sin\tau e^{-t} e^{\tau} \times 1\mathrm{d}\tau + 0$$

$$= \frac{1}{2}(1 + e^{\frac{\pi}{2}})e^{-t}\ \mathrm{V}$$

故有

$$u_C(t) = \begin{cases} 0 & t \leqslant 0 \\ \dfrac{(\sin t - \cos t + e^{-t})}{2}\ \mathrm{V} & 0 \leqslant t \leqslant \pi/2 \\ \left(1 + \dfrac{e\pi}{2}\right)e^{-t}\ \mathrm{V} & t > \pi/2 \end{cases}$$

$u_C(t)$ 的波形如图 12-43(c)所示。

习　题　12

1. 如图 12-44 所示电路中，$t<0$ 时 S 一直在 0 点。今从 $t=0$ 时刻开始，每隔 T_s 依次将 S 向左拨动，拨到 4 时即长期停住。试画出 $u(t)$ 的波形，并用阶跃函数将 $u(t)$ 表示出来。

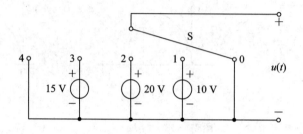

图 12-44　习题 1 图

2. 如图 12-45 所示电路中，开关已闭合很长一段时间，在 $t=0$ 时打开，求 $t \geqslant 0$ 时的 $u(t)$，并计算储存在电容器中的初始能量。

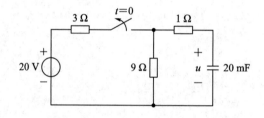

图 12-45　习题 2 图

3. 已知一阶线性定常电路，在相同的初始条件下，当激励为 $f(t)$ 时（已知 $t<0$ 时，$f(t)=0$），其全响应为

$$y_1(t) = 2e^{-t} + \cos 2t \quad t \geqslant 0$$

当激励为 $2f(t)$ 时，其全响应为

$$y_2(t) = e^{-t} + 2\cos 2t \quad t \geqslant 0$$

求激励为 $4f(t)$ 时的全响应 $y(t)$。

4. 如图 12-46 所示电路中，$t<0$ 时 S 闭合，电路已达稳定状态。当 $t=0$ 时断开 S，求 $t>0$ 时的全响应 $u_C(t)$ 及 $u_C(t)$ 经过零值的时刻 t_0。

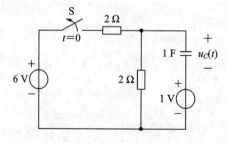

图 12-46　习题 4 图

5. 如图 12-47 所示电路中，开关一直处于关闭状态，当 $t=0$ 时，开关打开，求 $t>0$ 时的响应 $i(t)$。

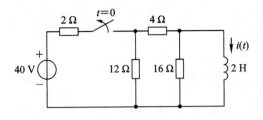

图 12-47　习题 5 图

6. 如图 12-48 所示电路中，$t<0$ 时 S 打开，电路已达稳定。今于 $t=0$ 时刻闭合 S，求 $t>0$ 时的响应 $u_C(t)$、$i_L(t)$、$i(t)$，画出波形。

7. 如图 12-49 所示电路中，$t<0$ 时 S 打开，电路已达稳定，且设 $u_2(0^-)=0$。今于 $t=0$ 时刻闭合 S，求 $t>0$ 时的响应 $u_2(t)$，画出波形。

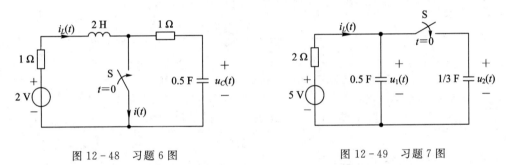

图 12-48　习题 6 图　　　　　　　　图 12-49　习题 7 图

8. 如图 12-50 所示电路中，已知 $i(0^-)=0$，求 $i(t)$，并画出波形。

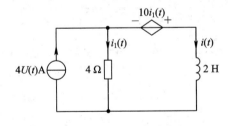

图 12-50　习题 8 图

9. 如图 12-51 所示电路中，已知 $i(0^-)=2\,A$。求 $u(t)$、$i(t)$ 和 $i_1(t)$，画出波形。

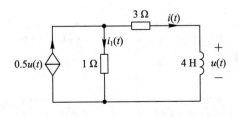

图 12-51　习题 9 图

10. 如图 12-52 所示电路中，已知 $u(0^-)=0$，求 $u(t)$。

11. 如图 12-53 所示电路中，N 内部只含直流电源与电阻，零状态响应 $u_0(t) = \left(\dfrac{1}{2}+\dfrac{1}{8}\mathrm{e}^{-0.25t}\right)U(t)$ V。今把 2 F 电容换成 2 H 电感，求响应 $u_0(t)$。提示：接电感时的初始值与接电容时的稳态值相同。

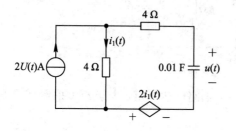

图 12-52   习题 10 图

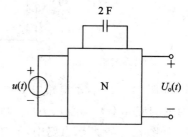

图 12-53   习题 11 图

12. 如图 12-54 所示电路中，求响应 $i(t)$。

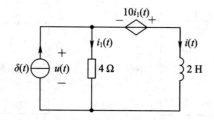

图 12-54   习题 12 图

13. 如图 12-55 所示电路中，$u_C(0^-)=2$ V，求全响应 $i_C(t)$、$u_C(t)$。

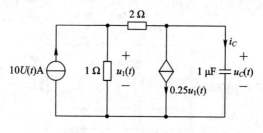

图 12-55   习题 13 图

14. 如图 12-56 所示电路中，$t<0$ 时，电路已达稳定，求 $t>0$ 开关闭合时的 i_0、u_0 和 i。

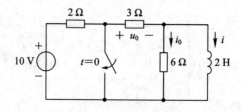

图 12-56   习题 14 图

15. 如图 12 - 57 所示电路中，求 $t<0$ 和 $t>0$ 时的 $i(t)$。

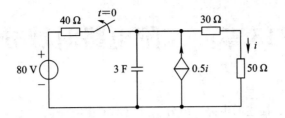

图 12 - 57　习题 15 图

16. 如图 12 - 58 所示电路中，求 $u(t)$。

17. 如图 12 - 59 所示电路中，求 $u(t)$。

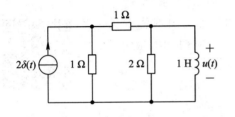

图 12 - 58　习题 16 图

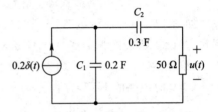

图 12 - 59　习题 17 图

18. 如图 12 - 60 所示电路中，$t<0$ 时，S 接在 1，电路已达稳定。今于 $t=0$ 时刻将 S 接到 2。今欲使 $t>0$ 时电路中电流 $i(t)$ 只存在正弦稳态响应，问 R_1 应选多大数值？已知 $u(t)=10\cos 2t$ V。

19. 如图 12 - 61 所示电路中，为使全响应 $i(t)$ 中的瞬态响应分量为零，求 $i(0^-)$ 的值。

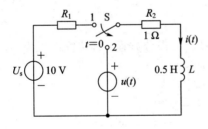

图 12 - 60　习题 18 图

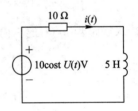

图 12 - 61　习题 19 图

20. 如图 12 - 62 所示电路中，求当 $t<0$ 和 $t>0$ 时的 $u(t)$。

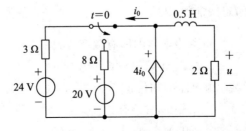

图 12 - 62　习题 20 图

第 13 章　二阶电路时域分析

　　能用二阶微分方程描述的电路，称为二阶电路。在电路结构上二阶电路含有两个独立的动态电路元件。本章将介绍二阶电路的概念及其时域分析方法。

13.1　RLC 串联电路的零输入响应

　　如图 13-1(a)所示电路，已知 $t<0$ 时 S 在 a 处。当 $t=0$ 时将 S 从 a 扳到 b，并设初始条件为 $i(0^-) \neq 0$，$u_C(0^-) \neq 0$，求 $t>0$ 时的响应 $u_C(t)$ 和 $i(t)$。很显然，$u_C(t)$ 和 $i(t)$ 均为 RLC 串联电路的零输入响应。

二阶电路
时域分析

　　$t>0$ 时电路的 KVL 方程为

$$L \frac{\mathrm{d}i(t)}{\mathrm{d}t} + Ri(t) + u_C(t) = 0$$

将 $i(t) = C \dfrac{\mathrm{d}u_C(t)}{\mathrm{d}t}$ 代入上式，得该电路的微分方程为

$$\begin{cases} LC \dfrac{\mathrm{d}^2 u_C(t)}{\mathrm{d}t^2} + RC \dfrac{\mathrm{d}u_C(t)}{\mathrm{d}t} + u_C(t) = 0 & t \geqslant 0 \\ u_C(0^+) = u_C(0^-) \neq 0 \\ u'_C(0^+) = \dfrac{1}{C} i(0^+) \end{cases} \tag{13-1}$$

这是一个待求变量为 $u_C(t)$ 的二阶线性常系数齐次常微分方程，其特征方程为

$$LCP^2 + RCP + 1 = 0$$

故得特征根为

$$P_1 = -\frac{R}{2L} + \sqrt{\left(\frac{R}{2L}\right)^2 - \frac{1}{LC}} = -\alpha + \sqrt{\alpha^2 + \omega_0^2} \tag{13-2a}$$

$$P_2 = -\frac{R}{2L} - \sqrt{\left(\frac{R}{2L}\right)^2 - \frac{1}{LC}} = -\alpha + \sqrt{\alpha^2 - \omega_0^2} \tag{13-2b}$$

其中，$\alpha = \dfrac{R}{2L}$，称为电路的衰减常数，单位为 $\dfrac{1}{s}$；$\omega_0 = \dfrac{1}{\sqrt{LC}}$，称为电路的固有振荡角频率，单位为 rad/s。特征根 P_1、P_2 也称为电路的固有频率或自然频率。故得式(13-1)的通解为

$$u_C(t) = A_1 \mathrm{e}^{P_1 t} + A_2 \mathrm{e}^{P_2 t} \tag{13-3}$$

式中，A_1 和 A_2 为积分常数，由电路的初始值 $i(0^+)$、$u_C(0^+)$ 确定。根据换路定律有 $i(0^+) = i(0^-)$，$u_C(0^+) = u_C(0^-)$，代入式(13-3)有

$$u_C(0^+) = A_1 + A_2 = u_C(0^-) \tag{13-4}$$

又

$$\frac{\mathrm{d}u_C(t)}{\mathrm{d}t} = A_1 P_1 e^{P_1 t} + A_2 P_2 e^{P_2 t} = \frac{1}{C} i(t)$$

故有

$$\frac{\mathrm{d}u_C}{\mathrm{d}t}(0^+) = A_1 P_1 + A_2 P_2 = \frac{1}{C} i(0^+) = \frac{1}{C} i(0^-) \tag{13-5}$$

将式(13-4)和式(13-5)联立求解得

$$A_1 = \frac{1}{P_2 - P_1}\left[P_2 u_C(0^-) - \frac{1}{C} i(0^-) \right] \tag{13-6a}$$

$$A_2 = \frac{1}{P_1 - P_2}\left[P_1 u_C(0^-) - \frac{1}{C} i(0^-) \right] \tag{13-6b}$$

可见，当 $i(0^-)$、$u_C(0^-)$ 和电路参数 R、L、C 已知时，A_1、A_2 即可求出。

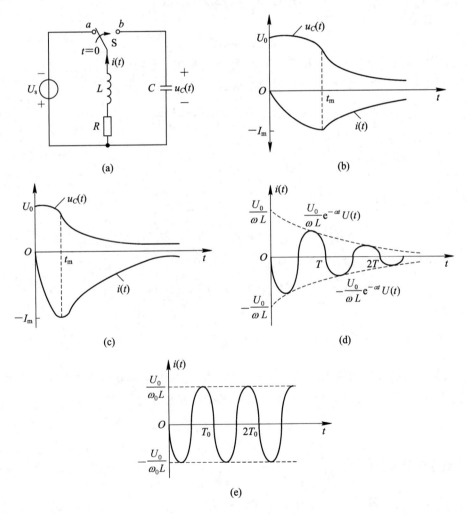

图 13-1　RLC 串联电路的零输入响应

以下分 4 种情况分析。

1. 过阻尼情况 $\left(R>2\sqrt{\dfrac{L}{C}}\right)$

当 $\left(\dfrac{R}{2L}\right)^2>\dfrac{1}{LC}$，即 $R>2\sqrt{\dfrac{L}{C}}$ 时，有

$$P_1=-\left[\frac{R}{2L}-\sqrt{\left(\frac{R}{2L}\right)^2-\frac{1}{LC}}\right]=-\alpha_1 \tag{13-7a}$$

$$P_2=-\left[\frac{R}{2L}+\sqrt{\left(\frac{R}{2L}\right)^2-\frac{1}{LC}}\right]=-\alpha_2 \tag{13-7b}$$

其中：

$$\alpha_1=\frac{R}{2L}-\sqrt{\left(\frac{R}{2L}\right)^2-\frac{1}{LC}} \tag{13-8a}$$

$$\alpha_2=\frac{R}{2L}+\sqrt{\left(\frac{R}{2L}\right)^2-\frac{1}{LC}} \tag{13-8b}$$

式(13-7)说明 P_1 和 P_2 为不相等的两个负实根，且有 $\alpha_1<\alpha_2$。将式(13-6)和式(13-7)代入式(13-3)，即得满足初始值的解为

$$u_C(t)=\frac{u_C(0^-)}{\alpha_2-\alpha_1}(\alpha_2 e^{-\alpha_1 t}-\alpha_1 e^{-\alpha_2 t})+\frac{i(0^-)}{C(\alpha_2-\alpha_1)}(e^{-\alpha_1 t}-e^{-\alpha_2 t}) \quad t\geqslant 0 \tag{13-9a}$$

$$i(t)=C\frac{\mathrm{d}u_C(t)}{\mathrm{d}t}=\frac{u_C(0^-)\alpha_1\alpha_2 C}{\alpha_2-\alpha_1}(e^{-\alpha_1 t}-e^{-\alpha_2 t})+\frac{i(0^-)}{(\alpha_2-\alpha_1)}(\alpha_2 e^{-\alpha_1 t}-\alpha_1 e^{-\alpha_2 t})$$

$$\tag{13-9b}$$

特例，若 $i(0^-)=0$，$u_C(0^-)=U_0$，则上两式即变为

$$u_C(t)=\frac{u_0}{\alpha_2-\alpha_1}(\alpha_2 e^{-\alpha_1 t}-\alpha_1 e^{-\alpha_2 t}) \quad t\geqslant 0 \tag{13-10a}$$

$$i(t)=\frac{u_0\alpha_1\alpha_2 C}{\alpha_2-\alpha_1}(e^{-\alpha_1 t}-e^{-\alpha_2 t})=\frac{u_0\dfrac{1}{LC}C}{\alpha_2-\alpha_1}(e^{-\alpha_2 t}-e^{-\alpha_1 t})$$

$$=-\frac{u_0}{L(\alpha_2-\alpha_1)}(e^{-\alpha_1 t}-e^{-\alpha_2 t}) \tag{13-10b}$$

$u_C(t)$ 和 $i(t)$ 的波形如图 13-1(b)所示。可见，这种情况为电容器的非振荡放电过程，称为过阻尼工作状态。可以推导出电流 $i(t)$ 出现极大值的时刻 t_m 为

$$t_m=-\frac{1}{\alpha_2-\alpha_1}\ln\frac{\alpha_2}{\alpha_1} \tag{13-10c}$$

2. 临界阻尼情况 $\left(R=2\sqrt{\dfrac{L}{C}}\right)$

当 $\left(\dfrac{R}{2L}\right)^2=\dfrac{1}{LC}$，即 $R=2\sqrt{\dfrac{L}{C}}$ 时，由式(13-2)有

$$P_1=P_2=-\alpha_1=-\alpha_2=-\alpha$$

即 P_1 和 P_2 为两个相等的负实根。由式(13-9a)得 $u_C(t) = \dfrac{0}{0}$ 不定型,但根据罗毕塔法则可得

$$u_C(t) = u_C(0^-) \lim_{\alpha_1 \to \alpha_2} \frac{\dfrac{\mathrm{d}}{\mathrm{d}\alpha_1}(\alpha_2 \mathrm{e}^{-\alpha_1 t} - \alpha_1 \mathrm{e}^{-\alpha_2 t})}{\dfrac{\mathrm{d}}{\mathrm{d}\alpha_1}(\alpha_2 - \alpha_1)} + \frac{i(0^-)}{C} \lim_{\alpha_1 \to \alpha_2} \frac{\dfrac{\mathrm{d}}{\mathrm{d}\alpha_1}(\alpha_2 \mathrm{e}^{-\alpha_1 t} - \alpha_1 \mathrm{e}^{-\alpha_2 t})}{\dfrac{\mathrm{d}}{\mathrm{d}\alpha_1}(\alpha_2 - \alpha_1)}$$

$$u_C(0^-)(1 + \alpha t)\mathrm{e}^{-\alpha t} + \frac{i(0^-)}{C} t \mathrm{e}^{-\alpha t} \quad t \geqslant 0 \tag{13-11a}$$

$$i(t) = C\frac{\mathrm{d}u_C(t)}{\mathrm{d}t} = -\frac{u_C(0^-)}{L}t\mathrm{e}^{-\alpha t} + i(0^-)(1 - \alpha t)\mathrm{e}^{-\alpha t} \quad t \geqslant 0 \tag{13-11b}$$

特例,若 $i(0^-) = 0$,$U_C(0^-) = U_0$,则上两式即变为

$$u_C(t) = U_0(1 + \alpha t)\mathrm{e}^{-\alpha t} \quad t \geqslant 0 \tag{13-12a}$$

$$i(t) = -\frac{u_C(0^-)}{L}t\mathrm{e}^{-\alpha t} \quad t \geqslant 0 \tag{13-12b}$$

$u_C(t)$ 和 $i(t)$ 的波形如图 13-1(c) 所示。可见,该情况仍为非振荡放电过程,但放电电流增大,放电速度加快。这称为临界阻尼工作状态,$R = 2\sqrt{\dfrac{L}{C}}$,称为临界电阻。

3. 欠阻尼情况 $\left(R < 2\sqrt{\dfrac{L}{C}}\right)$

当 $\left(\dfrac{R}{2L}\right)^2 < \dfrac{1}{LC}$,即 $R < 2\sqrt{\dfrac{L}{C}}$ 时,有

$$P_1 = -\alpha_1 + \mathrm{j}\sqrt{\omega_0^2 - \alpha^2} = -\alpha + \mathrm{j}\omega \tag{13-13a}$$

$$P_2 = -\alpha - \mathrm{j}\omega = \overset{*}{P}_1 \tag{13-13b}$$

其中 $\omega = \sqrt{\omega_0^2 - \alpha^2}$,称为电路的自由振荡角频率。同时可以看出 P_1 和 P_2 共轭,α、ω_0 和 ω 三者之间存在着直角三角形关系,如图 13-2 所示。故得

$$\theta = \arctan\frac{\alpha}{\omega}, \quad \cos\theta = \frac{\omega}{\omega_0}, \quad \sin\theta = \frac{\alpha}{\omega_0}$$

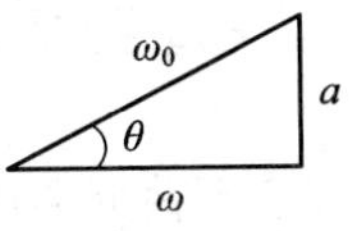

图 13-2　α、ω_0 和 ω 的关系

将式(13-3)代入式(13-6)得

$$A_1 = \frac{u_C(0^-)}{2} - \mathrm{j}\frac{1}{2\omega}\left[\alpha u_C(0^-) + \frac{i(0^-)}{C}\right] \tag{13-14a}$$

$$A_1 = \frac{u_C(0^-)}{2} + \mathrm{j}\frac{1}{2\omega}\left[\alpha u_C(0^-) + \frac{i(0^-)}{C}\right] = \overset{*}{A} \tag{13-14b}$$

代入式(13-3)得

$$u_C(t) = A_1 \mathrm{e}^{(-\alpha + \mathrm{j}\omega)t} + A_2 \mathrm{e}^{(-\alpha - \mathrm{j}\omega)t} = \mathrm{e}^{-\alpha t}(A_1 \mathrm{e}^{\mathrm{j}\omega t} + A_2 \mathrm{e}^{-\mathrm{j}\omega t})$$

$$= \mathrm{e}^{-\alpha t}[A_1(\cos\omega t + \mathrm{j}\sin\omega t) + A_2(\cos\omega t - \mathrm{j}\sin\omega t)]$$

$$= \mathrm{e}^{-\alpha t}[(A_1 + A_2)\cos\omega t + \mathrm{j}(A_1 - A_2)\sin\omega t] \tag{13-15}$$

又因为

$$A_1 + A_2 = A_1 + \overset{*}{A_2} = u_C(0^-)$$

$$j(A_1 - A_2) = j(A_1 - \overset{*}{A_1}) = \frac{1}{\omega}\left[\alpha u_C(0^-) + \frac{i(0^-)}{C}\right]$$

代入式(13-15)得

$$u_C(t) = e^{-\alpha t}\{u_C(0^-)\cos\omega t + \frac{1}{\omega}[\alpha u_C(0^-) + \frac{i(0^-)}{\omega C}]\sin\omega t\}$$

$$= u_C(0^-)\frac{\omega_0}{\omega}e^{-\alpha t}[\frac{\omega_0}{\omega}\cos\omega t + \frac{\alpha}{\omega_0}\sin\omega t] + \frac{i(0^-)}{\omega C}e^{-\alpha t}\sin\omega t$$

$$= u_C(0^-)\frac{\omega_0}{\omega}e^{-\alpha t}[\cos\theta\cos\omega t + \sin\theta\sin\omega t] + \frac{i(0^-)}{\omega C}e^{-\alpha t}\sin\omega t$$

$$= u_C(0^-)\frac{\omega_0}{\omega}e^{-\alpha t}\cos(\omega t - \theta) + \frac{i(0^-)}{\omega C}e^{-\alpha t}\sin\omega t \quad t \geqslant 0 \tag{13-16a}$$

又

$$i(t) = C\frac{du_C(t)}{dt}$$

$$= -u_C(0^-)\frac{\omega_0^2 C}{\omega}e^{-\alpha t}\sin\omega t + i(0^-)\frac{\omega_0}{\omega}e^{-\alpha t}\cos(\omega t + \theta)$$

$$= -u_C(0^-)\frac{1}{\omega L}e^{-\alpha t}\sin\omega t + i(0^-)\frac{\omega_0}{\omega}e^{-\alpha t}\cos(\omega t + \theta) \quad t \geqslant 0 \tag{13-16b}$$

特例，若$i(0^-)=0$，$U_C(0^-)=U_0$，则上两式即变为

$$u_C(t) = U_0\frac{\omega_0}{\omega}e^{-\alpha t}\cos(\omega t - \theta) \quad t \geqslant 0 \tag{13-17a}$$

$$i(t) = -u_C(0^-)\frac{1}{\omega L}e^{-\alpha t}\sin\omega t \quad t \geqslant 0 \tag{13-17b}$$

$i(t)$的波形如图13-1(d)所示。可见，这种情况为衰减的周期性振荡放电过程，称为欠阻尼工作状态。振荡周期为

$$T = \frac{2\pi}{\omega}$$

称为自由振荡周期(注意，它与电路的固有振荡周期$T_0 = \frac{2\pi}{\omega_0}$不同)。

4. 无阻尼情况($R=0$)

当$R=0$时，有

$$\alpha = \frac{R}{2L} = 0, \ \omega = \sqrt{w_0^2 - \alpha^2} = \omega_0, \ \theta = \arctan\frac{\alpha}{\omega} = 0$$

$$P_1 = -\alpha + j\omega = j\omega_0, \ P_1 = -\alpha - j\omega = -j\omega_0 = \overset{*}{P_1}$$

将α、ω、θ代入式(13-16a)和式(13-16b)得

$$u_C(t) = u_C(0^-)e^{-\alpha t}\cos\omega_0 t + \frac{i(0^-)}{\omega_0 C}\sin\omega_0 t \quad t \geqslant 0 \tag{13-18a}$$

$$i(t) = -u_C(0^-)\omega_0 C\sin\omega_0 t + i(0^-)\cos\omega_0 t \quad t \geqslant 0 \tag{13-18b}$$

特例，若 $i(0^-)=0$，$U_C(0^-)=U_0$，则上两式即变为

$$u_C(t) = U_0\cos\omega_0 t \quad t \geqslant 0 \tag{13-19a}$$

$$i(t) = -u_C(0^-)\omega_0 C\sin\omega_0 t$$

$$= -\frac{U_0}{\omega_0 L}\sin\omega_0 t = -\frac{U_0}{\omega_0 L}\cos(\omega_0 t - 90°) \quad t \geqslant 0 \tag{13-19b}$$

$i(t)$ 的波形如图 13-1(e)所示。可见，这种情况为等幅振荡过程。此时自由振荡周期 T $=\dfrac{2\pi}{\omega}$ 与 $T_0 = \dfrac{2\pi}{\omega_0}$ 相等，即 $T = T_0$。

例 13-1 如图 13-3(a)所示电路中，$t<0$ 时 S 闭合，电路已稳定。当 $t=0$ 时打开 S，求 $t>0$ 时的 $u_C(t)$、$i(t)$。

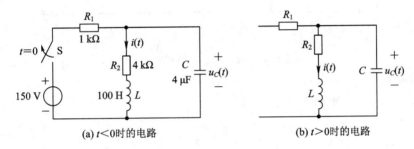

(a) $t<0$时的电路 　　　　(b) $t>0$时的电路

图 13-3　例 13-1 图

解 $t<0$ 时，有

$$i(0^-) = \frac{150}{(1+4)\times 10^3} = 30 \times 10^{-3} \text{ A}$$

$$u_C(0^-) = \frac{4}{5}\times 150 = 120 \text{ V}$$

$t>0$ 时，有

$$\alpha = \frac{R_2}{2L} = \frac{4\times 10^3}{2\times 100} = 20 \frac{1}{\text{s}}$$

$$\omega_0 = \frac{1}{\sqrt{LC}} = \frac{1}{\sqrt{100\times 4\times 10^{-6}}} = 50 \text{ rad/s}$$

$$\omega = \sqrt{\omega_0^2 - \alpha^2} = \sqrt{50^2 - 20^2} = 45.82 \text{ rad/s}$$

$$\theta = \arctan\frac{\alpha}{\omega} = \arctan\frac{20}{45.82} = 23.58°$$

由于 $R_2 < 2\sqrt{\dfrac{L}{C}}$，因而称为欠阻尼情况，将以上各值代入式(13-16a)和式(13-16b)即得所要求的 u_C、i。但应注意，在代入式(13-16a)求 $u_C(t)$ 时，应将 $u_C(0^-)=120$ V、$i(0^-)=-30\times 10^{-3}$ A 代入；在代入式(13-16b)求 $i(t)$ 时，应将 $u_C(0^-)=-120$ V、$i(0^-)=30\times 10^{-3}$ A代入。这是因为本例中的 $u_C(t)$ 和 $i(t)$ 参考方向不关联。代入并应用三角公式经过计算，最后得

$$i(t) = 0.032\,73\text{e}^{-20t}\cos(45.82t - 23.58°)\text{ A} \quad t \geqslant 0$$

$$u_C(t) = 163.7\text{e}^{-20t}\cos(45.82t + 42.85°)\text{ V} \quad t \geqslant 0$$

13.2　RLC 串联电路的阶跃响应

图 13-4(a)为阶跃电压源激励的 RLC 串联零状态电路，图 13-4(b)为其开关等效电路，求 $t>0$ 时的 $u_C(t)$ 和 $i(t)$。

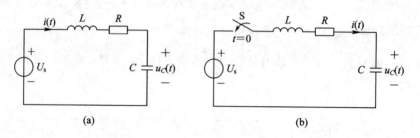

(a)　　　　　　　　　　　　　　　　　　(b)

图 13-4　RLC 串联电路的阶跃响应

求解步骤如下：

(1) 列写 $t>0$ 时的电路微分方程，即

$$\begin{cases} LC\dfrac{\mathrm{d}^2 u_C}{\mathrm{d}t^2} + RC\dfrac{\mathrm{d}u_C}{\mathrm{d}t} + u_C = U_s \\ u_C(0^+) = u_C(0^-) = 0 \\ u'_C(0^+) = \dfrac{1}{C}i(0^+) = 0 \end{cases} \tag{13-20}$$

(2) 写出微分方程的特征方程并求特征根，即

$$LCP^2 + RCP + 1 = 0$$

其特征根(固有频率)为

$$P_1 = -\frac{R}{2L} + \sqrt{\left(\frac{R}{2L}\right)^2 - \frac{1}{LC}} = -\alpha + \sqrt{a^2 + \omega_0^2}$$

$$P_2 = -\frac{R}{2L} - \sqrt{\left(\frac{R}{2L}\right)^2 - \frac{1}{LC}} = -\alpha + \sqrt{a^2 - \omega_0^2}$$

(3) 写出对应于微分方程的齐次方程的响应解 $U_{Ct}(t)$。若 $P_1 \neq P_2$，则自由响应的形式为

$$U_{Ct}(t) = B_1 \mathrm{e}^{P_1 t} + B_2 \mathrm{e}^{P_2 t}$$

若 $P_1 = P_2 = P$，则响应解的形式为

$$u_{Ct}(t) = (B_1 + B_2 t)\mathrm{e}^{Pt}$$

(4) 写出与微分方程的非齐次项对应的强迫解为

$$u_{Cf}(t) = U_s$$

(5) 写出微分方程的全解表达式，即

$$u_C(t) = u_{Ct}(t) + u_{Cf}(t) \tag{13-21}$$

(6) 根据换路定律求初始值，即 $i(0^+)=i(0^-)=0$，$u_C(0^+)=u_C(0^-)=0$，并根据初始值确定积分常数 B_1、B_2。

(7) 将所确定的积分常数 B_1、B_2 代入全解表达式(13−21),即得满足初始值的全解表达式,并画出波形图。至此求解工作即告完毕。

例 13−2 如图 13−4(a)所示零状态电路中,已知 $L=1$ H,$C=\dfrac{1}{3}$ F,$R=4$ Ω,外加激励,$u_s(t)=16U(t)$ V,求 $u_C(t)$、$i(t)$。

解 该电路的微分方程如式(13−20)所示。

$$\alpha = \frac{R}{2L} = \frac{4}{2\times 1} = 2\ \frac{1}{s}$$

$$\omega_0 = \frac{1}{\sqrt{LC}} = \frac{1}{\sqrt{1\times\dfrac{1}{3}}} = \sqrt{3}\ \text{rad/s}$$

由于 $\alpha > \omega_0$,因而电路工作在过阻尼情况时的固有频率为

$$P_1 = -\alpha + \sqrt{\alpha^2 + \omega_0^2} = -2 + \sqrt{4-3} = -1$$

$$P_2 = -\alpha + \sqrt{\alpha^2 - \omega_0^2} = -2 - \sqrt{4-3} = -3$$

将上式代入式(13−21)得通解为

$$u_C(t) = B_1 e^{-t} + B_2 e^{-3t} + 16 \tag{13−22}$$

故

$$u_C(0^+) = u_C(0^-) = B_1 + B_2 + 16 = 0 \tag{13−23}$$

又

$$\frac{\mathrm{d}u_C}{\mathrm{d}t} = -B_1 e^{-t} - 3B_2 e^{-3t} = \frac{1}{C} i(t)$$

故

$$\frac{\mathrm{d}u_C}{\mathrm{d}t}(0^+) = -B_1 - 3B_2 = \frac{1}{C} i(0^+) = \frac{1}{C} i(0^-) = \frac{1}{C} 0 = 0 \tag{13−24}$$

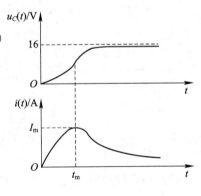

图 13−5 例 13−2 波形图

由式(13−23)和式(13−24)联立求解得

$$B_1 = -24, \quad B_2 = 8$$

代入式(13−22)得

$$u_C(t) = (-24e^{-t} + 8e^{-3t} + 16)U(t)\ \text{V}$$

故

$$i(t) = C\frac{\mathrm{d}u_C}{\mathrm{d}t} = 8(e^{-t} - 8e^{-3t})U(t)\ \text{A}$$

其波形如图 13−5 所示。

13.3 RLC 串联电路的冲激响应

图 13−6(a)为单位冲激电压源激励的零状态电路,$u_C(0^-) = i(0^-) = 0$。该电路的 KVL 方程为

$$LC\frac{\mathrm{d}^2 u_C(t)}{\mathrm{d}t^2} + RC\frac{\mathrm{d}u_C(t)}{\mathrm{d}t} + u_C(t) = \delta(t)$$

从上式中可以看出，$u_C(t)$ 在 $t=0$ 时必须为连续的量。因为若不连续，则上式等号左边第二项 $\frac{\mathrm{d}u_C(t)}{\mathrm{d}t}$ 将包含一个冲激函数，而第一项 $\frac{\mathrm{d}^2 u_C(t)}{\mathrm{d}t^2}$ 将包含一个冲激偶函数；但等号右边并无冲激偶函数，方程将失去平衡。故必有 $u_C(0^+) = u_C(0^-) = 0$。

下面用两种方法来求解单位冲激响应 $u_C(t)$。

1. 等效电路法

图 13-6(a) 所示电路在 $t>0$ 时的等效电路如图 13-6(b) 所示，其中初始值 $i(0^+) = \frac{1}{L}$ A，$u_C(0^+) = u_C(0^-) = 0$。可见，只要求得图 13-6(b) 中的零输入响应，也就求得了图 13-6(a) 中的单位冲激响应 $u_C(t)$。而图 13-6(b) 中零输入响应的求法在 13.1 节中已介绍过，这里不再赘述，只是此时应将 13.1 节有关公式中的 $u_C(0^-)$、$i(0^-)$ 用 $u_C(0^+)$、$i(0^+)$ 代替。

2. 根据电路的微分性质求

按 13.2 节所述方法，先求图 13-6(a) 所示电路的单位阶跃响应 $s(t)$，如图 13-6(c) 所示。然后根据线性电路的微分性质，再求单位阶跃响应 $s(t)$ 的一阶导数 $\frac{\mathrm{d}s(t)}{\mathrm{d}t}$，即得图 13-6(a) 所示电路的单位冲激响应 $u_C(t) = \frac{\mathrm{d}s(t)}{\mathrm{d}t}$。

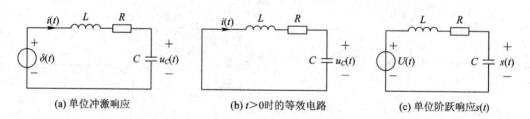

(a) 单位冲激响应　　　　　(b) $t>0$ 时的等效电路　　　　　(c) 单位阶跃响应 $s(t)$

图 13-6　RLC 串联电路冲激响应

例 13-3　如图 13-6(a) 所示电路，激励为 $10\delta(t)$，求响应 $i(t)$。已知 $R=2\,\Omega$，$L=2\,\mathrm{H}$，$C=0.5\,\mathrm{F}$。

解　用等效电路法解。如图 13-6(b) 所示，有

$$i(0^+) = 10 \times \frac{1}{L} = 10 \times \frac{1}{2} = 5\,\mathrm{A}$$

$$u_C(0^+) = u_C(0^-) = 0$$

$$\alpha = \frac{R}{2L} = 0.5\,\frac{1}{\mathrm{s}}$$

$$\omega_0 = \frac{1}{\sqrt{LC}} = 1\,\mathrm{rad/s}$$

由于有 $\omega_0 > \alpha$，电路为欠阻尼工作状态，因而

$$\omega = \sqrt{\omega_0^2 - \alpha^2} = 0.866\,\mathrm{rad/s}$$

$$\theta = \arctan \frac{\alpha}{\omega} = 30°$$

将 α、ω、θ 代入式(13 - 16b)得

$$i(t) = -u_C(0^+) \frac{1}{\omega L} e^{-at} \sin\omega t + i(0^+) \frac{\omega_0}{\omega} e^{-at} \cos(\omega t + \theta)$$

$$= 0 + 5 \frac{1}{0.866} e^{-0.5t} \cos(0.866t + 30°)$$

$$= 5.774 e^{-0.5t} \cos(0.866t + 30°) = U(t)$$

13.4　RLC 并联电路

1. 零输入响应

激励为零、初始条件 $u_C(0^-) \neq 0$、$i(0^-) \neq 0$ 的 RLC 并联电路如图 13 - 7(a)所示。$t > 0$ 时电路的微分方程为

$$C \frac{\mathrm{d}u_C}{\mathrm{d}t} + \frac{1}{R} u(t) + i(t) = 0$$

$$\begin{cases} LC \dfrac{\mathrm{d}^2 i(t)}{\mathrm{d}t^2} + \dfrac{L}{R} \dfrac{\mathrm{d}i(t)}{\mathrm{d}t} + i(t) = 0 \\ u_C(0^+) = u_C(0^-) \neq 0 \\ i(0^+) = i(0^-) \neq 0 \end{cases} \quad t \geqslant 0$$

解此方程即得零输入响应。

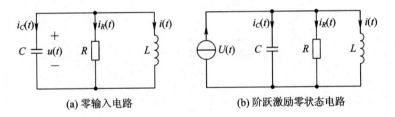

(a) 零输入电路　　　　　　(b) 阶跃激励零状态电路

图 13 - 7　RLC 并联电路

2. 阶跃响应

单位阶跃电流源激励的 RLC 并联零状态电路如图 13 - 7(b)所示。$t > 0$ 时电路的微分方程为

$$\begin{cases} LC \dfrac{\mathrm{d}^2 i(t)}{\mathrm{d}t^2} + \dfrac{L}{R} \dfrac{\mathrm{d}i(t)}{\mathrm{d}t} + i(t) = 1 \\ u_C(0^+) = u_C(0^-) = 0 \\ i(0^+) = i(0^-) = 0 \end{cases} \quad t \geqslant 0$$

解此方程即得阶跃响应 $i(t)$，但应注意强迫解为 $U(t)$。

3. 冲激响应

单位冲激电流源激励的 RLC 并联零状态电路如图 13 - 8(a)所示，该电路的微分方

程为

$$LC\frac{\mathrm{d}^2 i(t)}{\mathrm{d}t^2}+\frac{L}{R}\frac{\mathrm{d}i(t)}{\mathrm{d}t}+i(t)=\delta(t)$$

由此式可看出，$i(t)$ 在 $t=0$ 时必为连续的量，即必有 $i(0^+)=i(0^-)=0$，其理由与 13.3 节中所述相同。

为了求得单位冲激响应，同样可用两种方法求解。

(1) 等效电路法。该电路在 $t>0$ 时的等效电路如图 13-8(b)所示，其中初始值为 $u(0^+)=\frac{1}{C}$，$i(0^+)=i(0^-)=0$。可见，只要求得图 13-8(b)中的零输入响应 $i(t)$，也就是求得了图 13-8(a)中的单位冲激响应 $i(t)$。图 13-8(b)中零输入响应的求法见本书第 281 页。

(2) 先求图 13-8(a)中的单位阶跃响应 $s(t)$，如图 13-8(c)所示。然后根据线性电路的微分性质，再求单位阶跃响应的一阶导数 $\frac{\mathrm{d}s(t)}{\mathrm{d}t}$，即得图 13-8(a)的单位冲激响应 $\frac{\mathrm{d}s(t)}{\mathrm{d}t}$。

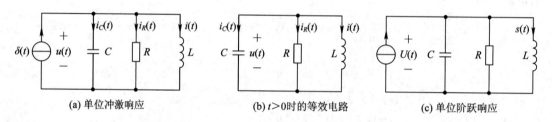

(a) 单位冲激响应   (b) $t>0$时的等效电路   (c) 单位阶跃响应

图 13-8   RLC 并联电路的冲激响应

习 题 13

1. 试判断图 13-9 所示两电路是欠阻尼还是过阻尼情况。

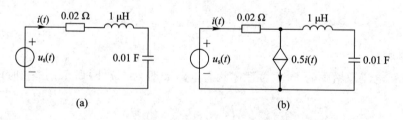

(a)   (b)

图 13-9 习题 1 图

2. RLC 串联电路，已知初始条件 $i(0^-)$、$u_C(0^-)$ 均不为零。若固有频率为

(1) $P_1=-1$，$P_2=-3$ (2) $P_1=P_2=-2$

(3) $P_1=\mathrm{j}2$，$P_2=-\mathrm{j}2$ (4) $P_1=-2+\mathrm{j}3$，$P_2=-2-\mathrm{j}3$

则写出各种情况时零输入响应 $i(t)$、$u_C(t)$ 的表示式。

3. 如图 13-10 所示电路，已知 $u_C(0^-)=1\,\mathrm{V}$，$i(0^-)=4\,\mathrm{A}$。求 $i(t)$。

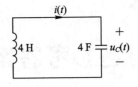

图 13-10　习题 3 图

4. 如图 13-11 所示电路，$t<0$ 时 S 闭合，电路已达稳定。今于 $t=0$ 时刻打开 S，求 $t>0$ 时的 $u_C(t)$，选择 R 使固有频率之和为 (-5)。

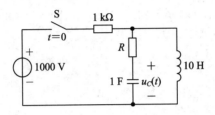

图 13-11　习题 4 图

5. 如图 13-12 所示电路，$t<0$ 时 S 闭合，电路已达稳定。今于 $t=0$ 时刻打开 S，求 $t>0$ 时的 $i_L(t)$、$u_C(t)$。

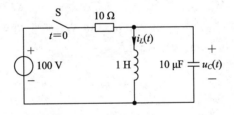

图 13-12　习题 5 图

6. LC 串联电路，已知 $L=3\,\text{H}$，$C=12\,\text{F}$，激励 $u_s(t)=10U(t)\,\text{V}$。求下列两种初始条件下的全响应 $u_C(t)$、$i(t)$。

(1) $i(0^-)=0$，$u_C(0^-)=-5\,\text{V}$

(2) $i(0^-)=5\,\text{A}$，$u_C(0^-)=0$

7. RLC 串联零状态电路，已知 $R=2\,\Omega$，$L=1\,\text{H}$，$C=\dfrac{1}{3}\,\text{F}$，$u_s(t)=16U(t)\,\text{V}$。求 $i(t)$。

8. 求 RLC 串联电路的单位阶跃响应 $u_C(t)$，已知 $R=1\,\Omega$，$L=1\,\text{H}$，$C=1\,\text{F}$。

9. 求 LC 串联电路的单位阶跃响应 $u_C(t)$、$i(t)$。已知 $L=1\,\text{H}$，$C=1\,\text{F}$。

10. 求 RLC 串联电路的单位阶跃响应 $u_C(t)$。已知 $R=2\,\Omega$，$L=0.05\,\text{H}$，$C=0.02\,\text{F}$。

习题参考答案

习题 1

1. $Q'(t)=4t+3$, $i(1)=7$ A, $i(3)=15$ A

2. $i(t)=20\pi\cos4\pi t$ mA, (a) $p=123.37$ mW；(b) $W=58.75$ mJ

3. 1 V, -5 V; 5 V, 4 V, 1 V, -5 V

4. $\dfrac{280}{3}$ W

5. (a) -100 W, 100 W; (b) 3 W, 2.2 W

6. 波形（略）

7. $C=2$ μF, $p=0$, $W=4$ μJ

8. (a) 2.945 mC; (b) $-720\,e^{-4t}$ mW; (c) -180 mJ

9. (a) $u=u_s-R_i$; (b) $u=u_s+R_i$; (c) $u=-u_s-R_i$; (d) $u=-u_s+R_i$

10. 发出功率：$p_1=45$ W；吸收功率：$p_2=18$ W，$p_3=12$ W，$p_4=15$ W

11. 发出功率：$p_1=300$ W，$p_4=32$ W，$p_5=48$ W；吸收功率：$p_2=100$ W，$p_3=280$ W

12. $u_C=0$, $i_L=2$ A, $W_C=0$, $W_L=1$ J

习题 2

1. (a) 0 A, 7 V; (b) 0.5 A, 12 V

2. 2 A, 1 A

3. (a) $p_{3\,\Omega}=\dfrac{25}{3}$ W, $p_{1\,\Omega}=16$ W, $p_{2\,\Omega}=2$ W;

   (b) $p_{\frac{1}{2}\,\Omega}=2$ W, $p_{1\,\Omega}=16$ W, $p_{\frac{1}{3}\,\Omega}=\dfrac{25}{3}$ W

4. 1 A, 1 Ω

5. (a) -4 V, 3 A; (b) 4/13 V, 8/13 A

6. (a) 1920 W; (b) $-8/3$ W

7. 0.2 A, 0.6 V

8. 3.5 A, 10 Ω

9. (a) 12 Ω; (b) 16 Ω

10. (a) 59.8 Ω; (b) 32.5 Ω

11. (a) 9.23 Ω; (b) 36.25 Ω

12. 0.12 A

13. 42.2 V

14. (a) 25 mH; (b) 20 mH

15. (a) 2.5 μF；(b) 10 μF

16. (a) $u=i-1$, $i=u+1$；(b) $u=i+3$, $i=u-3$；(c) $u=i-5$, $i=u+5$

17. 3.2 V

习题 3

1. 1.19 A

2. -3 A, 2.5 A, 4 A

3. 3.75 V

4. 2.25 A, 0.75 A, 0 A

5. 40 A

6. 15/8 A

7. 6/23 V

8. -3 A, 2.5 A, 4 A

9. （略）

10. 1 A

11. 120 V

习题 4

1. -5 V, 7 A

2. 150 V

3. -110 mA

4. $u_1'=2$ V, $u_1''=-\dfrac{19}{9}$ V, $u_1=-\dfrac{1}{9}$ V

5. 13 mA

6. 2 Ω

7. $u_{OC}=40$ V, $i_{SC}=2$ A, $R_0=20$ Ω

8. 118 Ω

9. 40 mA, 4 V, 0.16 W；400 Ω, 0.25 W

10. 1.5 kΩ, 1/60 W

11. 0.913 A

12. $u_{OC}=1.25$ V, $R_0=1.25$ Ω

13. (a) $u_{OC}=6$ V, $R_0=3$ Ω；(b) $u_{OC}=\dfrac{16}{3}$ V, $R_0=\dfrac{4}{9}$ Ω

14. $u_{OC}=0$ V, $R_0=10$ Ω, $i_x=0$

15. (a) $i_{SC}=-2$ A, $R_0=4$ Ω；(b) $i_{SC}=1$ A, $R_0=4$ Ω

16. -10 V

17. (a) $u_{OC}=40$ V, $R_0=12$ Ω；(b) 1.6 A；(c) 12 Ω；(d) 100/3 W

18. 6 Ω

19. 20 A

20. 100 V

习题 5

1. $\dot{U}_1=5\sqrt{2}\angle-30°$ V，$\dot{U}_2=2.5\sqrt{2}\angle120°$ V，$\varphi_{12}=-150°$

2. $\dot{I}_1(t)=10\sqrt{2}\cos(\omega t-36.9°)$A，$\dot{I}_2(t)=10\sqrt{2}\cos(\omega t+143.1°)$A

3. $i=11.66\cos(\omega t-0.97°)$mA

4. 5 V

5. (a) $10\sqrt{2}$ V；(b) $10\sqrt{2}$ V；(c) 0

6. 50 V

7. 8 A 或 0 A

8. (a) 30 V；(b) 70 V；(c) 50 V

9. 1 A 或 5 A

10. $i(t)=0.5\sqrt{2}\cos(1000t+90°)$A

11. $6+j17$ Ω

12. (a) $5-j5$ Ω；(b) $4+j2$ Ω；(c) $1.2+j1.6$ Ω

13. 17.3 Ω，0.117 H

14. 3 Ω，0.125 F

15. 10 A，141 V

16. 0.92 kΩ

17. $10\sqrt{3}$ A，$\dfrac{20}{\sqrt{3}}$ Ω，$\dfrac{5}{\sqrt{3}}$ Ω，$\dfrac{20}{\sqrt{3}}$ Ω

18. 4.8 V，0.025 μF

19. $\omega=\dfrac{1}{\sqrt{2LC}}$

20. $\dot{I}=6.71\angle63.4°$ mA

21. $1.52\angle-20.85°$ V

22. $1.79\angle-26.6°$ A

23. $\dot{U}=50\sqrt{2}\angle45°$ V

24. $\dot{U}_{OC}=\dfrac{1}{j\omega C}\dot{I}_s$，$\dot{I}_{SC}=(1+\alpha)\dot{I}_s$，$Z_0=\dfrac{1}{j\omega C(1+\alpha)}$

25. 4 V，2 A，$\dfrac{\sqrt{3}}{3}$ H

26. $Z=1+j1$ kΩ，$P_m=25$ mW，$I_2=5$ mA

27. $0.8+j0.4$ Ω，0.25 W

习题 6

1. Y 连接：22 A，22 A；△ 连接：38 A，65.8 A

2. 236.9 V，9.9 A

3. 276.8 V，229 V，168 V

4. 332.7 V

5. 300 W，–519.6 Var，600 VA

6. 458 μF 或 921 μF

7.（略）

8. $\dfrac{I_1}{\sqrt{3}}$，I_1，$\dfrac{I_1}{\sqrt{3}}$

9. 3＋j4 Ω

10. 393 V

11. 3938 W，0，3938 W

习题 7

1.（略）

2. $u_1 = u_2 = -10\sin t - 10\sin 2t$ V

3. 3.04 H，2 mH

4. 0.354，1.25 W

5. $5\angle -53.1^\circ$ A，$4.47\angle -26.5^\circ$ A

6. 10－j20 Ω，125 W

7.（略）

8.（略）

9. –1 W，1 W

10. 75 Ω

11. $\dot{I}_1 = 0.77\angle -59.5^\circ$ A，$\dot{I}_2 = 0.69\angle -86^\circ$ A，$P = 39.1$ W

12. 0.415＋j2.917 Ω

13.（略）

14. 20 W

15. $Z = (n+1)^2$ Ω

16. $\dot{U}_2 = 6.67\angle 126.9^\circ$ V，$P = 8.88$ W

17. 2 Ω，50 W

习题 8

1. 279 pF ～33 pF

2. 20 mH，50

3. 0.796 MHz，80，9.95 kHz，0.1 A，80 V，80 V

4. 10 A，0.32 A，0.32 A

5. 10 Ω，0.159 mH，159 pF，100

6. 30 V

7. 10 Ω，31.6

8. 126 kHz，15.8，7.97 kHz

9. (1) 50，31.8 kHz；(2) 变窄

10. 0.2 mA，20 mA，5 V

11. (a) $\sqrt{\dfrac{L_1+L_2}{L_1L_2C}}$，$\sqrt{\dfrac{1}{L_2C}}$；(b) $\sqrt{\dfrac{1}{L(C_1+C_2)}}$，$\sqrt{\dfrac{1}{LC_2}}$；

   (c) $\sqrt{\dfrac{1}{LC_1}}$，$\sqrt{\dfrac{C_1+C_2}{LC_1C_2}}$；(d) $\sqrt{\dfrac{1}{L_1C}}$，$\sqrt{\dfrac{1}{(L_1+L_2)C}}$

12. (a) $\dfrac{1}{\sqrt{3LC}}$；(b) 当 $\mu=-1$ 时，对任何频率发生谐振

13. (1) 7.96 μH，31.8 pF；(2) 79.9 μH，3.18 pF；(3) 并联 50 kΩ 电阻

14. (1) $M=1$ H；(2) 50 W

15. 串联谐振：$C=0.5$ F，$I_1=I_3=4$ A，$I_2=0$

   并联谐振：$C=1/6$ μF，$I_1=0$，$I_2=I_3=0.5$ A

16. （略）

习题 9

1. $i(t)=10\cos\omega t+25\cos(3\omega-30°)+7.14\cos(5\omega t+38.8°)$A，$I=19.7$ A

2. $u_2(t)=380.96+0.347\cos(3\times314t+2.8°)+0.0143\cos(6\times314t+1.5°)$V，381 V

3. $i(t)=5+13.17\cos(\omega t-17.6°)+2.5\cos9\omega t$ A，$I=10.7$ A

4. $U=\dfrac{U_m}{\sqrt{3}}$

5. 77.14 V，63.63 V

6. $i(t)=0.578\sin(10^6t-76°)$A，$u_C(t)=12+104\sin(10^6t-166°)$V

7. 9.39 μF，75.13 μF

8. 1 H，66.67 mH

9. j0.2 Ω，–j0.5 Ω，∞，0 W

10. (1) $i(t)=0.555(\cos t-33.7°)$A，$I=0.392$ A；(2) $P=0.462$ W；
    (3) $P=0.115$ W；(4) $P=0.115$ W

11. (1) $i=0.227(\cos t-33.7°)+0.2\cos(2t-53.1°)$A，$I=0.242$ A；
    (2) $P=0.175$ W；
    (3) $P=0.115$ W；(4) $P=0.06$ W

12. 0.28 W

13. $i_1(t)=1+\cos(\omega t+45°)+\sqrt{2}\cos3\omega t$ A，$i_2(t)=\cos(\omega t+45°)$A

14. $i_2(t)=200+30\sin(\omega t)-200\cos(2\omega t)$ mA；$I_2=245.8$ mA

15. $u_2(t)=96\cos(2t+36.9°)+29.1\cos(6t+14°)$V

16. $i_1(t)=1+1.34\cos(t+63.4°)$A

17. $U_1=43.1$ V，$U_3=25.3$ V

习题 10

1. (a) $z_{11}=z_{12}=z_{21}=z_{22}=z$；

   (b) $z_{11}=\dfrac{z_1(z_2+z_3)}{z_1+z_2+z_3}$，$z_{12}=z_{21}=\dfrac{z_1z_3}{z_1+z_2+z_3}$，$z_{22}=\dfrac{z_3(z_1+z_2)}{z_1+z_2+z_3}$；

(c) $z_{11}=\dfrac{R_1+R_2}{1-\alpha}$, $z_{12}=\dfrac{R_2}{1-\alpha}$, $z_{21}=\dfrac{\alpha R_1+R_2}{1-\alpha}$, $z_{22}=R_2+R_3+\dfrac{\alpha R_2}{1-\alpha}$;

(d) $z_{11}=R_1$, $z_{12}=r$, $z_{21}=-\beta R_2$, $z_{22}=R_2$

2. (a) $y_{11}=\dfrac{1}{j\omega L}$, $y_{12}=y_{21}=-\dfrac{1}{j\omega L}$, $y_{22}=j\left(\omega C-\dfrac{1}{\omega L}\right)$;

$z_{11}=j\left(\omega L-\dfrac{1}{\omega C}\right)$, $z_{12}=z_{21}=\dfrac{1}{j\omega C}$, $z_{22}=\dfrac{1}{j\omega C}$

(b) $z_{11}=z_{22}=1\ \Omega$, $z_{12}=z_{21}=0$

$y_{11}=y_{22}=1\ S$, $y_{12}=y_{21}=0$

(c) $z_{11}=z_{22}=j8\ \Omega$, $z_{12}=j4\ \Omega$, $z_{21}=0$

$y_{11}=y_{22}=-j\dfrac{1}{8}\ S$, $y_{12}=j\dfrac{1}{16}\ S$, $y_{21}=0$

3. (a) $a_{11}=\dfrac{1}{1-\alpha}$, $a_{12}=a_{21}=0$, $a_{22}=1$

(b) $a_{11}=a_{22}=-1$, $a_{12}=a_{21}=0$

(c) $a_{11}=1+\dfrac{1}{j\omega C(R+j\omega L)}$, $a_{12}=\dfrac{1}{j\omega C}$, $a_{21}=\dfrac{1}{R+j\omega L}$, $a_{22}=1$

(d) $a_{11}=\dfrac{1}{n}$, $a_{12}=\dfrac{n^2 R_1+R_2}{n}$, $a_{21}=0$, $a_{22}=n$

4. (a) $h_{11}=2.4\ \Omega$, $h_{12}=0.2$, $h_{21}=-0.6$, $h_{22}=0.2\ S$

(b) $h_{11}=\dfrac{2}{3}\ \Omega$, $h_{12}=\dfrac{1}{3}$, $h_{21}=-\dfrac{10}{3}$, $h_{22}=\dfrac{4}{3}\ S$

5. $\boldsymbol{A}=\begin{bmatrix} a_{11} & a_{11}z+a_{12} \\ a_{21} & a_{21}z+a_{22} \end{bmatrix}$

6. $\boldsymbol{Y}=\begin{bmatrix} y_{11}+Y & y_{12}-Y \\ y_{21}-Y & y_{22}+Y \end{bmatrix}$

7. $R_{in}=0.6\ \Omega$

8. (1) $R_L=1\ \Omega$, $P=225\ W$; (2) $u_1=-20\ V$

9. $\alpha=\mu$

10. $\boldsymbol{Z}=\begin{bmatrix} 3 & \dfrac{1}{2} \\ \dfrac{1}{2} & \dfrac{1}{8} \end{bmatrix}\ \Omega$, 互易

11. $\boldsymbol{A}=\begin{bmatrix} 153 & 112 \\ 56 & 41 \end{bmatrix}$, $\boldsymbol{H}=\begin{bmatrix} \dfrac{112}{41} & \dfrac{1}{41} \\ -\dfrac{1}{41} & \dfrac{56}{41} \end{bmatrix}$

12. $\boldsymbol{Y}=\begin{bmatrix} \dfrac{15}{14} & -\dfrac{13}{14} \\ -\dfrac{13}{14} & \dfrac{15}{14} \end{bmatrix}\ S$

13. (1) $Z_{C1} = Z_{C2} = \sqrt{\dfrac{L}{C}}$; (2) $Z_{in} = \sqrt{\dfrac{L}{C}}$

14. $\dot{I}_2 = 0.03 \angle 0° \text{ A}$

15. （略）

16. $\boldsymbol{Y} = \begin{bmatrix} 10.5 & 7.5 \\ 7.5 & 2.5 \end{bmatrix} \text{S}$

17. $R_{in} = 80 \ \Omega$

18. $\boldsymbol{Z} = \begin{bmatrix} 0 & -nr \\ nr & 0 \end{bmatrix}$

习题 11

1. 21 V

2. $-\dfrac{R_f}{R_1}$

3. 0.727 V

4. 2.7 V

5. -3.8 V, -1.425 mA

6. （略）

7. 25 V, 0.1 mA

8. 35 V

9. 2.05 mA

10. -12

习题 12

1. $u(t) = 10U(t) + 10U(t - T_s) - 5U(t - 2T_s) - 15U(t - 3T_s)$

2. $u(t) = 15 \text{e}^{-5t}$, $w(0_+) = 2.25$ J

3. $y(t) = -\text{e}^{-t} + 2\cos 2t$

4. $u_C(t) = -1 + 3\text{e}^{-0.5t}$, $t_0 = 2.2$ s

5. $i(t) = 6\text{e}^{-4t}$ A

6. $u_C(t) = 2\text{e}^{-2t}$ V, $i_L(t) = 2(1 - \text{e}^{-0.5t})$A, $i(t) = 2(1 - \text{e}^{-0.5t} + \text{e}^{-2t})$A

7. $u_2(t) = (5 - 2\text{e}^{-0.5t})U(t)$ V

8. $i(t) = 4(1 - \text{e}^{-7t})U(t)$ A

9. $u(t) = -16\text{e}^{-2t}U(t)$, $i(t) = 2\text{e}^{-2t}U(t)$, $i_1(t) = -10\text{e}^{-2t}U(t)$

10. $u(t) = 12(1 - \text{e}^{-10t})U(t)$ V

11. $u_0(t) = \left(\dfrac{5}{8} - \dfrac{1}{8}\text{e}^{-t}\right)$V

12. $i(t) = 7\text{e}^{-7t}U(t)$ A

13. $u_C(t) = (4 - 2\text{e}^{-\frac{1}{2.4} \times 10^6 t})U(t)$ V, $i_C(t) = 0.833\text{e}^{-\frac{1}{2.4} \times 10^6 t}$ A

14. $i_0 = -\dfrac{2}{3}\text{e}^{-t}$ A, $u_0(t) = 4\text{e}^{-t}$ V, $i(t) = 2\text{e}^{-t}$ A

15. $t < 0$, $i = 0.8$ A；$t > 0$, $i(t) = 0.8\,e^{-\frac{t}{480}}$ A

16. $u(t) = \delta(t) - e^{-t}U(t)$ A

17. $u(t) = e^{-\frac{1}{6}t}U(t)$ V

18. $1\ \Omega$

19. 0.797 A

20. $u = -20 + 116\,e^{-20t}$ V

习题 13

1. 都为过阻尼

2. （略）

3. $i = 4.12\cos(0.25t + 14°)$ A

4. $u_C(t) = 0.202(e^{-4.98t} - e^{-0.02t})$ V，$50\ \Omega$

5. $i_L(t) = 10\cos 316t$ A，$u_C(t) = 3160\sin 316t$ V

6. (1) $u_C(t) = 10 - 15\cos\frac{1}{6}t$ V，$i = 30\sin\frac{1}{6}t$ A

   (2) $u_C(t) = 10 + 10.3\sin\left(\frac{1}{6}t - 76°\right)$V，$i = 20.6\cos\left(\frac{1}{6}t - 76°\right)$ A

7. $i(t) = 11.3\sin\sqrt{2}t\,U(t)$ A

8. $u_C(t) = \left[1 - \dfrac{2}{\sqrt{3}}e^{-0.5t}\cos\left(\dfrac{\sqrt{3}}{2}t - 30°\right)\right]U(t)$ V

9. $u_C(t) = (1 - \cos t)U(t)$ V，$i = \sin t\,U(t)$ A

10. $u_C(t) = [1 + 1.29\,e^{-20t}\cos(24.5t + 140.8°)]U(t)$ V

参 考 文 献

[1] 范世贵，段哲民. 电路基础. 2 版. 西安：西北工业大学出版社，2003.

[2] Charles K. Alexander，Matthew N. O. Sadiku. Fundamentals of Electric Circuits. 6th Edition. New York：McGraw-Hill Education，2015.

[3] ［美］查尔斯 K. 亚历山大. 电路基础. 6 版. 段哲民，周巍，尹熙鹏，译. 北京：机械工业出版社，2019.